Dortmunder Beiträge zur Entwicklung und Erforschung des Mathematikunterrichts

Band 48

Reihe herausgegeben von

Stephan Hußmann, Fakultät für Mathematik, Technische Universität Dortmund, Dortmund, Deutschland

Marcus Nührenbörger, Fakultät für Mathematik, Technische Universität Dortmund, Dortmund, Deutschland

Susanne Prediger, Fakultät für Mathematik, IEEM, Technische Universität Dortmund, Dortmund, Deutschland

Christoph Selter, Fakultät für Mathematik, IEEM, Technische Universität Dortmund, Dortmund, Deutschland

Eines der zentralen Anliegen der Entwicklung und Erforschung des Mathematikunterrichts stellt die Verbindung von konstruktiven Entwicklungsarbeiten und rekonstruktiven empirischen Analysen der Besonderheiten, Voraussetzungen und Strukturen von Lehr- und Lernprozessen dar. Dieses Wechselspiel findet Ausdruck in der sorgsamen Konzeption von mathematischen Aufgabenformaten und Unterrichtsszenarien und der genauen Analyse dadurch initiierter Lernprozesse.

Die Reihe „Dortmunder Beiträge zur Entwicklung und Erforschung des Mathematikunterrichts" trägt dazu bei, ausgewählte Themen und Charakteristika des Lehrens und Lernens von Mathematik – von der Kita bis zur Hochschule – unter theoretisch vielfältigen Perspektiven besser zu verstehen.

Reihe herausgegeben von
Prof. Dr. Stephan Hußmann
Prof. Dr. Marcus Nührenbörger
Prof. Dr. Susanne Prediger
Prof. Dr. Christoph Selter
Technische Universität Dortmund, Deutschland

Weitere Bände in der Reihe https://link.springer.com/bookseries/12458

Philipp Neugebauer

Unterrichtsqualität im sprachbildenden Mathematikunterricht

Eine quantitative Studie zum Prozente-Unterricht

 Springer Spektrum

Philipp Neugebauer
IEEM
Technische Universität Dortmund
Dortmund, Deutschland

Tag der Disputation: 15.12.2021
Erstgutachterin: Prof. Dr. Susanne Prediger
Weitere Gutachterinnen: Prof. Fani Lauermann, PhD & Prof. Dr. Birte Pöhler-Friedrich

ISSN 2512-0506   ISSN 2512-1162   (electronic)
Dortmunder Beiträge zur Entwicklung und Erforschung des Mathematikunterrichts
ISBN 978-3-658-36898-2   ISBN 978-3-658-36899-9   (eBook)
https://doi.org/10.1007/978-3-658-36899-9

Planung/Lektorat: Marija Kojic
Springer Spektrum ist ein Imprint der eingetragenen Gesellschaft Springer Fachmedien Wiesbaden GmbH und ist ein Teil von Springer Nature.
Die Anschrift der Gesellschaft ist: Abraham-Lincoln-Str. 46, 65189 Wiesbaden, Germany

Geleitwort

Für den sprachbildenden Mathematikunterricht wurden in den letzten Jahren (am IEEM und anderen Standorten) Unterrichtskonzepte entwickelt und empirisch fundiert, die mit reichhaltigen Diskursanregungen und Darstellungs- und Sprachebenenvernetzung lernwirksam werden können für den Aufbau von konzeptuellem Verständnis für mathematische Konzepte. Doch was Lernende in ihren jeweiligen Klassen tatsächlich lernen können, hängt nicht allein von den Unterrichtsmaterialien ab, sondern auch von der Qualität der jeweiligen Unterrichtsgestaltung selbst. Daher ist es lohnend, die realisierte Unterrichtsqualität und ihren Einfluss auf die Lernzuwächse genauer zu untersuchen.

Diese Dissertation trägt dazu maßgeblich bei. Sie entstand im Forschungskontext des Deutschen Zentrums für Lehrerbildung Mathematik, in dem für eine entsprechende Forschung eine große Implementationsstudie durchgeführt wurde: Das BMBF-Projekt MuM-Implementation (Validierung des Innovationspotentials eines fach- und sprach-integrierten Förderkonzepts für den Mathematikunterricht unter Bedingungen der Mehrsprachigkeit, BMBF-Förderkennzeichen 03VP02270) wurde vom Bundesministerium für Bildung und Forschung gefördert. Das Implementationsprojekt als Ganzes untersuchte, unter welchen Gelingensbedingungen ein bereits als lernwirksam evaluiertes sprachbildendes Unterrichtskonzept zum Aufbau von Prozentverständnis tatsächlich auch im Feld implementiert werden kann. Die Frage ist also, inwiefern Lehrkräften nach einer Fortbildung und mit Materialunterstützung das Konzept qualitätsvoll umsetzen, und wie sich dies auf die Lernzuwächse auswirkt. Doch wie genau ist Unterrichtsqualität im sprachbildenden Mathematikunterricht überhaupt zu erfassen?

Unterrichtsqualitätsforschung ist national und international als allgemein-didaktische Forschung sehr gut etabliert und wird zunehmend auch mathematikdidaktisch ausdifferenziert. Denn gerade die Basisdimensionen Kognitive Aktivierung und Lernendenunterstützung umfassen sehr viele Teildimensionen, die genauer ausdifferenziert werden sollten, um sie in ihrem Zusammenspiel mathematikdidaktisch genauer zu betrachten. Diese Dissertation trägt bei dazu, entsprechende Ansätze auch für den sprachbildenden Mathematikunterricht auszuschärfen. Um die realisierte Unterrichtsqualität erfassen zu können, fehlten bislang theoretisch und empirisch fundierte und gleichzeitig hinreichend konkretisierte Instrumente. Aufgabenstellung des hier dokumentierten Teilprojekts zur Unterrichtsqualität war es daher, ein bestehendes Erfassungsinstrument zur mathematikdidaktischen Unterrichtsqualität auszuwählen (nämlich das TRU-Framework von Alan Schoenfeld), für die Spezifika des sprachbildenden Unterrichts zu adaptieren (zum L-TRU-Framework) und empirisch zu validieren. Konstruktvalidität wurde über sorgfältige Anbindung an den Forschungsstand und über Fallstudien hergestellt. Reliabilität wurde durch neue Operationalisierungen hergestellt und durch gute bis sehr gute Interrater-Reliabilitäten erstmals für TRU in dieser Dissertation nachgewiesen.

Die Unterrichtsqualitätsforschung legt oft Wert auf Unabhängigkeit der Qualitätsdimensionen im Erfassungsinstrument. Im TRU-Framework dagegen sind die inhaltlichen Überschneidungen der Qualitätsdimensionen explizit gewollt, um auch typische Zusammenhänge, die aus der qualitativen Forschung zur Unterrichtsinteraktion bekannt sind, präzise erfassen und bzgl. der Zusammenhänge untersuchen zu können. Philipp Neugebauer zeigt im empirischen Teil seiner Arbeit, dass nicht alle vermutbaren Zusammenhänge sich empirisch tatsächlich nachweisen lassen, andere dagegen schon. So sind zum Beispiel *Mathematische Reichhaltigkeit* und *Kognitive Aktivierung* zwar hoch korreliert, weisen jedoch andere Zusammenhänge zu den weiteren Dimensionen aus. Eine analytische Trennung von *Kognitiver Aktivierung* und *Diskursiver Aktivierung* ermöglicht, die Beziehung von Sprache und Denken im Unterrichtsgespräch genau zu analysieren und zeigt auch hier wichtige Unterschiede trotz existierender Korrelation. Die konsequente, adaptive *Ideennutzung* für alles, was Lernende im Gespräch anbieten und ein Unterrichtsklima, in dem Lernende durch aktive *Mitwirkung* eine Identität als eigenständige Mathematiktreibende aufbauen können, sind entgegen möglicher Vermutungen oft nicht korreliert. In diesem Bereich generiert Philipp Neugebauer höchst interessante Ergebnisse. Der Effekt von hohen Qualitätsgraden auf die Lernzuwächse der Lernenden wird in Mehrebenenmodellen untersucht und für einige Dimensionen gezeigt.

Im Kontext des Forschungsdiskurses um sprachbildenden Fachunterricht zeigt sich darin die Relevanz der Interaktionsqualität. Im Kontext der Unterrichtsqualitätsforschung zeigt sich die hohe Relevanz, die Basisdimensionen guten Unterrichts fach- und sprachbezogen auszudifferenzieren. Daher wünsche ich der Arbeit aus beiden Forschungsrichtungen viele Leserinnen und Leser.

Susanne Prediger

Danksagung

Während der Jahre meiner Promotion durfte ich meinem Streben nach Wissen, meiner Leidenschaft für Herausforderungen und meinem Wunsch nach Antworten nachgehen. Ich bin dankbar für die Unterstützung der Menschen in meinem beruflichen und privaten Umfeld, ohne die die vorliegende Dissertationsschrift in dieser Form nicht existieren könnte und die mich in meinem beruflichen wie auch persönlichen Werdegang unterstützt haben.

Besonders möchte ich meiner Doktormutter *Prof. Dr. Susanne Prediger* danken, die zu jedem Zeitpunkt an das Gelingen meiner Arbeit geglaubt hat und mich in weit über alle Maßen hinaus unterstützt hat. Danke für die fantastische Zusammenarbeit und überragende Unterstützung!

Ich danke *Dr. Fani Lauermann PhD* für die Wertschätzung der geleisteten Arbeit und ihre ansteckende Begeisterung im Prozess der Auswertung der zugrundeliegenden Daten.

Ich danke *Prof. Dr. Birte Pöhler-Friedrich* für ihre vorrausgehende Forschungsarbeit, ohne die die vorliegende Dissertationsschrift nicht möglich gewesen wäre, für ihre persönliche Unterstützung zu jedem Zeitpunkt der Arbeit, besonders während meiner Zeit als frischer Doktorand.

Ich danke den *gegenwärtigen und ehemaligen Mitarbeiterinnen und Mitarbeitern des Instituts für Entwicklung und Erforschung des Mathematikunterrichts* an der TU Dortmund für alle Diskussionen innerhalb und außerhalb meiner Arbeitsgruppe.

Ganz ausdrücklich möchte ich mich bei folgenden gegenwärtigen und ehemaligen Kolleginnen und Kollegen bedanken:

- *Dr. Henrike Weinert*, für alles, was sie mir im Bereich der Statistik, dem Management von Daten und der Gestaltung von Auswertungen beigebracht hat und dass sie zu jedem Zeitpunkt für den Austausch von Gedanken da war.
- *Dr. Kerstin Hein* für jede gemeinsam diskutierte Idee und ihr offenes Ohr für jegliche Hürde, die dank ihr zu einem zu lösenden Problem wurde.
- *Judith Strucksberg* für die gemeinsame Betreuung der Probandinnen und Probanden sowie die gemeinsame Zeit der Orientierung in Dortmund.
- Die Vielzahl an *studentischen und wissenschaftlichen Hilfskräften*, die mich im Rahmen der Erhebung, der Auswertung und der Analyse unterstützt haben.
- Die *Kolleginnen und Kollegen*, die mich auf der Zielgerade im Schreibprozess unterstützt haben.

Ich danke den vielen *Lehrkräften*, die an der zugrundeliegenden Studie teilgenommen haben und ihren Unterricht haben filmen lassen. Hierbei geht auch ein Dank an ihre *Schülerinnen und Schüler* für ihre Bereitschaft, die Testinstrumente auszufüllen und an deren *Eltern*, die das Filmen gestattet haben.

Ich danke *Prof. Dr. Bärbel Barzel*, *Prof. Dr. Hans Niels Jahnke*, *Dr. Tatjana Berlin*, *Dr. Mathias Glade*, *Dr. Franziska Heinloth*, PD Dr. Peter Rasfeld, *Mirjam Heide* und *Ralf Wambach* für jeden grundgelegten Gedanken, die Inspiration und das Ziel, in der Mathematikdidaktik zu promovieren.

Ich danke meiner *Familie*, egal ob hineingeboren oder gewählt, die immer für mich da war und mich mit allen Mitteln unterstützt hat. Besonders danke ich *Merle Erpenbeck* für ihre Kraft, Motivation und Liebe.

Ich danke meinen Freundinnen und Freunden, die – egal ob nah oder fern – mich immer wieder motiviert haben und in jeder Lebenslage für mich da waren.

Philipp Neugebauer

Inhaltsverzeichnis

Einleitung

1

Seit vielen Jahrzehnten wird betont, dass die Qualität der unterrichtlichen Interaktionen und der sprachlichen Lerngelegenheiten eine zentrale Rolle spielen kann für die mathematischen Lernfortschritte von Schülerinnen und Schülern (vgl. Forschungsüberblicke wie Planas, Morgan & Schütte 2018; Radford & Barwell 2016; Erath, Ingram, Moschkovich & Prediger 2021).

Daher wird seit einigen Jahren in der Mathematikdidaktik systematisch daran gearbeitet, einen verstehensorientierten Mathematikunterricht durch Integration sprachbildender Ansätze für *alle* Lernende noch zugänglicher und lernwirksamer zu machen (Moschkovich 2013; Prediger 2019b; Prediger 2020). Etliche Entwicklungsforschungsstudien haben dafür Ansätze und Unterrichtsmaterialien entwickelt, für unterschiedliche mathematische Konzepte wie Brüche (Wessel 2015), Prozente (Pöhler 2018) oder Funktionen (Zindel 2019) und auch für prozessbezogene Kompetenzen wie das Verstehen von Textaufgaben (Dröse 2019) oder das Beweisen mathematischer Sätze (Hein 2021). Diese Entwicklungsforschungsstudien haben in gegenstandsbezogenen qualitativen Analysen der Lehr-Lernprozesse die relevanten sprachlichen Aspekte spezifiziert und Wirkungsweisen und Gelingensbedingungen für die Umsetzung sprachbildender Designprinzipien identifiziert (vgl. Überblick zu den Dortmunder Arbeiten in Prediger 2019b). In Interventionsstudien mit sorgfältig entwickeltem Unterrichtsmaterial und gut eingearbeiteten Lehrkräften konnte darauf aufbauend gezeigt werden, dass so konstruierte sprachbildende Unterrichtseinheiten in der Tat einen positiven Einfluss auf den Lernzuwachs von Lernenden haben können, sowohl bzgl. des konzeptuellen Verständnisses (Pöhler, Prediger & Neugebauer 2017; Prediger & Wessel 2013) als auch bzgl. der Lesestrategien (Dröse & Prediger 2021).

P. Neugebauer, *Unterrichtsqualität im sprachbildenden Mathematikunterricht*, Dortmunder Beiträge zur Entwicklung und Erforschung des Mathematikunterrichts 48, https://doi.org/10.1007/978-3-658-36899-9_1

Allerdings bewegen sich die meisten Studien, die sprachbildenden Unterricht durch die Nutzung von sprachbildendem Unterrichtsmaterial untersuchen, bislang in einem überschaubaren Laborsetting, mit wenigen Lernenden (wie in Prediger & Wessel 2013) oder im Klassenverband mit sehr gut eingearbeiteten Lehrkräften (wie in Pöhler et al. 2017). Es ist nun eine zentrale Transfer-Aufgabe, guten sprachbildenden Mathematikunterricht auch in der Breite zu implementieren, mit vielen Lehrkräften, die sich dem Thema erst neu annähern (Prediger et al. 2019b). Nach den Wirksamkeitsnachweisen in kleinen Studien sollte im Projekt MuM-Implementation[1] untersucht werden, inwiefern die Implementation sprachbildender Unterrichtskonzepte und -materialien tatsächlich mit vielen thematisch neu einsteigenden Lehrkräften gelingen kann. Dies ist keineswegs eine triviale Aufgabe, denn für den Einsatz sprachbildender Unterrichtskonzepte und -materialien müssen Lehrkräfte die Expertise besitzen, die fachlich relevanten sprachlichen Anforderungen zu identifizieren, Sprachhandlungen der Lernenden immer wieder einzufordern, zu diagnostizieren, zu unterstützen und so die Sprachhandlungen und -mittel der Lernenden sukzessive aufzubauen (Lucas et al. 2008; Prediger 2019a). Während die generellen Anforderungen an die Expertise der Lehrkräfte, wie die fachliche Sicherheit, schon gut bekannt sind, erweisen sich die genaueren Qualitätsdimensionen für die Umsetzung des sprachbildenden Unterrichts sowie insbesondere deren Wechselwirkung mit den allgemeinen Qualitätsdimensionen bislang als noch relativ unbeforscht (Erath & Prediger 2021). Dies gilt insbesondere für das Zusammenspiel von allgemeinen Qualitätsdimensionen für guten Fachunterricht und den spezifischen Kriterien für sprachbildenden Unterricht. Unklar ist auch, welche Qualitätsdimensionen sich mithilfe sorgfältig entwickelter Unterrichtsmaterialien gut unterstützen lassen und bei welchen die Praktiken der Lehrkräfte, wie die Aktivierung der Lernenden oder das Schaffen von Lerngelegenheiten, besonders schwanken.

Die vorliegende Dissertation widmet sich im Rahmen des Projekts MuM-Implementation daher spezifisch diesen Fragen nach der Qualität des sprachbildenden Mathematikunterrichts, und wie diese die Lernzuwächse der Schülerinnen und Schüler beeinflusst. Entwickelt und beforscht wurde ein Instrument zur validen und reliablen Erfassung (Döring & Bortz 2016) der Qualität des sprachbildenden Mathematikunterrichts, um es schließlich in Beziehung zu setzen zu den Lernzuwächsen der Schülerinnen und Schüler. Letzteres wurde anhand von 18 Unterrichtsvideos aus der Feldstudie MuM-Implementation erprobt.

[1] Das Projekt „MuM-Implementation – Validierung des Innovationspotentials eines fach- und sprachintegrierten Förderkonzepts für den Mathematikunterricht" wurde 2017–2020 unter der Projektleitung von Susanne Prediger durchgeführt, es wurde gefördert vom Bundesministerium für Forschung und Bildung 2017–2020 mit Förderkennzeichnen 03VP02270.

Das erste (später weiter auszudifferenzierende) Entwicklungs- und Forschungsinteresse bezieht sich somit auf das entwickelte Instrument:

F1:   Inwiefern ist das entwickelte Instrument L-TRU zur Erfassung von Unterrichtsqualität im sprachbildenden Mathematikunterricht kriteriumsvalide und weist Interraterreliabilität auf?

Zur Bearbeitung dieser Forschungsfrage bietet die existierende psychologische und mathematikdidaktische Unterrichtsqualitätsforschung viele Anknüpfungsmöglichkeiten. Denn bereits seit einigen Jahren hat Unterrichtsqualität erhöhte Aufmerksamkeit erhalten, zunächst in allgemeiner psychologischer Perspektive (zusammengefasst in Drechsel und Schindler 2019), dann auch in fachdidaktischer Perspektive, durch die fachunspezifische Qualitätsdimensionen um fachspezifische Elemente ergänzt wurden (Brunner 2018; Charalambous & Litke 2018; Lipowsky et al. 2018; Praetorius et al. 2020; Prediger 2014; Reusser 2009; Schlesinger et al. 2018).

Bestehende fachspezifische Instrumente, die die Unterrichtsqualität erfassen (wie z. B. CLASS, Pianta et al. 2008; PLATO, Institute for Research on Policy Education and Practice 2011; IQA, Junker et al. 2004 oder die drei Basisdimensionen, Klieme et al. 2006), umfassen zwar auch allgemeine Gelingensbedingungen eines sprachbildenden Mathematikunterrichts, aber sie stellen die spezifischen Qualitätsaspekte eines sprachbildenden Fachunterrichts, wie sprachliche Explizierung oder Anregungen von Diskursen, nicht zwangsläufig hinreichend explizit heraus. Wie genauer zu zeigen sein wird, enthalten hingegen fachspezifische Erfassungsinstrumente (wie z. B. TRU Schoenfeld 2013; MQI, Learning Mathematics for Teaching Project 2011) auch bereits einige sprachbildende Gelingensbedingungen, wie die Vernetzung von Sprache und anderen Darstellungsformen, allerdings in unterschiedlichen Unterkategorien, so dass explizite Aussagen erschwert werden. Im Rahmen des Projekts MuM-Implementation wurde daher mit dem L-TRU-Instrument (Languageresponsive Teaching for Robust Understanding, Prediger & Neugebauer 2021b) das bestehende mathematikdidaktische TRU-Instrument (Teaching for Robust Understanding, Schoenfeld 2013) adaptiert und weiterentwickelt. Um diese Lücke zu schließen, explizit die Qualität von sprachbildendem Unterricht beschreiben zu können, wird das Instrument in dieser Arbeit im Detail begründet und untersucht.

Mithilfe des entwickelten Instruments zur validen und reliablen Erfassung von Unterrichtsqualität im sprachbildenden Mathematikunterricht kann dann im zweiten Schritt in einer Videostudie die Umsetzung der jeweiligen Qualitätsdimensionen bei der Implementation eines bestehenden Unterrichtskonzepts und -materials untersucht werden. Hier erfolgt dies konkret zum Aufbau von konzeptuellem Verständnis für Prozente (Pöhler et al. 2018 abrufbar unter sima.dzlm.de/um/7–001), da dies, wie später ausgeführt, ein etabliertes Material ist, das sprachbildenden Mathematikunterricht ermöglicht und bereits als lernwirksam evaluiert wurde.

Qualitative Einblicke zeigen allerdings, dass Lehrkräfte die Unterrichtskonzepte auch bei Nutzung desselben Unterrichtsmaterials unterschiedlich umsetzen. Das Unterrichtsmaterial an sich kann noch keine Unterrichtsqualität gewährleisten, da weder durch das Unterrichtsmaterial noch durch die Handreichungen den Lehrkräften z. B. spontane Entscheidungen im Unterrichtsgespräch abgenommen werden können, etwa wann sie auf welche Lernenden eingehen und wie sie die konkreten Ideen der Lernenden aufgreifen (Ball & Cohen 1996). Um diese Unterschiede zu erfassen, wird das adaptierte Qualitäts-Erfassungsinstrument L-TRU mit seinen sieben Dimensionen genutzt.

Sowohl die von Schoenfeld (2013) grundgelegten TRU-Dimensionen, als auch die adaptierten L-TRU-Dimensionen sind keine im messtheoretischen Sinne unabhängigen Dimensionen. Schoenfeld (2013) betont, dass das Instrument so angelegt ist, dass die Dimensionen unterschiedliche Aspekte aufgreifen, aber dennoch davon auszugehen ist, dass die Dimensionen sich teilweise wechselseitig beeinflussen. Diese Wechselwirkungen sollen im Rahmen dieser Arbeit explizit betrachtet werden, um zu rechtfertigen, dass jede Dimension des L-TRU notwendig ist und im Sinne eines effizienten Instruments weitere Aspekte beschreibt, selbst wenn diese mit anderen korrelieren. Dies führt zum zweiten, später auszudifferenzierenden Forschungsinteresse:

F2:   Wie lassen sich durch Rangkorrelationen und Kontingenztabellen die Zusammenhänge der Qualitätsdimensionen des L-TRU beschreiben?

Untersucht werden ausschließlich Klassen, die mit demselben Unterrichtsmaterial arbeiten. Durch die Erfassung der Umsetzungsqualitäten bei gleichbleibendem Material wird zudem ermöglicht, die Wechselwirkungen der Qualitätsdimensionen mit den Lernzuwächsen zu untersuchen, um die tatsächliche Relevanz der Qualitätsdimensionen für die Lernwirksamkeit zu klären, denn erst dann ist der Name Qualitätsdimension zu rechtfertigen. Dies führt zur dritten Forschungsinteresse:

F3:   Welche Effekte haben die Qualitätsdimensionen eines sprachbildenden Mathematikunterrichts auf die Lernzuwächse unter Kontrolle der individuellen Lernausgangslagen und bei einheitlichem sprachbildendem Unterrichtsmaterial?

Zur Bearbeitung dieser Forschungsfrage wird die Ausprägungen der Qualitätsdimensionen von videographiertem Unterricht in Beziehung gesetzt zu den Lernzuwächsen (unter Kontrolle der Voraussetzung der Lernenden). Methodisch sind dazu Mehrebenenmodelle notwendig, denn die Lernenden sind in Klassen gruppiert, die jeweils die gleiche Unterrichtsgestaltung durch die gleichen Lehrkräfteerfahren. Es sind also sowohl die Individualebene als auch die Klassenebene mit ihren Unterrichtsqualitätsdimensionen der Unterrichtsgestaltung in die Analysen der Effekte auf Lernzuwächse einzubeziehen (Ing et al. 2015).

Insgesamt verfolgt die Arbeit demnach das Ziel, die Entwicklung eines Instruments zur Erfassung von Unterrichtsqualität im sprachbildenden Mathematikunterricht zu begründen und empirisch zu fundieren. Für ein besseres Verständnis von Umsetzungen der Lehrkräfte im Unterrichtsverlauf werden zudem jene Gelingensbedingungen identifiziert, die durch ein sorgfältig designtes sprachbildendes Unterrichtsmaterial gut unterstützt werden und welche weniger (Roesken-Winter et al. 2021).

Die Dissertation folgt dazu dem klassischen wissenschaftlichen Aufbau:

- Im *Theorieteil* (Kapitel 2–5) erfolgt eine theoretische Grundlegung, was mit Unterrichtsqualität im sprachbildenden Mathematikunterricht gemeint ist. Dazu werden in Kapitel 2 zunächst Forschungsergebnisse aus Entwicklungsforschungs- und Interventionsstudien zu qualitätsvollem sprachbildenden Mathematikunterricht vorgestellt, um zu erläutern, wie darauf ausgerichtetes Unterrichtsmaterial gestaltet sein sollte. In Abgrenzung zu dem hier verfolgten interventionistischen Zugang bezieht sich der Forschungsstand der Unterrichtsqualitätsforschung dagegen meist auf alltäglichen Unterricht in nicht-interventionistischen Zugängen. In Kapitel 3 werden diesbezüglich allgemeine und mathematikdidaktische Zugänge und bestehende Instrumente zur Erfassung von Unterrichtsqualität vorgestellt. Dabei werden Unterschiede in den Konzeptualisierungen herausgearbeitet und untersucht wird, inwiefern sprachbildende Aspekte bereits implizit adressiert werden. Detailliert vorgestellt wird in Kapitel 4 zum einen das TRU-Framework (Teaching for Robust Understanding) (Schoenfeld et al. 2019), auf das diese Arbeit aufbaut und das in Kapitel 5 zum L-TRU-Instrument (Prediger & Neugebauer 2021b) adaptiert wird. Zum anderen wird die Operationalisierung der Unterrichtsqualitätsdimensionen präsentiert. Kapitel 5 stellt somit bereits ein zentrales Ergebnis des übergreifenden Projekts MuM-Implementation vor, das in dieser Arbeit gründlicher fundiert wird.

- Im *Methodenteil* (Kapitel 6) wird die Videostudie zur Nutzung des entwickelten L-TRU-Instruments eingeführt. Dazu werden zunächst die Erhebungsinstrumente vorgestellt, mit denen die Voraussetzungen der Lernenden bzw. die Lernzuwächse erfasst werden. Weiter wird der Forschungskontext dargestellt, dazu gehört auch die verwendete sprachbildende Unterrichtseinheit „Prozente verstehen" (Pöhler 2018; Pöhler & Prediger 2017) und das Sample der beteiligten Lernenden und Lehrkräfte. Schließlich wird die quantitative und statistische Erfassung und Auswertung mit besonderem Fokus auf die Reliabilität der Datenerfassung und der Mehrebenenstruktur der Unterrichtsmodelle (Hox et al. 2018; Snijders & Bosker 2012) präsentiert.
- Im *Ergebnisteil* (Kapitel 7–9) werden zunächst das adaptierte L-TRU-Instrument und seine Operationalisierung anhand von konkreten Unterrichtspraktiken illustriert (Kapitel 7) und anschließend die Wechselwirkungen zwischen und die Abhängigkeiten der Unterrichtsqualitätsdimensionen voneinander beschrieben (Kapitel 8). Schließlich werden unterschiedliche Modelle präsentiert, die die Wechselwirkungen der Qualitätsdimensionen zu den Lernzuwächsen dokumentieren (Kapitel 9).
- Im *Auswertungsteil* (Kapitel 10) werden die empirischen Ergebnisse der Kapitel 7–9 zusammenfassend diskutiert. Dabei werden auch mögliche Implikationen der Arbeit für die Unterrichtspraxis und Fortbildungspraxis angeführt sowie ein Forschungsausblick gegeben.

Insgesamt soll diese Dissertation dazu beitragen, die qualitative Beforschung des sprachbildenden Unterrichts unter Rückgriff auf Methoden der Unterrichtsqualitätsforschung auch quantitativ anzureichern. Damit soll erreicht werden, Hypothesen zu Gelingensbedingungen für sprachbildenden Mathematikunterricht nicht mehr nur in Fallstudien qualitativ generieren, sondern in mehr Klassen auch quantitativ überprüfen zu können.

Prinzipien eines qualitätsvollen sprachbildenden Mathematikunterrichts und ihre Umsetzung

2

Guter Mathematikunterricht ist nicht zwangsläufig sprachbildender Unterricht und sprachbildender Unterricht ist nicht zwangsläufig guter Mathematikunterricht. Kognitive Aktivierung und Verstehensorientierung sind allerdings zwei zentrale Prinzipien generell für guten Mathematikunterricht. Diese werden in Abschnitt 2.1 kurz dargestellt.

Auf dieser Basis kann dann herausgearbeitet werden, was die Qualität speziell eines sprachbildenden Mathematikunterrichts ausmacht. Dazu werden in Abschnitt 2.2 bis 2.4 drei Gestaltungsprinzipien für sprachbildenden Mathematikunterricht erläutert, deren Relevanz in Entwicklungsforschungsstudien herausgearbeitet wurden (Erath & Prediger 2021; Moschkovich 2013; Prediger 2020) und die den Kern der in dieser Arbeit untersuchten Unterrichtseinheit bilden (Pöhler & Prediger 2015; Pöhler 2018):

- das Prinzip der Darstellungs- und Sprachebenenvernetzung (Abschnitt 2.2),
- das Prinzip der reichhaltigen Diskursanregung (Abschnitt 2.3) und
- das Prinzip des Macro-Scaffolding (Abschnitt 2.4)

Ihre Bedeutung wurde sowohl als Designprinzipien für Unterrichtskonzepte und -materialien herausgestellt (vgl. Forschungsüberblick in Erath & Prediger 2021) als auch als Gestaltungsprinzipien für die Umsetzung im Unterricht (z. B. Prediger 2020; Wessel 2015).

Das Verhältnis des Designs von Unterrichtsmaterialien und seiner Umsetzung im konkreten Unterricht ist jedoch nicht trivial. Bei der Umsetzung der Lehrkraft im Unterrichtsverlauf kommt es durch Interpretation und Adaption der Lehrkraft häufig zu Abweichungen der Intention vom Unterrichtsmaterial, die trotz weniger qualitätsvollem Material zu sehr gutem Unterricht führen können oder umgekehrt

P. Neugebauer, *Unterrichtsqualität im sprachbildenden Mathematikunterricht*, Dortmunder Beiträge zur Entwicklung und Erforschung des Mathematikunterrichts 48, https://doi.org/10.1007/978-3-658-36899-9_2

(Brown 2009). Daher soll der Forschungsstand zur Beziehung von Unterrichts-material und Unterrichtsqualität in Abschnitt 2.5 kurz zusammengefasst und auf den zuvor vorgestellten Stand der Forschung zum sprachbildenden Mathematik-unterricht bezogen werden, um zu Kapitel 3 überzuleiten. In diesem werden dann allgemeine bestehende Ansätze zur Erfassung von Unterrichtsqualität vorgestellt.

2.1   Prinzipien der kognitiven Aktivierung und der Verstehensorientierung

Grundlage für gelingenden Mathematikunterricht, der auf die Entwicklung umfas-sender mathematischer Kompetenzen abzielt, sind die Prinzipien der kognitiven Aktivierung und der Verstehensorientierung, die in der mathematikdidakti-schen Entwicklungsforschung, Interventionsforschung und Unterrichtsqualitäts-forschung immer wieder als relevant herausgearbeitet wurden (vgl. Forschungs-überblick von Hiebert & Grouws 2007). Diese beiden Prinzipien sollen in den folgenden Abschnitten kurz skizziert werden.

Prinzip der kognitiven Aktivierung
Das Prinzip der *kognitiven Aktivierung* zielt auf die produktive Auseinanderset-zung der Lernenden mit mathematischen Ideen und Konzepte. Zur kognitiven Aktivierung tragen alle Anregungen durch Aufgaben und Impulse bei, die Ler-nende zur aktiven mentalen Auseinandersetzung mit Lerngegenständen auf einem für sie optimalen Niveau führen (Kunter & Voss 2011). Mit produktiver Aus-einandersetzung ist gemeint, dass die Lernenden intellektuelle Anstrengungen vollziehen müssen, um sinnstiftend mit der Mathematik umzugehen und neue Erkenntnisse oder Verknüpfungen aufzubauen (Leuders & Holzäpfel 2011).

Gemeinsam in allen Definitionen von kognitiver Aktivierung ist die Beschrei-bung des Gegenteils, des nicht kognitiv aktivierenden Unterrichts, der als reine Präsentation von auswendig zu lernenden Fakten oder Prozeduren oder durch reine Anregung von Routinetätigkeiten charakterisiert wird (Drechsel & Schind-ler 2019; Hasselhorn & Gold 2013; Hiebert & Grouws 2007; Schoenfeld 2017b; Schoenfeld 2020). In der Mathematikdidaktik wird die Beschreibung des Lerngegenstands allerdings in ein eigenes zentrales Prinzip, nämlich das der Verstehensorientierung (s. u.), ausgelagert, und die Beschreibung der kognitiven Aktivierung erfolgt über die auszuführenden kognitiven Aktivitäten, was deren Ausdifferenzierung ermöglicht.

Durch reichhaltige kognitive Aktivitäten, wie Analysieren, Generalisieren, Problemlösen und andere, und das Erfahren von produktiven Irritationen können

Lernende in eine aktive Auseinandersetzung gebracht werden, dies ermöglicht, breite Kompetenzen aufzubauen und tiefere konzeptuelle Einblicke zu erhalten als durch die alleinige Bearbeitung von Routinetätigkeiten (Blazar & Archer 2020; Hammond & Gibbons 2005 Hiebert & Grouws 2007; Schoenfeld 2013). Feldstudien (für einen Forschungsüberblick siehe Hiebert & Grouws (2007)) belegen, dass im Vergleich Lerngruppen, die eine produktive Auseinandersetzung mit mathematischen Kernideen haben, einen deutlich höheren konzeptuellen Lerngewinn aufweisen, als Lerngruppen, bei denen dieser Umgang merkbar fehlt (siehe auch Studien zur kognitiven Ko-Konstruktion von Lernen (Praetorius et al. 2018) oder Testungen zum konzeptuellen Verständnis (Hasselhorn & Gold 2013; Ing et al. 2015).

Kognitive Aktivierung gilt als eines der wichtigsten Unterrichtsqualitätsdimension für guten Mathematikunterricht (Hasselhorn & Gold 2013), wobei nicht nur entscheidend ist, dass die *Kognitive Aktivierung* in den passenden Situationen erfolgt (siehe hierzu Hiebert & Grouws (2007) für entsprechende Ausführung aus der TIMMS), sondern auch, dass sie nach dem erstmaligen Stellen der Aufgaben auch in der weiteren Gesprächsführung aufrecht erhalten bleibt (Jackson et al. 2013; Henningsen & Stein 1997).

Einige Forschende betonen die individuelle Dimension des Prinzips durch die Einschränkung, dass „möglichst" anspruchsvolle Aktivitäten zu bearbeiten sind und das „optimales" Niveau zu finden ist. Sie explizieren also die Relevanz der Adaptivität, denn was eine produktive Herausforderung ist, hängt vom jeweiligen Stand der Lernenden ab. Dem liegt die Idee der Zone der nächsten Entwicklung zugrunde, wonach Erkenntnisaufbau stets Anregungen in denjenigen Bereichen erfordert, die die Lernenden abhängig von ihrer Ausgangslage noch nicht allein, aber ggf. mit gezielter Unterstützung bewältigen (Vygotsky 1978). Dabei werden die Lernenden mit Anforderungen konfrontiert, die optimal zu ihrem entsprechenden Lernstand passen (Leuders & Holzäpfel 2011). Das Lernmaterial bzw. der Lerngegenstand soll also durch Form, Geschwindigkeit und Verständlichkeit (Drechsel & Schindler 2019) jeweils auf die Bereiche zielen, die Lernende noch nicht als Routine wahrnehmen und noch nicht zwangsläufig ohne Unterstützung bearbeiten können (Hammond & Gibbons 2005; Vygotsky 1978).

Eine Lerngelegenheit lässt sich somit als dem Prinzip der kognitiven Aktivierung entsprechend beschreiben, wenn sie die heterogenen kognitiven Voraussetzungen der Lerngruppen berücksichtigt, zu anspruchsvollen kognitiven Aktivitäten anregt und die Lernzeit entsprechend der angestrebten Kompetenzen und Konzepte genutzt wird (Leuders & Holzäpfel 2011).

Zusammenfassend gelten als kognitiv aktivierende Lerngelegenheiten nach Leuders & Holzäpfel (2011) solche, die

- die jeweiligen kognitiven Voraussetzungen der Lernenden berücksichtigen
- die Lernenden dazu anregen kognitiven Aktivitäten nachzugehen, die anspruchsvoll sind und auf Kompetenzerwerb angelegt sind
- die Lernzeit nutzen, um die zu fördernden Kompetenzen zu adressieren
- produktive Irritation bei den Lernenden anregen, die eine vertiefte Auseinandersetzung mit mathematischen Ideen ermöglichen und aufrechterhalten (Hiebert & Grouws 2007; Vygotsky 1978)

Das Prinzip der kognitiven Aktivierung beschreibt somit *wie* gelernt werden soll und die gegebene Lernzeit individuell genutzt werden soll. In Abgrenzung hierzu wird im Folgenden das Prinzip der Verstehensorientierung präsentiert.

Prinzip der Verstehensorientierung
Das Prinzip der Verstehensorientierung (synonym auch Inhaltliches Denken vor Kalkül, Prediger 2009) bezieht sich auf die Frage, *was* gelernt werden soll und hat daher stärker normativen Charakter als das zuvor präsentierte Prinzip der kognitiven Aktivierung. In der Mathematikdidaktik herrscht Einigkeit darüber, dass nicht nur prozedurale Rechenfertigkeiten, sondern auch konzeptuelles Verständnis für mathematische Konzepte aufgebaut werden sollen (Hiebert & Carpenter 1992). Während das Prinzip lange Zeit als rein normatives zu behandeln war (z. B. in der Postulierung des Verstehens als Menschenrecht bei Wagenschein 1970, S. 175), wurde inzwischen auch empirisch nachgewiesen, dass die komplexeren mathematischen Rechenfertigkeiten ohne das zugrunde liegende konzeptuelle Verständnis nicht erworben werden können, weil Konzepte, Zusammenhänge und Verfahren immer wieder ineinandergreifen (Kilpatrick, Swafford & Findell 2001).

Als Verstehensorientierung wird daher heute nicht die einseitige Betonung des konzeptuellen Verständnisses statt der Kalküle bezeichnet, sondern das Gebot, dass Konzepte, Zusammenhänge und Verfahren in ein möglichst reichhaltiges Netz von Verknüpfungen zu bringen sind (Hiebert & Carpenter 1992). Um diese Netze aufzubauen, müssen Lernende in kohärente, strukturierte und vernetzte Diskussionen über mathematische Inhalte involviert werden (Adler & Ronda 2015; Baldinger et al. 2016; Hiebert & Grouws 2007; Jackson et al. 2013; Schoenfeld 2013).

In einem ersten Zugriff erscheint die Aussage trivial, dass Lernende nur konzeptuelles Verständnis aufbauen können, wenn sie dazu im Unterricht genügend Lerngelegenheiten haben (Adler & Ronda 2015; Drechsel & Schindler 2019; Hiebert & Grouws 2007; Ing et al. 2015; Schoenfeld 2014). Ihre Relevanz zeigt sich allerdings immer wieder in zahlreichen empirischen Studien, die ergeben, dass die

Bereitstellung konzeptueller Lerngelegenheiten (unabhängig von der Methoden-wahl und Sozialform) nach wie vor im Unterricht keineswegs selbstverständlich ist, jedoch eine notwendige Bedingung für den Aufbau von Verständnis und damit intensiv vernetzten mathematischen Wissen darstellt (Hiebert & Grouws 2007; Jackson et al. 2013).

Zudem hat die mathematikdidaktische Entwicklungsforschung eine geeignete Sequenzierung konzeptueller und prozeduraler Lerngelegenheiten herausgearbei-tet (Freudenthal 1991; van den Heuvel-Panhuizen 2001; Gravemeijer 1999): Die Kurzform „Inhaltliches Denken vor Kalkül" (Prediger 2009) fasst zusammen, dass zunächst aus dem intuitiven Vorwissen der Lernenden die mathematischen Konzepte und ihre Bedeutungen herausgebildet oder nacherfunden werden sollten (Freudenthal 1991), bevor daraus die mathematischen Rechenverfahren abgeleitet werden, z. B. per fortschreitender Schematisierung (Glade & Prediger 2017).

Als zentraler Ansatz für die Umsetzung der Verstehensorientierung gilt seit über 50 Jahren die Arbeit mit vielfältigen Darstellungen (enaktive Arbeitsmittel, graphische, verbale und symbolische Darstellungen, (vgl., Brunner 2020; Dienes 1960; Lesh 1976). Um ein möglichst gutes Verständnis zu erreichen, hat sich die gezielte Vernetzung der Darstellungen als so entscheidend herausgestellt, dass es als eigenes Prinzip des (sprachbildenden) Unterrichts in Abschnitt 2.2 vorgestellt wird.

Zusammenfassend sind verstehensorientierte Praktiken im Unterricht nach Hiebert & Grouws (2007) jene Praktiken, die

- zusammenhängende, strukturierte und vernetzte Diskussionen von mathemati-schen Ideen umfassen,
- Diskussionen über die Bedeutungen der mathematischen Konzepte und Proze-duren beinhalten,
- Fragen anregen inwieweit unterschiedliche Lösungs- und Bearbeitungsstrate-gien sich unterscheiden,
- den Zusammenhang mathematischer Inhalte herstellen und
- den Hauptfokus einer Unterrichtssitzung hervorheben und in die übergeordnete Idee der Lernumgebung und der Mathematik einordnen.

Insgesamt ist Verstehensorientierung also ein zunächst normatives Prinzip über die Priorisierung des konzeptuellen Verständnisses, zu dem empirische Studien dann Gelingensbedingungen herausgearbeitet haben. Die wichtigste Gelingens-bedingung ist, dass konzeptuelles Verständnis überhaupt explizit zur Sprache kommt. Dies ist keineswegs selbstverständlich (Hiebert & Grouws 2007), insbesondere in Klassen mit vielen sprachlich schwächeren Lernenden (DIME 2007).

Verstehensorientierung ist für diese Arbeit zur Qualität des sprachbildenden Mathematikunterrichts insofern von zentraler Relevanz als normatives Prinzip, als es für die ursprüngliche Zielgruppe von sprachbildendem Unterricht, den sprachlich schwächeren Lernenden, besonders wenig realisiert ist. Leistungsstudien zeigen nämlich, dass sich die oft dokumentierten Leistungsrückstände sprachlich schwächerer Schülerinnen und Schüler (Paetsch et al. 2016) sich vor allem beim konzeptuellen Verständnis zeigen: Die Disparitäten zwischen Lernenden mit hoher und geringer bildungssprachlicher Kompetenz (Gibbons 2002; von Kügelgen 1994) sind bei Aufgaben mit rein prozeduralen Anforderungen deutlich geringer als bei Aufgaben mit konzeptuellen Anforderungen (Prediger et al. 2015; Ufer et al. 2013). Im Fokus des Forschungsprogramms der Dortmunder Arbeitsgruppe stehen daher insbesondere Ansätze, die das Prinzip der Verstehensorientierung auch für sprachlich Schwächere ernst nehmen und diesen ebenfalls Zugang zum Verständnis ermöglichen wollen (Prediger 2019b). Dazu will auch diese Arbeit beitragen.

Die drei im folgenden vorzustellenden Prinzipien des sprachbildenden Mathematikunterrichts sind demnach darauf ausgerichtet, zur Verstehensorientierung für alle Lernenden beitragen zu können.

2.2 Prinzip der Darstellungs- und Sprachebenenvernetzung

In einem verstehensorientierten Mathematikunterricht sind stets verschiedene Darstellungen relevant, die gegenständlichen, graphischen, verbalen, ggf. tabellarischen und symbolischen Darstellungsformen. Diese konsequent und wiederholt zu vernetzen, trägt maßgeblich zum Aufbau von inhaltlichen Vorstellungen zu sonst abstrakten Konzepten, wie Brüche (Wessel 2015), Prozente (Pöhler 2018) oder Funktionen (Zindel 2019), bei (Duval 2006).

Neben der konsequenten Dastellungsvernetzung ist für einen sprachbildenden Mathematikunterricht die Vernetzung verschiedener Sprachebenen bedeutsam. In der Sprachdidaktik werden generell die alltagssprachliche, bildungssprachliche und fachsprachliche Ebene unterschieden, auch für diese gilt die systematische Vernetzung als förderlich, weil dann die Bedeutungen bildungs- und fachsprachlicher Mittel an die bereits vertrauten Bedeutungen der Alltagssprache angeknüpft werden können (Gibbons 2002; von Kügelgen 1994).

Für den sprachbildenden Fachunterricht hat Leisen (2005) vorgeschlagen, Sprachebenen und Darstellungsformen zu integrieren und das Prinzip des Darstellungswechsels auf beides anzuwenden. Prediger und Wessel (2011) haben s unter Fokussierung des Mathematikunterrichts weiter ausgeführt, dass nicht nur Darstellungswechsel, sondern Darstellungsvernetzung erforderlich ist, sie wurde ausführlich untersucht und als lernförderlich nachgewiesen (Prediger & Wessel 2013; Wessel 2015). Als *Prinzip der Darstellungs- und Sprachebenenvernetzung* hat es sich in vielen weiteren Projekten bewährt (Prediger 2020, zusammenfassend in Abb. 2.1, adaptiert aus Prediger & Wessel (2011)). Die Hierarchie der Ebenen ist dabei nicht als Relevanzsetzung zu deuten, sondern lediglich als Grad der Abstraktheit. Statt der Bildungs- und Fachsprache sind hier bereits die bedeutungs- und formalbezogene Sprache als Teilbereiche der Bildungs- und Fachsprache aufgeführt.

Das Prinzip der Vernetzung von Darstellungs- und Sprachebenen erfordert das gezielte Nutzen von unterschiedlichen Darstellungsebenen und Sprachebenen im Unterricht, so dass die mathematischen Strukturen fokussiert werden können. Besonders bei abstrakten mathematischen Konzepten wird eine starke Vernetzung zwischen unterschiedlichen Darstellungen und Sprachebenen benötigt, um die Beziehungen zwischen ihnen für die Lernenden explizit zu machen (Duval 2006; Jackson et al. 2013).

Die Relevanz der Darstellungsvernetzungen im Mathematikunterricht lässt sich kognitionspsychologisch begründen: Gerade der händische Umgang mit gegenständlichen Materialien und der Erstellung und Nutzung von graphischen Darstellungen ermöglicht es Lernenden, konzeptuelles Verständnis für mathematische Begriffe zu entwickeln (Brunner 1967; Wessel 2015, vgl., auch Abschnitt 2.1). Während das Arbeiten innerhalb einer Darstellungsebene z. B. für symbolisches Umformen relevant ist, erfordern Bedeutungskonstruktionsprozesse stets die Aktivierung von mindestens zwei Darstellungsebenen. Konzeptuelles Verständnis entsteht dabei insbesondere durch die Wechselwirkung unterschiedlicher Darstellungen (Duval 2006).

Einerseits stellen Darstellungs- und Sprachebenen also Lernmedien dar, als Problemlöse- und Argumentationsmittel sowie als Begriffs- und Vorstellungsstütze. Andererseits sind sie jeweils auch zunächst Lerngegenstand, weil keine Darstellung selbsterklärend ist, sondern erst kennengelernt werden muss (Wessel 2015). Selbst Darstellungen mit hohem Wiedererkennungswert bzw. Anschlussfähigkeit oder auch sehr konkrete Darstellungen müssen daher systematisch eingeführt und durch Variationen in den Aufgaben und deren Nutzung erarbeitet werden, wenn mit ihnen effizient umgegangen werden soll (Duval 2006).

Empirische Belege für die Lernwirksamkeit des Darstellungswechsels nach systematischer Einführung der Darstellungen gibt es schon seit den 1970er Jahren (Lesh 1979).

Qualitative Studien mit sprachlich schwächeren Lernenden haben darüber hinaus die Bedeutung der Vernetzung verschiedener Darstellungs- und Sprachebenen für einen verstehensorientierten sprachbildenden Mathematikunterricht herausgearbeitet (Adler 2002; Moschkovich 2002; Prediger & Wessel 2011). Eine Interventionsstudie im Laborsetting hat die Lernwirksamkeit dieses Unterrichtsprinzips auch quantitativ belegt (Prediger & Wessel 2013). Dies spricht auch für die Nutzung des Prinzips der Darstellungs- und Sprachebenenvernetzung als Qualitätsdimension für den sprachbildenden Mathematikunterricht.

In Unterrichtsmaterialien kann das Prinzip der Darstellungs- und Sprachebenenvernetzung durch passende Aufgabenformate realisiert werden, z. B. führen Prediger & Wessel (2011) folgende Aufgabenformate an:

- Wechseln von einer Darstellung in eine andere (frei wählbar oder vorgegeben)
- Zuordnen vorgegebener Darstellungen, auch zur Sicherung von Fachwörtern
- Prüfen / Korrigieren der Passung zwischen Darstellungen
- Erklären der (Nicht-)Passung zwischen Darstellungen
- Ermitteln mathematischer Beziehungen / Strukturen durch Darstellungsvernetzung
- Erklären, wie mathematische Beziehungen / Strukturen in unterschiedlichen Darstellungen zu erkennen sind
- Sammeln und Reflektieren unterschiedlicher Möglichkeiten innerhalb einer Darstellung
- Operatives Variieren in Darstellungen und Beschreiben / Begründen der Auswirkung auf weitere Darstellungen

In der Ausgestaltung des Unterrichts kommt es über die Aufgaben hinaus allerdings maßgeblich darauf an, die Darstellungen nicht nur nebeneinander zu stellen („Darstellungswechsel"), sondern tatsächlich auch zu vernetzen, d. h. über die Bezüge explizit zu sprechen. Erfolgt dies nicht, werden Lerngelegenheiten für die Bedeutungskonstruktionen minimiert, wie Fallstudien herausgearbeitet haben (Post & Prediger 2020). Daher sind die Impulse und Diskussionsphasen zur Darstellungsvernetzung entscheidend, um das Designprinzip in der Unterrichtsdurchführung auch lernwirksam umzusetzen.

2.3 Prinzip der reichhaltigen Diskursanregung

Das gemeinsame Diskutieren ist in Abschnitt 2.1 mehrfach als Ansatz angesprochen, um kognitive Aktivierung und Verstehensorientierung zu realisieren. Im Hinblick auf den sprachbildenden Mathematikunterricht wird dieser Ansatz ausdifferenziert in das Prinzip der reichhaltigen Diskursanregung (Erath et al. 2021, Prediger 2020). Dies besagt, dass Lernende in reichhaltige Sprachhandlungen involviert werden sollten durch passende Unterrichtsmethoden, Gesprächsanlässe sowie Impulse, wie das Umformulieren von Beiträgen, die Aufforderung Beiträge umzuformulieren, eigene Meinung zu nennen und sich mit der eigenen Meinung an andere anzuknüpfen, weitere Beteiligung einzufordern und auch Wartezeit aktiv zu nutzen. Diese Impulse sollen in allen Modi (Lesen, Sprechen, Hören, Schreiben) und Kommunikationssituationen, unabhängig von Plenums-, Gruppen- oder Einzelarbeit, eingesetzt werden (Herbel-Eisenmann et al. 2011; Herbel-Eisenmann et al. 2013). Dadurch sollen zum einen (gemäß dem Prinzip der kognitiven Aktivierung) möglichst anspruchsvolle kognitive Aktivitäten initiiert (Ing et al. 2015) und zum anderen auch für anspruchsvolle Lerngegenstände Lerngelegenheiten geschaffen werden, insbesondere für konzeptuelles Verständnis (nach dem Prinzip der Verstehensorientierung, vgl. Hiebert & Grouws 2007).

Reichhaltige mathematikbezogene Diskurse wurden in qualitativen Studien als wichtige Gelegenheiten nachgewiesen, kognitiv aktivierend zu arbeiten (z. B. durch Diskussion unterschiedlicher Darstellungen, Schoenfeld 2018 oder durch Erläuterung eigene Erklärungen, Ing et al. 2015) und den kognitiven Anspruch im Umgang mit Aufgaben auch aufrecht zu erhalten (Henningsen & Stein 1997; Jackson et al. 2013).

Gelingensbedingung für die mathematikbezogene Lernwirksamkeit ist hierbei nicht allein, wie viel die Lernenden sprechen oder schreiben, sondern in welcher diskursiven Qualität, dies heben Erath und Prediger (2021) auf Basis ihrer qualitativen Studien hervor. Die Diskursanregung zielt demnach nicht nur auf die Quantität der Lernendenbeteiligung, sondern auf die diskursive Qualität, d. h. in welche Sprachhandlungen die Lernenden involviert werden (Ingram et al. 2020).

Dabei zeigt sich allerdings, dass gerade sprachlich schwächere Lernende oft nicht gleichermaßen an den Diskursen teilnehmen oder nicht mit diskursiv anspruchsvollen Beiträgen (Erath et al. 2018). Sprachhandlungen wie das Nennen von Zahlen oder Fakten sind weniger anspruchsvoll als das Erzählen von Erlebnissen, das Berichten oder Erläutern von Rechenwegen ist wiederum weniger anspruchsvoll als das Argumentieren oder das Erklären von Bedeutungen (Prediger et al. 2019a).

Um Sprache und den Umgang mit dieser zu erlernen, ist das aktive Einfordern von Sprachhandlungen von allen Lernenden erforderlich (Swain 1995), denn diese aktive Beteiligung an den Sprachhandlungen eröffnet sowohl fachliche Lerngelegenheiten (Hiebert & Grouws 2007) als auch sprachliche Lerngelegenheiten zum Ausbau der Diskurskompetenzen (Erath et al. 2018; Herbel-Eisenmann et al. 2019).

Gerade bei diskursiv anspruchsvollen Sprachhandlungen wird das konzeptuelle Denken angeregt und gefördert. Um eine konzeptuelle Auseinandersetzung und kognitive Anregung der Lernenden zu erreichen, müssen die Lernenden also mit höherwertigen Sprachhandlungen konfrontiert werden.

Gerade die Sprachhandlungen des Erklärens von Bedeutungen und des Argumentierens dienen beide der Konstruktion von Wissen, wobei das Erklären den Fokus auf die Generierung und Erweiterung des Wissens legt und das Argumentieren auf das Aushandeln dessen. Beide Praktiken weisen epistemische Funktionen auf beim Verständnis von sowohl konzeptuellen als auch lexikalischen Elementen. Erklären und Argumentieren weisen einen erhöhten Anspruch in Bezug auf die verwendete Lexik und die lexikalischen Verbindungen auf (Erath 2016; Morek et al. 2017). Morek, Heller & Quasthoff (2017, S. 11) bezeichnen die Sprachhandlungen Erklären und Argumentieren als „bildungssprachliche Praktiken par excellence" und fordern, dass diese durch die Lehrkräfte kontinuierlich eingefordert werden sollten, da sie die vertiefende Auseinandersetzung mit fachlichen Inhalten fördern.

Zur Frage, wie reichhaltige Sprachhandlungen ausgestaltet werden können, identifizieren Ing et al. (2015) sechs Praktiken, insbesondere, um solche Auseinandersetzung mit den Aussagen von Mitlernenden anzuregen:

- Lernende auffordern die Ideen anderer Lernender zu erklären,
- Lernende auffordern unterschiedliche bereits präsentierte Ideen miteinander zu vergleichen,
- einen Lernenden auffordern einem anderen Lernenden passend zu dessen Beitrag oder Arbeit einen Vorschlag zu machen oder einen Hinweis zu geben,
- Lernende auffordern die eigene Idee an andere Ideen anzuknüpfen,
- Lernende auffordern gemeinsame Lösungen zu entwickeln,
- Lernende auffordern die Strategie eines anderen Lernenden anzuwenden.

Diese und weitere Praktiken können die fachdidaktische Qualität des Unterrichts steigern, indem sie nicht nur über mathematische Inhalte oder Aufgaben vertieft diskutieren, sondern von mehreren Lernende Beiträge einbinden, die über Halbsatz-Antworten hinausgehen und damit den Lehrkräften Einblick in die Verstehensprozesse bieten (Jackson et al. 2013). Dies verdeutlicht, inwiefern das Prinzip der reichhaltigen Diskursanregung die Prinzipien der kognitiven Aktivierung und Verstehensorientierung gerade in Klassen mit geringeren Sprachkompetenzen zur Umsetzung verhelfen kann (Moschkovich 2015).

2.4 Prinzip des Scaffoldings

Damit die reichhaltigen Diskursanregungen auch von Lernenden mit unterschiedlichen sprachlichen Voraussetzungen in diskursiv anspruchsvolle Sprachhandlungen umgewandelt werden können, reicht das Einfordern der Sprachhandlungen oft nicht aus. Zusätzlich müssen Lernende unterstützt werden, um sich an den Sprachhandlungen beteiligen zu können (Hammond & Gibbons 2005). Sprache nicht nur einzufordern, sondern auch zu unterstützen, ist der Kerngedanke des Prinzips des Scaffoldings (Scaffold ist das englische Wort für Gerüst). Im Allgemeinen bedeutet, den Lernenden ein Gerüst zu geben, damit sie etwas vollbringen können, was sie ohne Gerüst noch nicht vollbracht hätten (Wood et al. 1976). Als Micro-Scaffolding werden in der Sprachdidaktik diejenigen Impulse bezeichnet, mit denen Lehrkräfte mündlich die Lernenden beim Hervorbringen von Sprachhandlungen unterstützen, die in ihrer Zone der nächsten Entwicklung liegen. Daher wird zuweilen Scaffolding bereits auf Vygotsky (1978) zurückgeführt: Auch wenn er den Begriff Scaffold noch nicht nutzte, plädierte er dafür, Lernende durch situative Unterstützung auf eine höhere proximale Stufe zu befördern. Der Unterschied zwischen der gegenwärtigen und der nächsten proximalen Entwicklungsstufe stellt die Differenz dar zwischen dem, was die Lernenden gestützt und nicht-gestützt bewältigen können. Aufgabenbereichsspezifische Unterstützungen ermöglichen es den Lernenden, die konkrete Aufgabe zu meistern, aber auch unabhängig dieselbe Aufgabe allein oder auch ähnliche Aufgaben in einem anderen Kontext (Hammond & Gibbons 2005).

Mithilfe von Scaffolding bewältigen Lernende anspruchsvolle sprachliche Aufgaben und erwerben dabei neue Fähigkeiten und Kompetenzen, so dass die Scaffolds mittelfristig wieder entfernt werden können. Die Gerüstmetapher wurde von Mercer (1992) als passend für die Lehrtätigkeit beschrieben, da dieser unterstützende Charakter Kern von Unterricht in vielerlei Hinsicht sei (Hammond & Gibbons 2005).

Damit Sprache nicht nur im Einzelmoment unterstützt, sondern auch sukzessive aufgebaut werden kann, ist neben den Micro-Scaffolding-Impulsen in der Interaktion auch eine längerfristige Strukturierung der Lernangebote notwendig (das sogenannte Macro-Scaffolding), die bereits in der Unterrichtsplanung bzw.

im Design der Unterrichtskonzepte festgelegt werden muss. Im sprachbildenden Fachunterricht bezieht sich das Prinzip des Macro-Scaffoldings also auf die
Art, wie fachliche und sprachliche Lerngelegenheiten sequenziert werden. Hierfür wird durch einen gestuften Sprachschatz von der Alltagssprache ausgehend,
mit Hilfe einer strukturierteren Sprachebene, die abstraktere fachsprachliche
Ebene (hier konkret die formalbezogene Sprachebene) aufgebaut (Gibbons 2002).
Für den Mathematikunterricht werden konkret relevante Sprachmittel mit der
fachlichen Stufung des Lerngegenstands verknüpft, so dass die bereits unter Verstehensorientierung (Abschnitt 2.1) angesprochene fachliche Sequenzierung vom
Inhalt zum Kalkül ein sprachliches Pendant findet (Pöhler & Prediger 2015).

Das Prinzip des Macro-Scaffolding bezieht sich vorrangig auf die Unterrichtsplanung und wird von Gibbons (2002) konkretisiert durch folgende Praktiken:

• Berücksichtigen der Sprachkompetenz, des Vorwissens und der Vorerfahrun-
  gen der Lernenden, um jeweils in der Zone der nächsten Entwicklung zu
  arbeiten
• Sequenzieren der Lernaufgaben und gegebenenfalls Abweichungen einplanen
  (dies betonen Pöhler & Prediger 2015 am stärksten)
• Auswählen und sequenzieren der Darstellungsmittel passend zur jeweiligen
  Darstellungsebene sowie die explizite Begleitung im Übergang zu abstrakteren
  Darstellungs- und Sprachebenen (Prediger & Pöhler 2015)
• Identifizieren von Sprachmitteln, die notwendig sind, um die Anforderungen
  der jeweiligen Sprachebene zu bewältigen (Prediger & Zindel 2017)

Das Designprinzip Macro-Scaffolding muss von mündlichen Praktiken des
Micro-Scaffoldings unterschieden werden. Ersteres beschreibt ein Sequenzierungsprinzip für die fachlichen und sprachlichen Lerngegenstände einer Unterrichtseinheit und Micro-Scaffolding bezieht sich auf die adaptive, spontanere
Unterstützung der Lernenden im Unterricht, die die Lernenden konkret im
Prozess unterstützt. Der Ansatz, die Idee des Scaffolding nicht nur auf die
Gesprächsführung, sondern auch auf die längerfristige Unterrichtsplanung (d. h.
das Design von Lernumgebungen) zu beziehen und damit zum Designprinzip zu
erheben, ist auf Echevarria et al. (2000) und Gibbons (2002) zurückzuführen.

Prediger und Pöhler (2015) bieten eine Auswahl an Praktiken für Lehrkräfte
an, die Micro-Scaffolding ermöglichen, z. B.:

• sprachliche und kommunikative Erwartungen explizit machen
• auf strukturelle Scaffolds verweisen
• zur Explikation und Verbesserung der gesprochenen Sprache auffordern

- verbale Erklärungen mit Gesten und Zeichnungen unterstützen
- korrekte Äußerung wiederholen und teilweise tragfähige Äußerungen überformen
- Gedanken bzw. Sprachmittel verknüpfen und Zusammenfassungen auf metakognitiver und übergeordneter sprachlicher Ebene anbieten

Praktiken des Micro-Scaffoldings können die Lernwege der Lernenden entlang des geplanten Lernpfads unterstützen. Durch das Sequenzierungsprinzip des Macro-Scaffoldings und die Impulse zur Gesprächsführung des Micro-Scaffoldings wird ein verstehensorientierter Unterricht auch für sprachlich schwächere Lernende zugänglich, wie zahlreiche qualitative Studien (z. B. Prediger & Pöhler 2015; Prediger & Krägeloh 2015, Hein 2021) zeigen. Die Lernwirksamkeit vom Verbund von Macro- und Micro-Scaffolding konnte auch in einigen quantitativen Studien nachgewiesen werden (Götze 2019; Prediger & Wessel 2013, 2018; Pöhler 2018).

Die Elemente des Macro- und Micro-Scaffolding ermöglichen so auf Unterrichtsplanungsebene und auf der Ebene der adaptiven Durchführung im Unterricht, das Prinzip der Verstehensorientierung für alle Lernenden zu realisieren.

2.5 Beziehung von Unterrichtsmaterial und Unterrichtsqualität

Die grundlegenden Prinzipien eines sprachbildenden Mathematikunterrichts wurden in Entwicklungsforschungs- und Interventionsstudien herausgearbeitet und bzgl. Wirksamkeit für den Aufbau von konzeptuellem Verständnis beforscht (vgl. Erath et al. 2021 für einen Überblick). Sie sollten als Designprinzipien zur Gewährleistung der Qualität des Unterrichts im Design von Unterrichtsmaterialien stets berücksichtigt werden. Denn die Veränderung von und Qualitätsentwicklung für Unterrichtsmaterialien stellt eine der wichtigsten Strategien dar, um Einfluss auf das Geschehen im Unterricht zu nehmen (Ball & Cohen 1996). Unterrichtsmaterialien können durch ihr spezifisches Design und ihre konkrete Unterstützung spezifische kognitive und diskursive Aktivitäten der Lernenden und Unterrichtspraktiken der Lehrkräfte anregen. Dies gilt auch für den Einsatz von sprachbildendem Unterrichtsmaterial. Spezielle Sequenzierungen in der Unterrichtsgestaltung, spezifische Darstellungen oder Werkzeuge können Lehrkräfte auch bei Unterrichtspraktiken unterstützen, die sie sonst nicht genutzt hätten. Somit können Ergebnisse bei den Lernenden erbracht werden, die Lehrkräfte ohne entsprechende Lernumgebung nur unter erheblich größerem Aufwand erreichen können (Brown 2009).

Dennoch ist seit langem bekannt, dass forschungsbasierte und etablierte Unterrichtsmaterialien mit Lernwirksamkeitsnachweis in ihrer praktischen Umsetzung durch Lehrkräfte stets vielfältige Adaptionen erfahren (Brown 2009; Remillard 2005). Es ist nicht davon auszugehen, dass die Praktiken im Unterricht nur durch den Einsatz von Unterrichtsmaterial unmittelbar und eindeutig beeinflusst werden. Stattdessen weisen Unterrichtsmaterialien nach Brown (2009) für die Unterstützung spezifischer Unterrichtspraktiken sechs Charakteristika auf: Unterrichtsmaterialien

1. sind statische Darstellungen von abstrakten Konzepten und dynamischen Aktivitäten,
2. können reichhaltige Ideen und dynamische Praktiken vermitteln,
3. enthalten allgemeine Normen, die sich über unterschiedliche Unterrichtsmaterialen hinweg wiederfinden,
4. stellen übliche oder bereits existierende Praktiken dar, aber können sie gleichzeitig innovieren,
5. stellen eine Verbindung her zwischen der Lehrkraft, die das Material nutzt und dem genutzten Wissen, den angestrebten Zielen und Werten der Autorenschaft,
6. benötigen weiterhin didaktische Umsetzung, da erst durch die Interpretation der Lehrkraft das Material zum Leben erweckt werden kann.

Das verwendete Unterrichtsmaterial kann Lehrkräfte bei verschiedenen unterrichtlichen Anforderungssituationen unterstützen, insbesondere beim Einfordern, Unterstützen und sukzessiven Aufbauen der Sprache der Lernenden. Aktiviert wird dabei nicht nur kognitiv, daneben nennen Erath und Prediger (2021) auch die

- kommunikative Aktivierung, d. h. wie viel aktive Sprechzeit Lernenden eingeräumt wird (Lucas et al. 2008)
- konzeptuelle Aktivierung, inwieweit konzeptuelle Inhalte thematisiert und vernetzt werden (Hiebert & Grouws 2007)
- diskursive Aktivierung, bei der reichhaltige Sprachhandlungen, wie Erklären und Argumentieren angeregt werden (Morek et al. 2017)
- lexikalische Aktivierung, die sich auf die Nutzung und Bedeutungsklärung für Vokabeln und Satzbausteine bezieht (am Beispiel der Begriffe zu Prozenten bei Pöhler 2018)

Jede dieser Aktivierungsformen wird von einigen Forschenden als kognitive Aktivierung bezeichnet (vgl. Überblick bei Erath & Prediger 2021), sie zu trennen ermöglicht jedoch wichtige Ausdifferenzierungen. Keine der Aktivierungsformen wird allein durch Unterrichtsmaterial ermöglicht, jeweils sind die Gesprächsführungspraktiken zentral dafür, dass wirklich fruchtbare Lerngelegenheiten daraus erwachsen. Weiterhin sind die Lerngelegenheiten vertieft oder eingeschränkt durch die Intensität, in der die Lernenden sie durch kommunikative, konzeptuelle, diskursive und lexikalische Beteiligung als relevante Nutzungsdimensionen auch nutzen (Erath & Prediger 2021). Im Angebots-Nutzungs-Modell (Helmke 2002) werden Angebots- und Nutzungsseite nebeneinandergestellt, in den meisten Erfassungsinstrumenten ineinander verschränkt (vgl. Kapitel 3).

Die Komplexität der Aktivierungen und Nutzungen macht deutlich, dass auch strikt nach den Designprinzipien für sprachbildenden Fachunterricht entwickelte Unterrichtsmaterialien kein Garant für hohe Unterrichtsqualität bilden (Brown 2009; Cohen, Raudenbush & Ball 2003). Es ist stattdessen auch für den sprachbildenden Mathematikunterricht davon auszugehen, dass einige Lehrkräfte auch mit weniger geeignetem Unterrichtsmaterial verstehensorientierten und kognitiv aktivierenden Unterricht realisieren können oder mit gezielt gestaltetem Material dennoch kaum Aktivierung erzielen. Die Realisierungspraktiken bei gezielt gestaltetem Unterrichtsmaterial zu untersuchen, ist insofern relevant, als es eine leicht erreichbare Möglichkeit darstellt, um Unterricht in der Breite positiv zu beeinflussen.

Das verwendete Unterrichtsmaterial sollte folglich so designt werden, dass es eine möglichst hohe Unterstützung der Unterrichtspraktiken leisten kann und die konkrete Strukturierung des Lerngegenstands und der materiellen Realisierung anbietet (Prediger et al. 2019b). Gleichwohl kann es kein perfektes Unterrichtsmaterial geben (Taylor 2010), weil es die konkrete Unterrichtssituation, die spezifischen Bedarfe und Ideen der Lernenden und die Dynamiken der Interaktion stets nur begrenzt antizipieren kann. Material kann Lehrkräften nicht die Entscheidung abnehmen, welcher Äußerung eines Lernenden mehr Aufmerksamkeit zugewendet werden muss oder welche Idee nicht weiterverfolgt werden soll, es kann lediglich illustrierende Beispiele anbieten, wie andere Lehrende das entsprechende Lernziel erreicht haben oder welche typischen Ideen von Lernenden auftreten (Ball & Cohen 1996).

Bei der konkreten Durchführung im Unterricht ist ein adaptiver Umgang mit dem Vorwissen der Lernenden eine entscheidende didaktische Anforderung, die durch ein vorgegebenes Unterrichtsmaterial nichtvollständig antizipiert werden kann. Unterricht kann sich zwar einem intendierten Lernpfad orientieren, aber niemals komplett durchgeplant sein. Hill & Charambolous (2012) beschreiben die zentralen Anforderungen an Lehrkräfte daher auch im Diagnostizieren und adaptiven Reagieren: „listening to student, parsing their ideas, and adjusting responses accordingly" (Hill & Charambolous 2012, S. 568). Der adaptive Umgang mit Lernendenaussagen ist somit eine wichtige Anforderung an Unterrichtsqualität. Diese kann durch das Unterrichtsmaterial kaum kontrolliert werden, obwohl es einen hohen Einfluss auf die Qualität einer Unterrichtsreihe haben kann und nötig ist, um eine erfolgreiche Nutzung des Angebotscharakters der gewählten Lernumgebung zu realisieren.

Die Prinzipien des qualitätsvollen sprachbildenden Mathematikunterrichts der kognitiven Aktivierung, Verstehensorientierung, Darstellungs- und Sprachvernetzung, der reichhaltigen Diskursanregung und des Scaffoldings ermöglichen theoretisch fundiert und empirisch gestützt, die Qualität des sprachbildenden Mathematikunterrichts zu beschreiben. Die Prinzipien bieten einen Rahmen für die Beschreibung und Gestaltung sprachbildenden Unterrichts und haben sich in zahlreichen qualitativen Studien als gute Grundlage erwiesen, um auch realisiertes Unterrichtsgeschehen zu beschreiben und zu bewerten (vgl. Erath et al. 2021 für den Forschungsüberblick).

Für eine quantitative Erfassung der Qualität von sprachbildendem Mathematikunterricht hingegen erfordern sie eine weitere Operationalisierung. Kapitel 3 stellt bestehende Ansätze zur quantitativen Erfassung von Unterrichtsqualität von Mathematikunterricht vor und diskutiert sie insbesondere bzgl. der Frage, inwiefern sie bereits explizit oder implizit die Designprinzipien eines qualitätsvollen sprachbildenden Mathematikunterrichts beinhalten.

Unterrichtsqualität im sprachbildenden Mathematikunterricht messen

Während die im Kapitel 2 berichtete Entwicklungsforschung zur Qualitätsentwicklung beitragen will, indem sie Designprinzipien ausdifferenziert, gegenstandsbezogen realisiert und qualitativ beforscht, werden die ebenfalls in Kapitel 2 berichteten Interventionsstudien genutzt, um ihre Wirksamkeit auch quantitativ nachzuweisen (vgl. Forschungsüberblick aus der Dortmunder Arbeitsgruppe in Prediger 2019b). Diese beiden interventionistischen Forschungsformate beforschen also gezielt gestaltete Lehr-Lernprozesse.

In diesem Kapitel werden Ergebnisse der Unterrichtsqualitätsforschung berichtet, dieses Forschungsformat wählt einen anderen, nicht-interventionistischen Zugang und beforscht in der Regel alltäglichen Unterricht, der nicht unmittelbar beeinflusst wurde. Unterrichtsqualitätsforschungsprojekte konzeptualisieren Unterrichtsqualität in mehreren Dimensionen und entwickeln reliable, objektive und valide Erfassungsinstrumente, um Unterricht bezüglich dieser Qualitätsdimension zu beurteilen (Hamre et al. 2009; Hiebert & Grouws 2007; Praetorius et al. 2018; Rogers et al. 2020; Schoenfeld et al. 2018).

In diesem Kapitel wird vorgestellt, wie unterschiedliche Erfassungsinstrumente die Prinzipien guten Unterrichts allgemein und sprachbildenden Mathematikunterrichts im Besonderen jeweils realisieren und priorisieren.

In Abschnitt 3.1 werden gängige Anforderungen an Erfassungsinstrumente für Unterrichtsqualität zusammengefasst, in Abschnitt 3.2 dann einige ausgewählte Instrumente präsentiert und darauf untersucht, inwiefern sie auch zu dem spezifischeren Zweck dieser Arbeit beitragen könnten, die Qualität von gezielt unterstütztem sprachbildendem Mathematikunterricht zu erfassen. In Abschnitt 3.3 werden die Qualitätsdimensionen der ausgewählten Erfassungsinstrumente bzgl. der zugrunde liegenden Kategorien verglichen, auf etwaige theoretische Lücken in der Betrachtung analysiert und darauf untersucht, inwieweit sie die in

P. Neugebauer, *Unterrichtsqualität im sprachbildenden Mathematikunterricht*, Dortmunder Beiträge zur Entwicklung und Erforschung des Mathematikunterrichts 48, https://doi.org/10.1007/978-3-658-36899-9_3

Kapitel 2 vorgestellten Prinzipien eines qualitätsvollen Mathematikunterrichts berücksichtigen.

So kann ein kurzer Überblick gegeben werden über Erfassungsinstrumente aus Theorie und Praxis. Zudem wird begründet, warum gerade das TRU-Framework als spezifisches Instrument für die vorliegende Arbeit als Ausgangspunkt ausgewählt wird. Dies wird dann in Kapitel 4 ausführlicher vorgestellt.

3.1   Anforderungen an Erfassungsinstrumente für Unterrichtsqualität

Zur Erfassung der Qualität von alltäglichem Unterricht wurden in der Unterrichtsqualitätsforschung Mittel benötigt, um das Unterrichtsgeschehen in quantifizierten Werten *valide, objektiv* und *reliabel* zu erfassen (Döring & Bortz 2016; Schoenfeld et al. 2018).

Solche Erfassungsinstrumente werden je nach Forschungsprojekt, ohne Vollständigkeitsanspruch, als System, Werkzeug, Protokoll, Schema, Framework, Bogen, Instrument oder anders bezeichnet und ggf. mit einem funktionalen Bestimmungswort wie Evaluations-, Codier-, Einschätzungs-, Bewertungs- oder Beobachtungs- versehen. Unabhängig von der Benennung ist jeweils das Ziel, Aussagen über Unterrichtsgeschehen so zu operationalisieren, dass die externen Beobachtungen vergleichbar werden. Dabei können entsprechende Beobachtungsbögen als strukturierende Konzepte oder physische Werkzeuge dienen, um Beobachtungen bzw. Bewertungen (d. h. Ratings) festzuhalten. Um eine einheitliche Sprache zu gewährleisten, wird in dieser Arbeit im Allgemeinen von Erfassungsinstrumenten gesprochen, wenn nicht die spezifischen Begriffe der Publikationen für ihre jeweiligen Instrumente beibehalten werden.

Damit ein Erfassungsinstrument praktikabel für die Auswertung und auch die Interpretation der Werte ist, müssen die Ereignisse im Unterrichtsgeschehen auf wenige bedeutsame Variablen reduziert werden, die die zentralen Prinzipien guten Unterrichts berücksichtigen (Schoenfeld et al. 2018). Vier zentrale methodische Anforderungen werden dabei an Erfassungsinstrumente angelegt:

- Ein Erfassungsinstrument soll *valide* sein, es soll also interne und externe Validität aufweisen. Interne Validität bedeutet, dass die Werte im Instrument tatsächlich das erfassen, was sie proklamieren. Dies wird durch Rechenschaft mit qualitativen Fallbeispielen und in der Regel durch Experten-Validierung sichergestellt. Für die externe Validität müssen sich die Erfassungsinstrumente auf andere Orte, Zeiten und Personen transferieren lassen, die über den Datensatz des jeweiligen Projekts hinaus geht. Bei der Erfassung von Unterrichtsqualität ist bei den meisten Dimensionen der Instrumente der Anspruch, eine hohe externe Validität zu erreichen, da es Ziel dieser Instrumente ist, allgemeine Aussagen über Abläufe im Mathematikunterricht zu liefern (Döring & Bortz 2016). Die externe Validität wird mittels *Konstruktvalidität* überprüft. Die dem Erfassungsinstrument zugrunde liegenden Dimensionen sollen also zu den theoretischen Konstrukten passen, die dem Forschungsstand und der theoretischen Hintergründe entsprechend, möglichst genau definiert sein sollen. In diesem Sinne müssen die Indikatoren, also die zu beobachtenden Unterrichtsqualitätsdimensionen in der Unterrichtssituation, jeweils in einer Weise operationalisiert sein, die theoretisch gut begründbar an den Forschungsstand angeschlossen wird.

- Das Erfassungsinstrument muss demnach *in der Theorie verankert* sein und darüber hinaus durch empirische Untersuchungen verifiziert werden. Die Beobachtungen sollten sich hierbei darauf konzentrieren, was im Feld, entsprechend dem theoretischen Wissen über dieses, gemessen werden kann (Schoenfeld et al. 2018). Zur Gewährleistung der Verankerung in der Theorie muss das Erfassungsinstrument auf eine umfassende und systematische Literaturrecherche zurückzuführen sein, theoretisch an den Forschungsstand der Unterrichtsqualitätsforschung anknüpfen und schlüssige Forschungsinteressen artikulieren (Döring & Bortz 2016).

- Externe Erfassungsinstrumente sollen (im Gegensatz zu Selbsteinschätzungen seitens der Lehrkräfte) *objektive* Einschätzungen ermöglichen. Daher soll die Beobachtung und Bewertung von Unterricht mit dem Erfassungsinstrument als strukturierte Verhaltensbeobachtung vollzogen werden. Strukturiert wird die Verhaltensbeobachtung in mehreren Kategorien (Döring & Bortz 2016). Im Kontext der Unterrichtsbeobachtungen werden die Kategorien der strukturierten Verhaltensbeobachtung als Dimensionen oder genauer als Dimensionen von Unterrichtsqualität beschrieben. Dimensionen sind abstrakte theoretische Einteilungen, deren Einfluss auf beispielsweise den Lernzuwachs man nachzuweisen versucht. Diese Dimensionen sollen aus messtheoretischen Gründen in vielen Ansätzen möglichst disjunkt sein, um Wechselwirkung oder Gewichtung der einzelnen Dimensionen zu vermeiden. Allerdings wendet Schoenfeld (2018) gegen diese Unabhängigkeits-Anforderung ein, dass sie nicht immer sinnvoll sei, z. B. haben die Dimensionen seines TRU-Frameworks durchaus und zwangsläufig inhaltliche Überschneidungen, die er aus theoretischen Gründen für relevant erachtet und dennoch ausweisen will, um für jede der Dimensionen die Lernwirksamkeit zu konstatieren. Beispielsweise können Lernende kaum eine Eigenständigkeit gegenüber Mathematik erlangen

(*Mitwirkung*), wenn sie nicht sinnstiftend einbezogen werden (*Zugang für
Alle*), wobei sich auch diese Überschneidungen auf ein Minimum beschränken
(Schoenfeld 2018).
- Die Operationalisierungen der Qualitätsdimensionen müssen so explizit aus-
  formuliert sein, dass die Kodierung bzw. das Rating selbst *reliabel* ist, auch
  bei mehreren unabhängigen Ratern. Ein Erfassungsinstrument „gilt als mess-
  genaues Beobachtungssystem, wenn die Messgenauigkeit [jeder einzelnen
  Dimension] mit einem angemessen hohen Beobachterübereinstimmung- bzw.
  Reliabilitätskoeffizienten nachgewiesen wurde" (Döring & Bortz 2016). Die
  Übereinstimmung mehrerer Rater ist für ein Erfassungsinstrument umso wichtiger, als sie einen weiteren Beleg für die externe Validität bietet. Über
  den Einsatz in der konkreten Studie hinaus steigert sich damit die Chance,
  auch an anderen Orten, in anderen Forschungskontexten und mit anderem
  Forschungspersonal vergleichbare Daten zu erfassen.

Diese Kriterien stellen allgemeine methodische Anforderungen an Erfassungsinstrumente zur Erhebung von Unterrichtsqualität dar. Das Erfassungsinstrument
kann aufgrund der Anforderungen an interne Validität und der Ausdifferen-
ziertheit des Forschungsstands nicht unabhängig von dem geplanten Zweck
ausgewählt werden. Bei der Auswahl eines Erfassungsinstruments muss eine
Passung zwischen dem Zweck der Datenerhebung und dem Zweck des jeweiligen Erfassungsinstruments bestehen. Eine wichtige Unterscheidung zwischen
Erfassungsinstrumenten betrifft ihren intendierten Gebrauch, d. h. ob sie dazu
entwickelt wurden, Unterrichtsgeschehen zu beschreiben oder zu bewerten. Das
beschreibende Erfassungsinstrument hat als Ziel (ggf. möglichst reichhaltig) zu
beschreiben, was im Unterricht passiert. Hingegen beurteilen bewertende Instrumente wie das hier zu adaptierende TRU-Framework mit Hilfe ordinaler oder
metrischer Messskalen die Qualitätsniveaus in Rating-Schemata.
   In Abschnitt 3.2 sollen exemplarische Erfassungsinstrumente vorgestellt werden. Diskutiert wird, inwiefern sie die vier Anforderungen erfüllen und, inwiefern
ihre theoretische Grundlage passt zu den in Kapitel 2 vorgestellten Prinzipien des
qualitätsvollen sprachbildenden Mathematikunterrichts, um diese als valide Konstrukte zu integrieren und damit zu ermöglichen, die Forschungsfragen dieser
Arbeit adäquat bearbeiten zu können.

3.2 Exemplarische Erfassungsinstrumente

Ziel dieses Abschnitts ist es, einige gängige Erfassungsinstrumente für Unterrichtsqualität vorzustellen sowie die durch sie erfassten Prinzipien und Aspekte herauszuarbeiten, in denen sie sich überschneiden. Ferner soll aufgezeigt werden, in welchem Ausmaß die Qualitätsdimensionen des sprachbildenden Mathematikunterrichts in ihnen schon implizit enthalten sind. Diese Darstellung der Erfassungsinstrumente soll die theoretische Grundlage dafür legen, die spätere Auswahl des TRU-Frameworks als dasjenige Erfassungsinstrument für Unterrichtsqualität zu begründen, das danach genauer vorgestellt (Kapitel 4) und spezifisch für sprachbildenden Mathematikunterricht adaptiert (Kapitel 5) wird.

In Kapitel 2 wurden die zentralen Prinzipien des Mathematikunterrichts (Kognitive Aktivierung und Verstehensorientierung) sowie die des sprachbildenden Mathematikunterrichts (Darstellungs- und Sprachebenenvernetzung, reichhaltige Diskursanregung und Macro-Scaffolding) vorgestellt. Es wird zu rekonstruieren sein, wie diese in den bestehenden allgemeinen oder mathematikspezifischen Erfassungsinstrumenten explizit oder implizit angesprochen werden.

Die Anzahl der möglichen Erfassungsinstrumente zur Unterrichtsqualität ist kaum zu überblicken, so wurde bereits in den 1990er Jahren von über 120 existierenden Erfassungsinstrumenten ausgegangen (Learning Mathematics for Teaching Project 2011). Erfassungsinstrumente können einen fachspezifischen oder allgemeindidaktischen Ansatz verfolgen oder beides kombinieren. Das in Deutschland am häufigste zitierte Erfassungsinstrument sind die Drei Basisdimensionen nach Klieme et al. (2001; 2009). International und national wurde es über 200 mal zitiert (Praetorius et al. 2018). Weitere Erfassungsinstrumente, die die Wechselwirkung zwischen Lernzuwächsen und effektivem Unterricht herstellen und sich im internationalen Kontext in der Theorie und Praxis bewährt haben (Blazar & Archer 2020), sind unter anderem

- CLASS (Classroom Assessment Scoring System, Pianta et al. 2003),
- FFT (Framework for Teaching, Danielson 2014),
- MQI (Mathematical Quality of Instruction, Learning Mathematics for Teaching 2006),
- RTOP (Reformed Teaching Observation Protocol, Piburn & Sawada 2000) und
- UTOP (UTeach Observation Protocol, Walkington und Marder 2018).

Erfassungsinstrumente, die für MINT-Fächer optimiert sind, sind laut Rogers et al. (2020) beispielsweise

- COPUS (College Observation Protocol for Undergraduate STEM, Smith et al. 2013),
- PIPS (Postsecondary Instructional Practices Survey, Walter et al. 2016),
- das bereits erwähnte RTOP und SPrOUT (Simple Protocol for Observing Undergraduate Teaching, Reimer et al. 2016).

Unterrichtsqualitätsforschung wird zunehmend auch in *fachdidaktischer Perspektive* durchgeführt, so dass zunächst allgemeindidaktische Dimensionen wie die kognitive Aktivierung fachdidaktisch ausdifferenziert werden können, indem die Lernendenbeiträge oder die Gestaltung der Unterrichtsmaterialen und –aufgaben genauer gefasst werden (Brunner 2018). Neben den bereits erwähnten fachspezifischen Erfassungsinstrumenten MQI und CLASS finden sich z. B.

- MICOP[2] (Mathematical Classroom Observation Protocol for Practices, Gleason et al. 2017),
- IQA (Instructional Quality Assessment, Junker et al. 2004),
- TRU Math („Teaching for Robust Understanding of Mathematics", eine Spezifizierung für den Mathematikunterricht des TRU, Schoenfeld 2014),
- TAMI (Toolkit für Assessing Mathematics Instruction, Hayward, Charles, et al. 2007) und GSIOP (Graduate Student Instructor Observation Protocol, Rogers et al. 2020).

Diese umfangreiche Liste zeigt, dass ein Überblick mit Vollständigkeitsanspruch über Erfassungsinstrumente mit all den Adaptionen anderer Erfassungsinstrumente eine eigene Arbeit zur Geschichte der Unterrichtsqualitätsforschung erfordern würde. Hier sollen stattdessen nur einige prominente Prototypen von Erfassungsinstrumenten vorgestellt werden. Die Präsentation startet mit dem TRU-Framework, das in Kapitel 4 ausführlicher erläutert wird. Diese kurze Vorabvorstellung ermöglicht, die weiteren Prototypen direkt in Beziehung zu TRU zu setzen. Interessant ist, die Überschneidungen und jeweiligen blinden Flecken der Instrumente zu beleuchten.

3.2.1 TRU Math: Teaching for Robust Understanding of Mathematics

Schoenfeld (2013) entwickelte das TRU-Framework („Teaching for Robust Understanding") ausgehend von theoretischen Überlegungen und qualitativen Analysen von Entscheidungen von Lehrkräften, zunächst im Unterricht zum

Problemlösen, später im Hinblick auf den mathematischen Verstehensaufbau (robust understanding) der Lernenden. Dazu sollte es in Abgrenzung zu anderen Erfassungsinstrumenten die fachspezifischen Ansprüche der Mathematik explizit aufgreifen.

Es entstand als Bewertungsinstruments, das zur Analyse im Klassenraum in Professionalisierungsprojekten eingesetzt werden sollte, um Lehrkräfte zu unterstützen und fortzubilden. Durch jahrelange Iterationen in diesen Projekten weist es eine hohe Validität auf. Gleichzeitig sollte es zeitlich effizient zu kodieren und reliabel sein.

Das Bewertungsinstrument TRU Math hat den Anspruch, diejenigen Dimensionen zu erfassen, die relevant sind für den mathematischen Verstehensaufbau (robust understanding). Das sind folgende fünf Dimensionen nach Schoenfeld et al. (2019):

- Mathematical Richness (*Mathematische Reichhaltigkeit*)
- Cognitive Demand (*Kognitive Aktivierung*)
- Equitable Access (*Zugang für Alle*)
- Agency (*Mitwirkung*)
- Use Of Contribution (*Ideennutzung*)

Auch wenn das TRU-Framework in Kapitel 4 noch einmal detaillierter diskutiert wird, werden seine Dimensionen hier grob vorgestellt und an die Prinzipien eines qualitätsvollen sprachbildenden Mathematikunterrichts angeknüpft:

- Die Dimension *Mathematische Reichhaltigkeit* charakterisiert zunächst die fachliche Qualität des Lernangebots, denn es ist davon auszugehen, dass die Lernenden nicht reichhaltiger lernen als das, wozu sie im Unterricht Lerngelegenheiten bekommen (Schoenfeld 2020). Das Rating der ersten Dimension beschreibt, inwiefern die besprochenen mathematischen Inhalte klar, verständlich, gerechtfertigt und konzeptuell eingebunden sind (Schoenfeld 2013). Die *Mathematische Reichhaltigkeit* beinhaltet auch das Ausmaß, zu dem unterschiedliche mathematische Darstellungen und Modelle im Unterricht aktiviert werden, inwiefern z. B. symbolhafte oder graphische Darstellungen gewählt werden, inwiefern Verbindungen zwischen diesen aufgebaut werden und die Lernenden Möglichkeiten bekommen, die mathematischen Konzepte zu verstehen, statt sie nur in Prozeduren anzuwenden. Die Vernetzung beschränkt sich hierbei nicht auf unterschiedliche Darstellungen, sondern erfasst, inwiefern Vernetzungen zwischen Darstellungen, mathematischen Erklärungen, Rechtfertigungen, mathematischer Sprache und Praktiken stattfindet (Learning Mathematics for Teaching Project 2011). Insbesondere die Orientierung am Lernziel *Robust Understanding* liegt im Fokus dieser Dimension. Dies entspricht dem Prinzip der Verstehensorientierung, indem die Dimension erfasst, ob und inwieweit die Mathematik und der Schulunterricht nicht als Ansammlung unzusammenhängender Konzepte, Ideen und Prozesse gesehen wird, sondern als kohärentes System (Baldinger et al. 2016). Die Prinzipien der Darstellungsvernetzung und der Verstehensorientierung werden im TRU-Framework also kombiniert mit allgemeiner Reichhaltigkeit in der ersten Dimension erfasst. Sie erfasst darüber hinaus, wie mathematische Ideen und Bedeutungen in einer Unterrichtsstunde oder in einer Sequenz weiterentwickelt werden (Schoenfeld 2017b).

• Die Dimension der *Kognitiven Aktivierung* beschreibt das Ausmaß, mit dem die Lernenden sich bedeutungsvoll und produktiv mit mathematischen Inhalten auseinandersetzen können (Schoenfeld 2017b). Im Gegensatz zu der angebotsseitigen Dimension *Mathematische Reichhaltigkeit* erfasst diese nutzungsseitig charakterisierte Dimension, inwiefern die Lernenden die Inhalte kognitiv aktivierend, beispielsweise durch produktive Irritation erfahren, anstatt durch Auswendiglernen oder Routinetätigkeiten (Schoenfeld 2020) und inwiefern das Unterrichtsgeschehen eine Umgebung generiert, die intellektuelle Herausforderungen stellt (Schoenfeld 2013). Die Dimension bezieht dabei ausdrücklich nicht nur die Anforderungen, sondern auch die Unterstützung mit ein, d. h. welche Mittel (z. B. Peerunterstützung, Impulse der Lehrkraft, Technologie oder unterschiedliche Darstellungsmittel) die Lehrkräfte heranziehen, damit die Lernenden die gestellten Anforderungen auch bewältigen können (Baldinger et al. 2016). Die Dimension *Kognitive Aktivierung* erfasst also zum einen, inwiefern anspruchsvolle kognitive Aktivitäten von den Lernenden eingefordert werden (gemäß dem Prinzip der kognitiven Aktivierung), aber auch wie und ob diese durch die Lehrkraft unterstützt werden (also unter Einbezug des Prinzips des Scaffoldings). Die Dimension tangiert des Weiteren das Prinzip der reichhaltigen Diskursanregung, da anspruchsvolle kognitive Aktivitäten und diskursiv anspruchsvolle Sprachhandlungen in engem Zusammenhang gesehen werden. Zum anderen erfasst die Dimension *Kognitive Aktivierung*, ob und inwieweit die Lernenden entsprechend ihrem Lernstand eigene mathematische Ideen entwickeln und kommunizieren in angemessener Zeit und möglichst durch produktive Irritation er- und bearbeiten können (Schoenfeld 2017b).

• Die Dimension *Zugang für Alle* (Equitable Access) erfasst, inwiefern die Unterrichtsgestaltung auf heterogene Lerngruppen eingestellt ist (Schoenfeld 2020). Diese Dimension folgt der Prämisse, dass ein erfolgreicher Unterricht jener sein muss, in dem sich möglichst viele Lernenden bedeutungsvoll beteiligen können (Schoenfeld 2017b). Diese Dimension erfasst hierbei nicht nur quantitativ die möglichst breite Beteiligung, sondern auch die Art der Teilhabe, d. h. inwiefern dafür gesorgt wird, dass möglichst viele Lernenden bedeutsam eigene und fremde Ideen erkunden und sie sich bedeutungsbezogen über die mathematischen Inhalte austauschen können (Schoenfeld 2013). Hierbei ist entscheidend, was die Lernenden zum Unterricht beitragen können, wobei für eine hohe Einschätzung in dieser Dimension die Lernenden Strategien, Vernetzungen, Teilverständnisse, Vorwissen oder eigene Darstellungen einbringen sollten (Baldinger et al. 2016).

- Die Dimension *Mitwirkung* (Agency) erfasst, welche mathematischen Identitäten die Lernenden im Unterricht entwickeln können. Darüber hinaus wird in den Blick genommen, inwiefern die Lernenden als passiv Konsumierende der Mathematik positioniert werden oder Verantwortung für die Mathematik übernehmen und mitwirkend handlungsfähig werden können, d. *h.* die Mathematik aktiv entwickeln und ihr Eigen nennen können (Schoenfeld 2020). Diese Eigenverantwortung zeigt sich konkret im Unterricht, wenn Ideen einzelnen Lernenden zugeschrieben werden und auf diesen aufgebaut wird beziehungsweise andere Ideen dazu in Bezug gesetzt werden (Schoenfeld et al. 2018). Sowohl die Dimension *Kognitive Aktivierung* als auch die Dimension *Mitwirkung* umfassen nicht nur Erfahrungen, die die Lernenden mit der Mathematik machen, sondern auch inwiefern die Lernenden Raum bekommen über eigene Ideen sowie die Ideen anderer nachzudenken und diese zu diskutieren. Ziel ist die Dezentrierung des Unterrichtsgeschehens weg von der Lehrkraft (Schoenfeld 2018). Zusammengefasst erfasst die *Mitwirkung*, welche Möglichkeiten die Lernenden haben, eigene mathematische Ideen zu erklären und auf mathematische Ideen anderer Lernenden zu antworten und reagieren (Schoenfeld 2017b).

- Die Dimension *Ideennutzung* erfasst, inwiefern die Ideen der einzelnen Lernenden von den Lehrkräften genutzt werden, um den Unterricht voranzutreiben und mit ihnen die Gespräche inhaltlich zu orchestrieren (Schoenfeld 2020). Die Dimensionen *Mitwirkung* und *Ideennutzung* erscheinen nahe beieinander, sie lassen sich jedoch voneinander insofern abgrenzen, als es bei der *Mitwirkung* um die Identitäten und bei der *Ideennutzung* um die Themenentwicklung und das inhaltliche Eingehen auf die Lernendenideen geht.

Das TRU-Framework hat drei Charakteristiken, die es für die Zwecke dieser Arbeit besonders geeignet erscheinen lassen:

(a) Gerade die Dimensionen *Mitwirkung* und *Zugang für Alle* verdeutlichen, dass
    es im Forschungs-Kontext des Ringens um mehr Bildungsgerechtigkeit ent-
    standen ist (DIME 2007, Schoenfeld 2013) und daher für *sprachbildenden*
    Unterricht besonders geeignet erscheint.
(b) Die Ausdifferenzierung der mathematikdidaktischen Dimensionen *Mathema-
    tische Reichhaltigkeit, Ideennutzung* und *Kognitive Aktivierung* lässt es zur
    Erfassung der Qualität im sprachbildenden *Mathematik*unterricht besonders
    geeignet erscheinen, in dem
(c) das konzeptuelle Verständnis als *robust understanding* das zentrale Lernziel
    bildet.

Um diese Auswahl genauer zu begründen, werden im Folgenden alternative
Erfassungsinstrumente vorgestellt und dazu in Beziehung gesetzt.

3.2.2 Drei Basisdimensionen der deutschsprachigen fachübergreifenden Unterrichtsqualitätsforschung

In der deutschsprachigen Unterrichtsqualitätsforschung haben sich die Drei Basisdimensionen durchgesetzt, die ursprünglich aus 21 unterschiedlichen Skalen der
TIMSS-Video-Studie zum Mathematikunterricht per Faktorenanalyse gewonnen
wurden (Klieme et al. 2001). Die Basisdimensionen sind allgemein formuliert
und lassen sich fachübergreifend einsetzen (wie bei OECD 2019), auch wenn
sie am meisten für Mathematikunterricht genutzt wurden, wie Praetorius et al.
(2018) auflisten. Der Einsatz für den Mathematikunterricht erfolgte z. B. in den
großen Studien Pythagoras (Klieme et al. 2009), COACTIV (Baumert & Kunter
2013), und per Fragebögen auch in VERA (Praetorius et al. 2012) und PISA
2012 (Kuger et al. 2017).

Das Erfassungsinstrument umfasst die Dimensionen *Klassenführung, Lernendenunterstützung* und *Kognitive Aktivierung* (Klieme et al. 2001; Klieme 2004;
Praetorius et al. 2018):

- Die Basisdimension *Klassenführung* beschreibt den Umgang mit Disziplin,
  Verhaltensregeln und Störungen im Unterricht. *Klassenführung* ist operationalisiert in vier Subdimensionen: Der Abwesenheit von Störungen und
  Disziplinproblemen, die effektive Zeitnutzung und somit die Time on Task
  (Helmke 2017), das allgemeine Monitoring, wie stark die Lehrkraft involviert und aufmerksam ist und schließlich die Klarheit von Regeln und
  sichtbaren Routinen (Praetorius et al. 2018). In der Klassenführung wird

also erfasst, inwiefern effektive Zeitnutzung (Helmke 2017) ermöglicht wird, indem etwaige Störungen in kurzer Zeit behoben werden und möglichst selten auftreten, Zeit nicht verschwendet wird, zum Beispiel beim Übergang von Unterrichtsphasen und die Lernenden die Zeit nutzen zum Aufpassen und Arbeiten (Klieme et al. 2001). Die Dimension *Klassenführung* berührt somit zwar das Ziel der TRU-Dimension *Zugang für Alle*, indem sie eine möglichst breite Beteiligung anstrebt durch Maximierung der effektiven Arbeitszeiten, aber geht mit seinen pädagogischen und disziplinären Aspekten über das hinaus, was im TRU-Framework berücksichtigt wird. Unterrichtsstunden erhalten auch im TRU-Framework schlechtere Ratings, wenn die Klassenführung nicht gelingt, aber diese Dimension wird nicht vordergründig betrachtet (Schoenfeld 2018). Der negative Effekt von unzulänglicher Klassenführung ist erwiesen (Helmke 2017; Praetorius et al. 2018). Sie ist daher eine zentrale qualitätermöglichende Dimension mit pädagogischen und fachunspezifischen Aspekten, die auch auf den sprachbildenden Mathematikunterricht zutreffen. Im TRU-Framework wird sie aber nur als periphere notwendige Bedingung berücksichtigt, weil sie nicht für Mathematikunterricht spezifisch ist.

• Die Basisdimension *Lernendenunterstützung* erfasst, wie sensibel Lehrkräfte auf die individuellen Bedürfnisse der Lernenden eingehen und auch wie viel unförderlicher Leistungsdruck auf die Lernenden ausgeübt wird. Es umspannt somit Aspekte der TRU-Dimension *Ideennutzung*, deckt jene Aspekte der Dimension *Zugangs für Alle* ab, die durch *Klassenführung* nicht erfasst werden und Teile der Dimension *Mitwirkung*. Die *Lernendenunterstützung* umfasst die Sozialorientierung, inwieweit Lehrkräfte inhaltliche und emotionale Probleme der Lernenden erkennen und berücksichtigen, inwieweit ihre Rückmeldungen an die Lernenden individualisiert und persönlich entwicklungsfördernd sind, und inwiefern das Interaktionstempo und der Leistungsdruck angemessen sind: Haben die Lernenden ausreichend Zeit auf Anfragen zu reagieren und bekommen erreichbare Ziele gesteckt (Klieme et al. 2001). *Lernendenunterstützung* misst darüber hinaus den konstruktiven Umgang mit Fehlern (Heinze 2004; Kuntze et al. 2008) und den Grad der Freiheiten und der Adaptivität der Unterstützungen (Hasselhorn & Gold 2013). Dies korrespondiert mit der TRU-Dimension der Ideennutzung. *Lernendenunterstützung* misst zuweilen auch, inwiefern individuelle Lernwege gegangen werden können, was in der TRU-Dimension des *Zugangs für alle* erfasst wird. Die *Lernendenunterstützung* lässt sich als weitgehend fachunspezifisches Konstrukt beschreiben (Brunner 2018), das zusammenfasst inwieweit Strukturen im Klassenzimmer bereits implementiert sind, die es den Lernenden ermöglichen, in ihrem Lernprozess Hinweise, Begleitung und Hilfestellungen zu

erhalten (Drechsel & Schindler 2019). Der Teilbereich der Bezugsnormie-
rung der *Lernendenunterstützung* entspricht dem, was in den Teilaspekten
Identitätsbildung, Kompetenzerfahrung und autonome Erfahrung der Dimension *Mitwirkung* des TRU-Frameworks erfasst wird (Schoenfeld 2017b), wobei
die beiden letzteren Aspekte auch in *Lernendenunterstützung* erfasst werden
(Praetorius et al. 2018). Die Basisdimensionen haben hier einen stärkeren
Fokus auf die emotionale Stabilität der Lernenden, also, wann die Lernenden Kummer haben oder zu schnell oder zu viel von ihnen gefordert wird
(Klieme et al. 2001). Das diskursive Konstruieren von fachlichen Ideen und
die Bildung von neuen Erkenntnissen auf der Basis von Vorerfahrungen, was
entscheidend für die Identitätsbildung und die TRU-Dimension *Mitwirkung* ist,
wird dagegen der Basisdimension *Kognitive Aktivierung* zugeordnet (Klieme
et al. 2006; Praetorius et al. 2018).

• Die Basisdimension *Kognitive Aktivierung* misst, inwiefern den Lernenden herausfordernde Aufgaben gestellt werden und die Lehrkraft mit den Lernenden
   an anregenden Gesprächen teilnimmt, um diese zu fördern (Klieme et al. 2006;
   Praetorius et al. 2018). Sie wird durch sieben Subdimensionen beschrieben:
   • herausfordernde Aufgaben und Fragen,
   • Erkundung und Aktivierung von Vorwissen der Lernenden,
   • Erkundung und Explikation der Denk- und Handlungsweisen der Lernen-
      den,
   • als negativer Indikator das kalkülhafte Wiederholen von Tätigkeiten,
   • die diskursive Ko-konstruktion von Wissen und Lernen,
   • den Sokratischen-Lehrstil und
   • die metakognitive Unterstützung bei der Entwicklung von Strategien und
      Bearbeitung von Aufgaben.

Entsprechend dem Prinzip der Kognitiven Aktivierung ist hierbei die Berück-
sichtigung der Voraussetzungen der entsprechenden Lernenden bedeutsam.
Hierbei entsprechen die Ideen des Genetisch-sokratischen Vorgehens, die
Lernenden Irrwege gehen zu lassen und sie anspruchsvoll üben zu lassen,
statt sie wiederholende Prozeduren einüben zu lassen (Klieme et al. 2001)
den Prinzipien der Kognitiven Aktivierung im engeren Sinne nämlich zur
Anregung von produktiven Herausforderungen durch anspruchsvolle kognitive
Aktivitäten (Hiebert & Grouws 2007) und damit auch der gleichlautenden
TRU-Dimension *Kognitive Aktivierung*. Die Subdimension der diskursiven
Ko-konstruktion erfasst, inwieweit die Lehrkraft die Aussagen der Lernenden miteinander vernetzt, sie nicht direkt selbst bewertet, sondern Diskurse
zwischen den Lernenden anregt. Dies wird in den TRU-Dimensionen *Mit-
wirkung* und *Ideennutzung* ausdifferenziert. Es wird beschrieben, inwieweit

die Lehrkraft-Lernenden-Interaktion dafür sorgt, dass durch diese reichhaltige Diskursanregung konzeptuelles Wissen aufgebaut bzw. erweitert wird (Praetorius et al. 2018). Hier wird das inhaltsbezogene Prinzip der Verstehensorientierung adressiert, das in der TRU-Dimension der *Mathematischen Reichhaltigkeit* abgespalten wird (Hiebert und Grouws 2007; Praetorius et al. 2018). Die Konzeptualisierung der Basisdimension *Kognitive Aktivierung* ist damit einerseits breiter als die TRU-Dimension *Kognitive Aktivierung* und tangiert auch *Mitwirkung* und *Mathematische Reichhaltigkeit*. Gerade für letzte ist jedoch eine fachdidaktische Ausdifferenzierung der Basisdimension immer wieder eingefordert worden, weil sie die fachlichen Ansprüche und fachdidaktischen Bedürfnisse der Unterrichtsstunde, die *Mathematische Reichhaltigkeit*, nicht hinreichend erfasst (Brunner 2018).

Die drei Basisdimensionen von Klieme et al. 2006 und Nachfolgern (Praetorius et al. 2018) decken somit insgesamt die TRU-Dimensionen *Kognitive Aktivierung, Ideennutzung, Mitwirkung* und *Zugang für Alle* ab, aber gehen weiter in eine pädagogische, auf Disziplin bezogene Richtung und haben dafür blinde Flecken bei der Fachlichkeit (Brunner 2018). In ihrer zwar für Mathematikunterricht entwickelten, aber allgemeindidaktischen Ausrichtung fokussieren die drei Basisdimensionen nicht die fachlichen Tiefenstrukturen, die das TRU-Framework berücksichtigt. Auch Darstellungs- und Sprachebenenvernetzung wird nicht abgedeckt.

3.2.3 CLASS: Classroom Assessment Scoring System

Das CLASS (Classroom Assessment Scoring System) misst die Qualität der Interaktion zwischen Lernenden und Lehrkraft. Das System umfasst drei Kategorien (*Domains*), die sich jeweils in unterschiedliche Dimensionen entfalten. Die Kategorien sind *emotional support, instructional support* und *organizational support* (Hamre et al. 2009). Das CLASS ist in der allgemeinen Entwicklungs- und Erziehungstheorie verortet und wurde ursprünglich für die Erfassung von Lerngelegenheiten in Vorschulklassen und Lernmöglichkeiten vor dem Kindergarten von Pianta et al. (2008) entwickelt, aber in seiner weiteren Entwicklung auf weitere Jahrgangsstufen, Schulformen und Altersgruppen erweitert (Hamre et al. 2009).

Die Dimension *Emotional Support* wird aufgeteilt in die Subdimensionen *Classroom Climate, Teacher Sensitivity und Regard for Student/Child Perspectives. Classroom Climate* beschreibt den allgemeinen Umgang im Klassenzimmer und inwiefern die Interaktionen zwischen Lehrkraft und Lernenden und zwischen den Lernenden respektvoll, warm und freudig enthusiastisch sind. *Classroom Climate* ist hier nicht in Bezug zu *Zugang für Alle* zu setzen, da es nicht Ziel dieser Dimension ist, zu erfassen, wie möglichst viele Lernende aktiviert werden können, sondern wie eine wertschätzende Atmosphäre geschaffen wird, was höchstes Ziel der TRU-Dimension *Mitwirkung* ist. *Teacher Sensitivity* beschreibt die Adaptivität der Lehrkraft im Umgang mit den inhaltlichen und emotionalen Bedürfnissen der Lernenden. Diese Dimension beschreibt, inwiefern es der Lehrkraft gelingt, eine Atmosphäre zu schaffen, in der die Lernenden sich sicher fühlen, zu entdecken und zu lernen. Die Dimension *Regard for Student/Child Perspectives* beschreibt, inwiefern die Lehrkräfte in Interaktionen auf die Interessen, Motivation und Sichtweisen der Lernenden eingehen und inwiefern sie flexibel, adaptiv und respektvoll mit der Autonomie der Lernenden umgehen (Hamre et al. 2009). Dieser *Emotional Support* entspricht mit seinem Fokus auf dem respektvollen Umgang mit den Bedürfnissen und des Kompetenzerlebens vor allem der TRU-Dimension der *Mitwirkung*, mit kleinen Anteilen von *Ideennutzung*.

Teacher sensitivity und *Regard for Student/Child* beschreibt jeweils den adaptiven Umgang mit den emotionalen und inhaltlichen Voraussetzungen der Lernenden und inwiefern ihre jeweiligen Sichtweisen eingebracht werden. Dies entspricht der Orchestrierung bei der *Ideennutzung* im TRU-Framework (Schoenfeld 2013), also wie die Beiträge und Ideen der Lernenden genutzt werden, um den Unterricht an sich voranzubringen. *Ideennutzung* geht insgesamt ein Stück weiter, da es erfasst, inwiefern die Ideen genutzt werden, um den Unterricht weiterzubringen. Hingegen beschreibt *Regard for Student/Child* nur, inwiefern darauf eingegangen wird und nicht, wie es in den Unterricht eingeflochten wird. CLASS adressiert explizit die Emotionalität der Lernenden, wohingegen TRU explizit die mathematische Identität anspricht. Beide Erfassungsinstrumente gehen damit auf affektive Bedürfnisse der Lernende ein, wie die Mathematik nicht nur durch die Kognition verarbeitet wird, sondern sich jedes Individuum in affektive Relation zu dieser stellt. Während beim TRU-Framework der Fokus auf dem Gefühl der Kompetenzerfahrung liegt, fokussiert der CLASS die positive Atmosphäre und damit das Gefühl der Sicherheit.

Die CLASS-Dimension *Classroom Organization* umfasst die Subdimensionen Behavior Management/Guidance, Productivity, Instructional Learning Formats / Facilitation of Learning and Development (Hamre et al. 2009). *Classroom Organization* ist zu vergleichen mit der Basisdimension Klassenführung (Klieme et al. 2001). *Behavior Management/Guidance* beschreibt die reaktiven und präventiven Mittel im Umgang mit Störungen und wie Störungszeit minimiert wird. *Productivity* beschreibt, wie effizient die Lehrkraft Arbeitsanweisungen organisieren kann, um die effektive Lernzeit zu erhöhen. Hierbei geht es nicht um die Qualität der Arbeitsaufträge, sondern die Effizienz der Moderation für die Zeitnutzung an sich. *Instructional Learning Formats/Facilitation of Learning and Development* beschreibt, inwiefern es der Lehrkraft gelingt, mittels interessanter Aufgaben und Materialien eine Beteiligung zu erreichen (Hamre et al. 2009).

Wie Klassenführung korrespondiert *Classroom Organisation* teilweise mit der TRU-Dimension *Zugang für Alle*. Allerdings geht auch *Classroom Organisation* über *Zugang für Alle* hinaus, da es explizit den Umgang mit Störung und Steigerung der Effektivität aufgreift, die im TRU-Framework eher vorausgesetzt als erfasst wird. CLASS adressiert in der *Classroom Organization*, dass die Lernenden die Möglichkeit bekommen, sich mit den Inhalten und Materialien auseinanderzusetzen, wohingegen die TRU-Dimension *Mitwirkung* darüber hinaus auch die inhaltliche Bedeutsamkeit der breiten Beteiligung einbezieht und nicht nur die Auseinandersetzung (Baldinger et al. 2016). *Classroom Organisation* entspricht somit in seiner Konzeptualisierung der Basisdimension *Klassenführung* und beinhaltet nicht die Nuance des Prinzips der Verstehensorientierung, die bei TRU über eine schlichte Beteiligung hinausgeht. Dafür erfasst sie auch disziplin-bezogene Unterrichtsstörungen bzw. den reibungslosen Ablauf der Unterrichtseinheit.

Die CLASS-Dimension *Instructional Support* ist aufgeteilt in die Subdimensionen *Concept Development*, *Quality of Feedback* und *Language Modelling* (Hamre et al. 2009). Die Dimension *Concept Development* beschreibt, inwiefern die Lernenden durch Aktivitäten und Diskussionen angeregt werden, anspruchsvolle Inhalte zu bedenken und zu konzeptualisieren, anstatt Auswendigzulernendes oder Routinehandlungen einzuüben oder abzurufen (Hamre et al. 2009). Die Abgrenzung von auswendiggelerntem Wissen und Prozeduren entspricht der Intention des Prinzips der Kognitiven Aktivierung und besonders der Fokus auf die Entwicklung von konzeptuellem Verständnis für die Inhalte folgt dem Prinzip der Verstehensorientierung (siehe Abschnitt 2.1). Dieser Fokus auf dem Aufbau von Konzepten und dem Verständnis ist ein Teilaspekt des TRU-Dimension *Mathematische Reichhaltigkeit*, wobei die CLASS-Dimension neben der Abgrenzung zu *rote learning* auch fehlerhafte Inhalte berücksichtigt. Die Dimension *Quality of Feedback* erfasst den produktiven Umgang mit Lernendenäußerungen, wenn diese nicht nur korrigiert, sondern so aufgegriffen werden, dass das Lernen und Verständnis der Lernenden vertieft wird (Hamre et al. 2009). Dies entspricht der TRU-Dimension *Ideennutzung,* da beide Dimensionen erfassen, was die Lehrkraft über das mathematische Denken der Lernenden offenlegen und wie mit diesem weitergearbeitet werden kann (Schoenfeld 2017b). Die Dimension *Language Modeling* erfasst, inwiefern von den Lernenden Sprachproduktionen eingefordert und unterstützt werden, ohne die inhaltlichen Ansprüche zu sehr zu reduzieren (Hamre et al. 2009). Diese Dimension ist gerade für sprachbildenden Unterricht relevant. Sie korrespondiert mit dem Prinzip der reichhaltigen Diskursanregung und dem Prinzip des Scaffoldings, taucht jedoch in dem TRU-Framework nur sehr untergeordnet bei *kognitiver Aktivierung* und *Mitwirkung* auf.

Eine explizite übergeordnete Domain, die die Qualität der Sprachbildung im Unterricht erfasst, findet sich nicht bei CLASS, allerdings erfasst die Subdimension *Language Modeling,* inwiefern Sprache gestützt wird. Die Prinzipien eines qualitätsvollen sprachbildenden Unterrichts finden sich in unterschiedlichen Dimensionen des CLASS in der Domain *Instructional Support.* Die Dimensionen *Concept Development, Quality of Feedback* und *Language Modeling* zielen hierbei auf die Entwicklung von Konzepten entsprechend dem Prinzip der Verstehensorientierung ab und streben dieses durch reichhaltige Diskursanregung und kognitive Aktivierung an

Die Vernetzung von Darstellungen wird in CLASS nicht konkret erfasst. Zwar würde eine Unterrichtsstunde, die anhand von Darstellungsvernetzung die Vermittlung von Konzepten ermöglicht, ein hohes Rating bzgl. *Conceptual Development* erhalten. Das Erfassungsinstrument dokumentiert aber nur, ob konzeptuelle Entwicklung vorliegt, aber nicht, dass diese durch Darstellungsvernetzung erfolgt ist. Auch in der Subdimension *Language Modeling* werden weder Darstellungs- noch Sprachebenenvernetzungen erfasst, sondern nur, wie die Beiträge der Lernenden genutzt und unterstützt werden.

CLASS legt in seiner Unterrichtsbeschreibung durch die Classroom Organisation einen großen Fokus auf die gelingende Unterrichtsführung und der Generierung und Erhaltung eines lernfreundlichen Unterrichtsklimas. Der Grad der kognitiven Aktivierung der Lernenden wird im *Instructional Support* erfasst, der sich darauf fokussiert, wie konzeptuelles Wissen vermittelt wird. Insgesamt ziehen sich die Prinzipien eines qualitätsvollen sprachbildenden Mathematikunterrichts durch die Dimensionen des CLASS, so dass das Instrument vermutlich qualitätsvollen sprachbildenden Mathematikunterricht als qualitätsvollen Unterricht identifizieren würde. Diese Bewertung könnte allerdings nicht deskriptiv auf die sprachbildenden Elemente im Unterricht zurückgeführt werden.

3.2.4 MQI: Mathematics Quality of Instruction

Das Erfassungsinstrument MQI misst die „Mathematical Quality of Instruction" anhand der Dimensionen *Richness of Mathematics, Errors and Imprecisions, Working with Students and Mathematics, Student Participation in Meaning-Making and Reasoning, Explicitness and Thoroughness* und *Connections between Classroom Work and Mathematics* (Learning Mathematics for Teaching 2006). Es wurde im Projekt Learning Mathematics for Teaching der Michigan Gruppe unter Deborah Ball und Heather Hill ausgearbeitet. Ziel der Entwicklung des MQI war die systematische Quantifizierung der Qualität von Mathematikunterricht. Explizit sollten nicht unterrichtsmethodische, sondern fachdidaktische Aspekte im Vordergrund stehen und unabhängig von der Methode der Lehrkraft den Unterricht vergleichbar erfassen (ebd.). Die Dimensionen des MQI wurden in mehreren Iterationsprozessen ausgeschärft und um die Dimension *Language* ergänzt (Learning Mathematics for Teaching Project 2011).

Die Dimension *Richness of Mathematics* erfasst, inwiefern die Lernenden bedeutungsbezogen und bedeutungsgenerierend an der Mathematik arbeiten. Sie wurde in späteren Arbeiten erweitert zu *Richness and Development of the Mathematics*, um zu markieren, dass der Fokus nicht auf der Existenz von anspruchsvoller Mathematik liegt, sondern auch auf der aktiven Aneignung durch die Lernenden. Die erweiterte Dimension wird operationalisiert über das Nutzen von Darstellungen, der Vernetzung von Darstellungen, mathematische Erklärungen, Rechtfertigungen und explizite Sprache über Mathematik (Learning Mathematics for Teaching Project 2011). Mit dem Fokus auf Verknüpfungen zwischen mathematischen Ideen, der Sprache über Mathematik und unterschiedlichen Darstellungen, werden die Lerngelegenheiten für konzeptuelles Verständnis erfasst.

Die Dimension *Errors and Imprecisions* zielt auf die Lehrkräfte-Seite. Sie erfasst, inwiefern mathematische Fehler durch Lehrkräfte aufgegriffen beziehungsweise thematisiert werden und die Inhalte klar vermittelt werden. Diese Dimension wird in späteren Adaptionen expliziert als *Presence Of Unmitigated Mathematical Errors*, um entsprechend einer positiven Fehlerkultur nicht das Auftreten von Fehlern oder Fehlvorstellungen zu problematisieren, sondern zu erfassen, wie diese adressiert werden.

Das MQI legt (ähnlich wie das TRU-Framework) einen Schwerpunkt auf die Mathematik und erfasst die Qualität der Mathematik explizit anhand mehrerer Indikatoren. Die TRU-Dimension *Mathematische Reichhaltigkeit* misst, inwiefern die Mathematik nicht kalkülhaft oder fehlerhaft ist, klar ausgedrückt wird und sogar an das größere Bild der Mathematik anknüpft (Schoenfeld 2017b). Diese

Dimension wird im MQI *in Mathematical Richness* und *Presence of Unmitigated Errors* aufgetrennt. Unterrichtsstunden, die sowohl mit MQI als auch mit TRU geratet werden, weisen vergleichbare Bewertungen auf, aber weichen durch die unterschiedliche Aufteilung und die unterschiedliche Gewichtung voneinander ab. Schoenfeld et al. (2018) führen selbst ein Beispiel an, in dem die Lehrkraft Verbindungen zwar häufig anspricht und diese an der Tafel auftauchen, aber nicht konkret von den Lernenden erfahren werden. Dies ergab Unterschiede in den Ratings, weil die TRU-Dimension nicht nur die Angebotsseite der Lehrkraft, sondern auch die Nutzungsseite der Lernenden berücksichtigt. Diese Unterscheidung illustriert, dass ähnliche Dimensionen in unterschiedlichen Frameworks je nach Operationalisierung zwar vergleichbar, aber nicht deckungsgleich sein müssen.

Die MQI-Dimension *Student Participation and Meaning-Making and Reasoning* stellt eine Mischform der TRU-Dimensionen *Ideennutzung* und *Zugang für Alle* dar. Es wird erhoben, inwiefern die Lernenden Bedeutung einbringen können und durch aktive Teilhabe am Geschehen im Unterricht teilnehmen. Diese Dimension wurde in der Adaption in der Dimension *Equity* zusammengefasst. Es ist nicht die vollständige Dimension *Ideennutzung*, da es nicht genutzt wird, um den Unterricht mittels der Lernenden Beiträge zu orchestrieren (Baldinger et al. 2016; Schoenfeld 2013) und nicht vollständig *Zugang für Alle*, da die von TRU explizit geforderte breite Beteiligung nicht angesprochen wird (Schoenfeld 2002). Was fehlt, um *Ideennutzung* weitestgehend abzudecken, wird dafür in *Working with Students and Mathematics* aufgefasst, nämlich, dass die Vorerfahrungen der Lernenden eingebracht und berücksichtigt werden (Schoenfeld 2013; Schoenfeld et al. 2018). Die Dimension tangiert sogar darüber hinaus die *Mitwirkung* hinsichtlich der Erfahrung von Mitbestimmung und Kompetenz, aber geht nicht so weit, wie TRU, dass Identitätsbildung stattfindet. Diese Dimension wurde in der Entwicklung des MQI in *Responding to students* zusammengefasst und codiert durch die Identifikation und Diagnose von Lernendenfehlern und dem Umgang mit diesen (Learning Mathematics for Teaching Project 2011). Die MQI Dimension *Student Participation and Meaning-Making and Reasoning* wurde aufgesplittet in *Respond to Students* und *Equity*. Sie deckt mit dem Konzept der Equity den *Zugang für Alle* analog zum TRU-Framework ab und beschreibt, inwieweit breite bedeutungsbezogene Beteiligung und Interaktion im Unterricht angeregt wird. *Respond to Student* stellt dann die Diagnose im Rahmen der Ideennutzung dar und erfasst, inwieweit die Lehrkraft auf die Lernausgangslagen der Lernenden eingeht und diese für die Unterrichtsgestaltung nutzt. *Equity* erfasst konkret, welche Klarheit über die mathematischen Tätigkeiten besteht, denen die Lernenden nachgehen, wie über Mathematik gesprochen wird und welche Begründungsstrukturen zur Verfügung gestellt werden. Erfasst wird der tatsächliche Zugriff auf mathematische Ideen und nicht nur der Beschäftigungs-grad der Lernenden (Learning Mathematics for Teaching Project 2011). Analog zur TRU-Dimension *Zugang für Alle* stellt Equity eine Dimension dar, die zwar die Beteiligung misst, aber immer das Prinzip der Verstehensorientierung mit-denkt, da breite Beteiligung ohne den Fokus auf konzeptuelle Entwicklungen wenig positiven Effekt auf den Lernzuwachs verspricht (Learning Mathematics for Teaching Project 2011; Schoenfeld 2013; Schoenfeld 2015).

Die Dimension *Language* ist aufgeteilt in vier Subdimensionen: *Conventional Notation*, *Technical Language*, *Explicit Talk* und *General Language For Expressing Mathematical Ideas*. Die ersten beiden Subdimensionen bewegen sich auf einer reinen Zeichen- und Wortebene und erfassen, inwiefern die verwende-ten mathematischen Symbole den Normen entsprechen und Fachsprache korrekt angewendet wird. Die Subdimension *Explicit Talk* erfasst, inwieweit über die Bedeutung der Notationen und der Fachsprache der ersten beiden Teildimensio-nen die Bedeutung thematisiert wird. Die vierte Subdimension erfasst, inwiefern andere Sprachebenen als die Fachsprache aktiviert werden, um konzeptuelle Arbeit über Begriffe und mathematische Ideen zu leisten (Learning Mathematics for Teaching Project 2011). Mit dieser Dimension erfasst das MQI die genutzten Sprachebenen (z. B. inwiefern Bildungssprache angewandt und erklärt wird) und adressiert mit *General Language* explizit auch Aspekte der Sprachvernetzung.

Insgesamt legt das MQI eine detailliertere und kleinschrittigere Sichtweise auf die Mathematik als das TRU-Framework dar, beschreibt allerdings prinzipiell dasselbe, auch wenn bei TRU die Mathematik und dessen Reichhaltigkeit nur in einer Skala erfasst ist. Die Dimensionen *Mitwirkung*, *Ideennutzung* und *Zugang für Alle* werden mit einem Verzicht auf breite Beteiligung und Identitätsbildung grob von den beiden Dimensionen *Working with Students and Mathematics* und *Student Participations in Meaning-Making and Reasoning* zusammengefasst.

Qualitätsdimensionen eines sprachbildenden Mathematikunterrichts werden innerhalb der Dimension *Richness and Development of Mathematics* zwar im MQI erfasst, aber stellen nur Subdimensionen dar. Die MQI-Dimensionen *Student Participation in Meaning-Making and Reasoning* und *Working with Students and Mathematics* kombinieren reichhaltige Diskursanregungen mit einem verste-hensorientierten Fokus, ähnlich wie die TRU-Dimension *Mitwirkung*. Durch den starken mathematischen Schwerpunkt des Erfassungsinstruments ist davon aus-zugehen, dass ein Unterricht mit vielen Darstellungsvernetzungsaktivitäten und Sprachvernetzungsangeboten auch in diesen Dimensionen Student *Participation in Meaning-Making and Reasoning* und *Working with Students and Mathematics* hoch geratet wird, allerdings wird die Vernetzungsqualität nicht explizit erfasst.

So zeigte ein Fallvergleich einer kodierten Vignette, in der unterschiedliche Darstellungen lediglich nebeneinandergestellt wurden, ohne mit den Lernenden die Verknüpfungen zu explizieren, im TRU-Framework deutlich geringere Ratings als im MQI, da die Operationalisierung des MQI-Instruments an dieser Stelle nicht fein genug unterscheidet:

> „In short, the two mathematics frameworks, while often agreeing on the overall quality of a lesson, have somewhat different focal emphases and represent somewhat different mathematical and pedagogical values. MQI assigned credit for local reasoning (zero pairs), while the TRU threshold for mathematical sense making – specifically for making connections between representations – was much higher." (Schoenfeld 2018, S. 56)

Die Sprachvernetzung wird in ersten Schritten erfasst, wobei Sprache im MQI auf die Sprachnutzung der Lernenden konzentriert ist, nicht auf die Einforderung von Sprache der Lernenden durch die Lehrkräfte. Das heißt, dass geprüft wird, inwieweit Begriffe der bildungssprachlichen Sprachebenen und entsprechenden Notationen korrekt genutzt und mit Bedeutung gefüllt werden. Dies entspricht konzeptuellen Aktivitäten, die in der TRU-Dimension *Kognitive Aktivierung* subsumiert werden.

Insgesamt ist zwar davon auszugehen, dass ein sprachbildender Mathematikunterricht gemäß den Prinzipien eines qualitätsvollen sprachbildenden Mathematikunterrichts auch mit Hilfe des MQI einzuordnen ist, aber die Qualitätsdimensionen des sprachbildenden Mathematikunterrichts sind nicht explizit genug enthalten, als dass es ermöglichen würde, unterschiedliche Umsetzungen der Lehrkräfte im Unterrichtsverlauf eines sprachbildenden Mathematikunterrichts miteinander zu vergleichen.

3.3 Vergleich der Erfassungsinstrumente und Auswahl des Instruments

Der Vergleich der vier Erfassungsinstrumente in Abb. 3.1 zeigt die Bandbreite von möglichen Dimensionen, die viele Überschneidungen, aber auch unterschiedliche Schwerpunktsetzungen und Ausdifferenzierungsgrade aufweisen.

Abb. 3.1 zeigt diese Bezüge im graphischen Überblick. Da das Ziel dieses Kapitel ist, ein Erfassungsinstrument zur weiteren Adaption für den sprachbildenden Unterricht auszuwählen, wird dabei auch verdeutlicht, inwiefern die jeweiligen Erfassungsinstrumente die sprachbildenden Prinzipien Darstellungs- und Sprachebenenvernetzung, Reichhaltige Diskursanregung und Scaffolding berücksichtigen. Das Prinzip der Formulierungsvariation ist in keinem Instrument explizit berücksichtigt.

Die Dimensionen erfassen unterrichtsmethodische Aspekte, wie die *Klassenführung* (BD, Klieme et al. 2006; Praetorius et al. 2018), den *Zugang für Alle* (TRU, Schoenfeld 2014) oder die *Classroom Organisation* (CLASS, Hamre et al. 2009). Die Dimensionen können sich auf die Interaktion zwischen Lehrkraft und Lernenden oder Lernenden untereinander beziehen, wie *Lernendenunterstützung* (BD, Klieme et al. 2006), *Mitwirkung* und *Ideennutzung* (TRU, Schoenfeld 2017b) oder *Emotional Support* (CLASS, Hamre et al. 2009), die affektiven oder inhaltsbezogenen Elemente des Prinzips des Scaffoldings beschreiben. Alternativ zielen einige Dimensionen auf anspruchsvolle kognitive Aktivitäten ab und berücksichtigen damit teilweise die Prinzipien der *Verstehensorientierung* und der *Kognitiven Aktivierung*, aber auch Teilaspekte der *reichhaltigen Diskursanregung*, wie *Kognitive Aktivierung* (BD, Klieme et al. 2006; TRU, Schoenfeld 2015), *Mathematische Reichhaltigkeit* (TRU, Schoenfeld 2017b) oder *Richness And Development of The Mathematics* (MQI, Learning Mathematics for Teaching Project 2011). Die Übergänge dieses Spektrums sind fließend und werden von den unterschiedlichen Erfassungsinstrumenten unterschiedlich getrennt oder in den Vordergrund gestellt.

Dieses Spektrum von Qualitätsdimensionen wurde schon von Kunter und Ewald (2016) den Basisdimensionen gegenübergestellt und durch Brunner (2018) um die Fachlichkeit ergänzt, um Unterrichtsqualität zu konzeptualisieren. Diese Systematik wird hier um *Sprachvernetzung* erweitert. Auch wenn die Zuordnungen einzelner Dimensionen aller Erfassungsinstrumente nicht immer eindeutig sind, soll diese Systematik genutzt werden, um die präsentierten Erfassungsinstrumente gezielt voneinander abzugrenzen.

Klassenführung

Je nach Auslegung lassen sich unter die *Klassenführung* der Umgang mit Disziplinproblemen, das Erreichen breiter Beteiligung und das Erreichen bedeutsamer Beteiligung subsummieren. Beispielsweise verzichtet das MQI auf die Bewertung der Nutzung der Lernangebote durch die Lernenden und rein pädagogische Aspekte, da die fachlichen Lerngelegenheiten aus Sicht der Forschenden vor allem beeinträchtigt werden, wenn die elementaren mathematischen Inhalte nicht thematisiert oder Erklärungen unklar oder verwirrend sind (Learning Mathematics for Teaching Project 2011). Diese in MQI und TRU vernachlässigte Dimension entspricht der Basisdimension *Klassenmanagement* und der CLASS-Dimension *Classroom Organisation*. Breite Beteiligung fordern alle Dimensionen, die grob der Klassenführung zugeordnet sind, wobei der Unterschied darin liegt, ob die

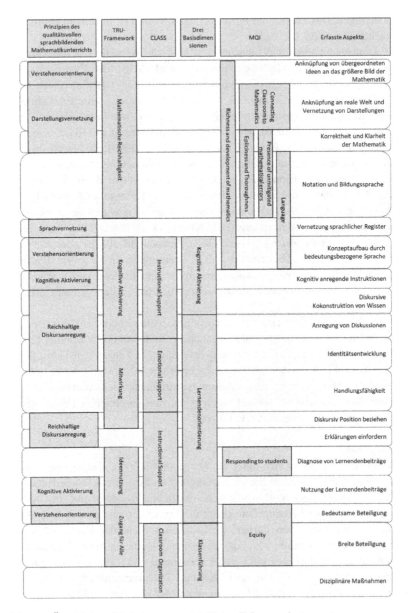

Abb. 3.1   Überblick und Relation unterschiedlicher Erfassungsinstrumente

Klassenführung vorrangig pädagogisch gesehen wird oder auch im Sinne der Verstehensorientierung (*Zugang für Alle*, TRU; *Equity*, MQI) qualifiziert wird.

Kognitive Aktivierung
Anregungen durch Aufgaben finden sich in unterschiedlichen Erfassungsinstrumenten (CLASS, TRU, BD), was als kognitiv anregend operationalisiert wird und dem Prinzip der kognitiven Aktivierung entspricht.

Das Designprinzip der reichhaltigen Diskursanregung findet sich im TRU-Framework im Rahmen der *Kognitiven Aktivierung* und der *Mitwirkung* in der Form, dass *Kognitive Aktivierung* erfasst, inwiefern die Lernenden angeregt werden, Konzepte im Diskurs zu entwickeln und die *Mitwirkung* auch explizit die wechselseitige Auseinandersetzung von den Aussagen und Ideen anderer Lernender erfordert. Die Basisdimension Kognitive Aktivierung erfasst die reichhaltige *Diskursive Aktivierung* im Rahmen einer Unterdimension zur kognitiven Aktivierung, auch im MQI in Form von *Discursive And Co-Constructive Learning*. Im CLASS findet sich im Rahmen von *Language Modeling,* inwieweit die Beiträge der Lernenden zu einer Diskussion geformt werden, was aber auch nur eine Unterdimension von *Instructional Support* darstellt.

Weitestgehend entsprechen die Dimensionen, die die Potenziale *kognitiver Aktivierung* erfassen, in allen Instrumenten dem *Prinzip der Kognitiven Aktivierung* (aus Abschnitt 2.1), indem sie

* die jeweiligen kognitiven Voraussetzungen der Lernenden berücksichtigen,
* die Lernenden dazu anregen, kognitiven Aktivitäten nachzugehen, die anspruchsvoll sind und auf Kompetenzerwerb ausgelegt sind,
* die Lernzeit nutzen, um die zu fördernden Kompetenzen zu adressieren und
* produktive Irritation bei den Lernenden anregen, die eine vertiefte Auseinandersetzung mit mathematischen Ideen ermöglichen und aufrechterhalten (Hiebert & Grouws 2007; Vygotsky 1978).

Nuancen gibt es in der Anregung von Diskussionen, ob diese als Mittel zur kognitiven Aktivierung gelabelt wird oder als Möglichkeit, den Lernenden Raum und Feedback geben zu können.

Lernendenunterstützung
Unter konstruktiver *Lernendenunterstützung* lassen sich unterschiedliche Aspekte von der emotionalen Unterstützung der Lernenden, über das Scaffolding ihrer Beiträge bis hin zum Anleiten von Diskussionen fassen. Die Kombination von

Mitwirkung und *Lernendenunterstützung* im TRU-Framework entspricht näherungsweise dem, was CLASS mit *Emotional Support* und *Instructional Support* beschreibt. In der Identitätsbildung und Kompetenzerfahrung überschneiden sich *Emotional Support* und *Mitwirkung*, wobei *Emotional Support* auch die Adaptivität zu Lernendenaussagen einbezieht, die wiederrum mit der entsprechenden Orchestrierung der Unterrichtseinheit zu *Lernendenunterstützung* zusammengefasst ist, die bei CLASS nur *als Instructional Support* beschrieben wird. *Working With Students And Mathematics* im MQI beschreibt wiederrum nur diesen adaptiven Umgang und Kompetenzerfahrung, ohne die Identitätsbildung. Dies fasst CLASS allerdings mit *Instructional Support* weiter, so dass bedeutsame Beteiligung der Lernenden miterfasst wird, was in TRU erst Teil von *Zugang für Alle* ist. Diese beiden erwähnten Dimensionen des MQI sind in den drei Basisdimensionen zur Dimension *Lernendenunterstützung* gekoppelt.

Fachlichkeit
Mathematikspezifische Indikatoren für Unterrichtsqualität finden sich hauptsächlich in Erfassungsinstrumenten, die einen expliziten mathematikdidaktischen Anspruch haben, wie TRU oder MQI. Beide Erfassungsinstrumente beschreiben unter mathematischer Reichhaltigkeit, dass Inhalte nicht trivial und nicht auswendig zu lernen sind. Von nicht-fachspezifischen Erfassungsinstrumenten wird dies den Dimensionen zur Erfassung kognitiver Aktivierung oder auch teilweise der konstruktiven Lernendenunterstützung zugeordnet, wie *Cognitive Activation* und *Instructional support*. Die Bedeutungshaltigkeit und nicht reine Proceduralisierung von Unterrichtsinhalten wird von allgemeinen Erfassungsinstrumenten dem Spektrum der Dimensionen hinsichtlich der kognitiven Aktivierung beigeordnet und bei den fachspezifischen Erfassungsinstrumenten der jeweiligen Dimension der Fachlichkeit. MQI betrachtet die mathematischen Indikatoren feingliedriger als TRU, welches die Reichhaltigkeit, die Klarheit, Korrektheit und Nicht-Trivialität zusammenfasst. Dieser fachliche Fokus erfüllt damit die Aspekte der Verstehensorientierung (aus Abschnitt 2.1), indem sie

- zusammenhängende, strukturierte und vernetzte Diskussionen von mathematischen Ideen umfassen,
- Diskussionen über die Bedeutungen der mathematischen Konzepte und Prozeduren beinhalten,
- fragen, inwieweit unterschiedliche Lösungs- und Bearbeitungsstrategien sich unterscheiden,
- den Zusammenhang mathematischer Inhalte herstellen und

• den Hauptfokus einer Unterrichtssitzung hervorheben und in die übergeordnete Idee der Lernumgebung und der Mathematik einordnen.

Durch die grundgelegte Fachlichkeit in den Erfassungsinstrumenten sind in diesen insbesondere das Prinzip der Verstehensorientierung bereits integriert.

Sprachvernetzung
Die Prinzipien des sprachbildenden Unterrichts tauchen in unterschiedlichen Erfassungsinstrumenten teilweise implizit in den Operationalisierungen auf. Das Prinzip der Sprach- und Darstellungsvernetzung fließt in die Operationalisierung von *Mathematischer Reichhaltigkeit* im TRU-Framework ein und auch in die des MQI. In Letzterem wird nicht explizit nach der Vernetzung der Darstellungsebenen gefragt, sondern bereits das Nebeneinanderstehen unterschiedlicher Darstellungen liefert eine erhöhte Einschätzung.

Die Vernetzung der Sprache findet sich teilweise in Teilbereichen der *kognitiven Aktivierung*, die die Sprache als Medium zur Arbeit an Konzepten nutzt, wieder und steht damit in direkter Wechselwirkung zur Verstehensorientierung. Das MQI stellt hier eine Besonderheit dar, da es explizit die Vernetzung der Alltags- und Fachsprache mit Hilfe der Bildungssprache aufführt. Das Prinzip der reichhaltigen Diskursanregung findet sich in Subdimensionen zur Erfassung des diskursiven Anspruchs, der Ko-Konstruktion von Wissen durch Diskussionen und der Anregung von Diskussionen der Lernenden als methodisches Mittel.

In Bezug zum qualitätsvollen sprachbildenden Mathematikunterricht und dessen Prinzipien zeigt der vergleichende Überblick in Abb. 3.1, dass die Prinzipien teilweise in anderen Qualitätsdimensionen mit auftauchen. Darstellungsvernetzungen werden in den fachlichen Erfassungsinstrumenten in der mathematischen Reichhaltigkeit mit angesprochen, wenn auch bei MQI nur als Existenz multipler Darstellungen. Da die Prinzipien des sprachbildenden Mathematikunterrichts in den Erfassungsinstrumenten nur als Teilaspekte einiger Subdimensionen auftauchen, ermöglichen diese keine expliziten Aussagen zur Qualität von sprachbildendem Unterricht. Für das vorliegende Projekt ist demnach notwendig, sie als zusätzliche Dimensionen zu operationalisieren und zu erfassen.

Insgesamt zeigt das Nebeneinanderlegen unterschiedlicher Erfassungsinstrumente, dass die übergeordneten Ideen gleich sind, wobei je nach Instrument unterschiedliche Schwerpunkte gelegt werden: Die mathematischen Inhalte sollen, klar, verständlich und korrekt, durch das Prinzip der Kognitiven Aktivierung, Lernenden dazu verhelfen, Kompetenz im Mathematikunterricht zu erfahren, Konzepte, Darstellungen, Kernideen und Sprache vernetzt zu verstehen, gemäß

dem Prinzip der Verstehensorientierung, und eine mathematische Identität aus-
zubilden, hierzu muss adaptiv auf kognitive und emotionale Voraussetzungen der
Lernenden eingegangen und diese aktiv in die Unterrichtsgestaltung eingeflochten
werden, was bedingt, dass der Unterricht pädagogisch diszipliniert geführt wird
und durchführbar ist.

Die Ausgestaltung unterschiedlicher Bewertungsinstrumente erfolgt einerseits
durch inhaltliche Schwerpunkte, wie der fachspezifische Schwerpunkt des MQI
oder des TRU-Frameworks, aber auch in der methodischen Ausgestaltung. Ein
Erfassungsinstrument kann entweder die Unterrichtsstunde direkt als Ganzes
bewerten (was zeitlich effizienter erscheint), oder sich auf einzelne Segmente
beziehen. Die Kodierung einzelner Segmente ermöglicht es, den Verlauf der
jeweiligen Unterrichtsstunde dynamisch darzustellen (siehe Kapitel 7) und verhindert den Codierungsfehler, dass ein herausragender oder unpassender Moment
die Einschätzung der gesamten Stunde überstrahlt (Rogers et al. 2020).

Aufgrund der methodischen und inhaltlichen Schwerpunkte jedes Erfassungsinstruments (Schoenfeld 2018) muss eine begründete Auswahl getroffen werden,
um eine möglichst große Passung zum Forschungsinteresse, zum Projekt und zur
erreichbaren Datenlage von gefilmtem Unterricht zu erreichen.

Für Erfassungsinstrumente wie MQI spricht der fachliche Fokus. Eine fächer-
übergreifende Verallgemeinerung wie bei den Basisdimensionen könnte dadurch
begründet werden, dass Unterricht guter Unterricht sein kann, unabhängig von
vernachlässigten disziplinspezifischen Normen (Schoenfeld 2018). In einem Vergleich von Codierungen derselben Stunde durch ein fachunabhängiges Instrument
(FFT – Framework for Teaching, Danielson 2014, hier nicht vorgestellt) sowie
MQI und TRU zeigte sich, dass bei FFT gut geführte Klassen mit geringem
Anspruch bzgl. der mathematischen Inhalte höher gewertet wurden als bei MQI
und TRU mit ihrer fachdidaktischen Ausdifferenzierung. Umgekehrt wurden
als "messy inquiry-oriented" charakterisierte Unterrichtsstunden von den fachdidaktischen Erfassungsinstrumenten MQI und TRU höher eingeschätzt, da die
Lernenden viele Möglichkeiten hatten, sich bedeutungsvoll mit der Mathematik
auseinanderzusetzen, während das Klassenmanagement zur Abwertung in FFT
führte. Auch die beiden fachdidaktischen Erfassungsinstrumente unterschieden
sich allerdings in den entsprechenden Ratings aufgrund der unterschiedlichen
Schwerpunkte, insbesondere zum Nebeneinanderstellen oder Verknüpfen von
Darstellungen (Schoenfeld 2018).

Für die Auswahl eines Erfassungsinstruments für diese Arbeit ist die Passung zum Ziel der Arbeit zu prüfen. Dieses besteht darin, die Qualität von
verstehensorientierten, sprachbildenden Mathematikunterricht zu erfassen, indem
es die kognitiven und sprachlichen Anforderungen und Unterstützungen von

spezifischen mathematischen Unterrichtsstunden bewertet und deren Effekt zu den Lernzuwächse untersucht. Daher scheint ein bewertendes fachspezifisches Erfassungsinstrument sinnvoll zu sein. Abgesehen von den rein deskriptiven Instrumenten TAIMI und COPUS, die hier nicht genauer vorgestellt werden sollen, ermöglichen alle Erfassungsinstrumente einen bewertenden Ansatz.

Hierbei sticht das TRU-Framework unter anderem heraus, da es sowohl bewertend als auch beschreibend eingesetzt werden kann (Rogers et al. 2020). Tendenziell ist ein segmentiertes Vorgehen angedacht, das auch Schwankungen zwischen 5-Minuten-Sequenzen erfassen kann. Da hier mit vorgegebenem Unterrichtsmaterial gearbeitet werden soll, würde eine rein zusammenfassende Betrachtung der ganzen Stunde der Struktur der Unterrichtsstunde und den Unterschieden zwischen einzelnen Lehrkräften zu wenig gerecht werden. Als Kandidaten in der engeren Auswahl bleiben TRU und MQI.

Fachspezifische Erfassungsinstrumente, wie das MQI oder das TRU-Framework bieten den Vorteil, dass sie das Prinzip der Verstehensorientierung und den Aufbau des konzeptuellen Verständnisses prominent setzen (Learning Mathematics for Teaching Project 2011; Schoenfeld 2002). Konkret zeigt sich diese Verstehensorientierung bei den beiden Erfassungsinstrumenten in den fachlich orientierten Dimensionen *Richness and Development of Mathematics* und der *Mathematischen Reichhaltigkeit*. Beide Dimensionen erfassen, wie die Lernenden in die Lage versetzt werden, die neuen Inhalte an die Mathematik anzuknüpfen und die zugrunde liegenden Konzepte zu begreifen. Darüber hinaus sind die verstehensorientierten Elemente in den Dimensionen *Equity* und *Zugang für Alle* ausschlaggebend für die Auswahl. Diese Dimensionen dokumentieren, inwiefern die breite Beteiligung im Unterricht auch bedeutsam ist und grenzen sich damit von Erfassungsinstrumenten mit einem pädagogischen oder disziplinbezogenen Fokus ab (Learning Mathematics for Teaching 2006).

Das TRU-Framework hat drei (bereits in Abschnitt 3.2.1 genannte) Charakteristiken, die es für die Zwecke dieser Arbeit besonders geeignet erscheinen lassen:

a) Gerade die Dimensionen *Mitwirkung* und *Zugang für Alle* verdeutlichen, dass es im Forschungs-Kontext des Ringens um mehr Bildungsgerechtigkeit entstanden ist (DIME 2007, Schoenfeld 2013) und daher für *sprachbildenden* Unterricht besonders geeignet erscheint.

b) Die Ausdifferenzierung der mathematikdidaktischen Dimensionen *Mathematische Reichhaltigkeit, Ideennutzung* und *Kognitive Aktivierung* lässt es zur Erfassung der Qualität im sprachbildenden *Mathemati*kunterricht besonders geeignet erscheinen, in dem

c) das konzeptuelle Verständnis als *robust understanding* das zentrale Lernziel bildet.

Somit wurde das TRU-Framework, das in Kapitel 4 expliziter vorgestellt wird als Arbeitsgrundlage für die weitere Entwicklung eines Erfassungsinstruments ausgewählt.

Vorstellung der Grundlage des Erfassungsinstruments für Unterrichtsqualität: Das TRU-Framework

4

In Kapitel 3 wurde das TRU-Framework grob skizziert, in Beziehung zu anderen gängigen Instrumenten gesetzt und seine Auswahl für den Zweck der Erfassung von Qualität in sprachbildendem Mathematikunterricht begründet. Die Darstellung wird in diesem Kapitel bzgl. der Grundideen (Abschnitt 4.1) und einzelnen Dimensionen vertieft (Abschnitt 4.2). Diese detaillierteren Ausführungen können die Auswahlentscheidung tiefer begründen und die in Kapitel 5 vorzustellenden Adaptionen für den spezifischen Fokus auf sprachbildendem Mathematikunterricht fundieren.

4.1 Grundideen des TRU-Frameworks

Wie viele andere Erfassungsinstrumente für Unterrichtsqualität wurde das TRU-Framework im kulturellen Kontext der Vereinigten Staaten entwickelt, um einen Perspektivwechsel vom Fokus auf das Design von Unterrichtsmaterialen hin zu den tatsächlichen mathematischen Lerngelegenheiten der Lernenden zu ermöglichen (Schoenfeld et al. 2019). Das TRU-Framework liefert eine Handhabe, um die Aspekte von Arbeitsaufträgen und Interaktionen zwischen Lernenden und Lehrenden zu fokussieren, lenkt dabei den Blick weg von dem Hauptfokus auf das eingesetzte Material, hin zu den Erfahrungen, die Lernende mit umsichtig designtem Material sammeln. Diese Interaktionen werden hierbei durch eine dreistufige Skala erfasst, die für einen Überblick ausgezählt und quantifiziert werden kann. Dabei bietet TRU eine Offenheit in der Unterrichtsmethodenwahl, da das TRU-Framework keine bevorzugt oder empfiehlt (Schoenfeld 2018).

Normativ ist das TRU-Framework dem Bildungsziel verpflichtet, dass die Lernenden die Möglichkeit bekommen, eine Beziehung zur Mathematik aufzubauen

P. Neugebauer, *Unterrichtsqualität im sprachbildenden Mathematikunterricht*, Dortmunder Beiträge zur Entwicklung und Erforschung des Mathematikunterrichts 48, https://doi.org/10.1007/978-3-658-36899-9_4

und sich selbst als Individuen wahrzunehmen, die in der Lage sind, mathematische Werkzeuge zu nutzen und mathematische Probleme zu bearbeiten. In dieser
breiten Zielbeschreibung geht die Definition von „robust understanding" über
den Aufbau konzeptuellen Verständnisses hinaus (Schoenfeld 2018) und tangiert
auch breitere Bildungsziele von mathematischer Mündigkeit. Es soll in Fortbil-
dungskontexten Rückmeldefunktion über Unterrichtsqualität bieten und damit der
Qualitätssteigerung des Unterrichts im Anschluss der Erfassung dienen. Dies regt
des Weiteren die Nutzung für kollegialen Austausch zwischen Lehrkräften oder
die Anwendung in Fortbildungen an.

Konkret dient das TRU-Framework der systematischen Erfassung und
Beschreibung der unterrichtlichen Lerngelegenheiten, die zum Aufbau von
"robust understanding" im Allgemeinen (oder spezifischer von konzeptuellem
Verständnis statt auswendiggelerntem Faktenwissen und Prozeduren) beitragen:

> "The core assertion underlying the TRU Framework is that there are five dimensions
> of activities along which a classroom must do well, if students are to emerge from that
> classroom being knowledgeable and resourceful disciplinary thinkers and problem
> solvers. The main focus of TRU is not on what the teacher does, but on the oppor-
> tunities the environment affords students for deep engagement with mathematical
> content." (Schoenfeld 2018, S. 493)

Zusammenfassend beschreibt Schoenfeld (2018, S. 494) die Anliegen des TRU-
Frameworks wie folgt:

1. Die Dimensionen im TRU-Framework sind notwendig und hinreichend und
   dienen der Erfassung und Beschreibung eines Unterrichts, der die Lernenden zu kompetenten, flexiblen und ressourcenorientierten Denkern und
   Problemlösern macht.
2. Das TRU-Framework fokussiert den Lernenden statt der Lehrkraft.
3. Es werden keine Ge- oder Verbote aufgestellte, um die Vielfalt an gutem und
   effektivem Unterrichten nicht zu beschränken.
4. Das TRU-Framework soll Perspektive und Sprache liefern, um sinnhaft über
   die Lehrkraft-Lernenden-Interaktion sprechen zu können und das Geschehen
   im Unterricht zu beschreiben.
5. Übergeordnet muss klar sein, dass Unterrichtsqualität kein absoluter Begriff
   sein kann, da diese von Normen des Betrachtenden und des kulturellen
   Rahmens abhängig sind.

Insgesamt ermöglicht das TRU-Framework somit, Unterricht quantitativ zu
beschreiben und gleichzeitig dessen Qualität zu bewerten (Rogers et al. 2020)

über die Ausprägung von unterschiedlichen Dimensionen, die einen Einfluss auf das konzeptuelle Verständnis der Lernenden haben. Es ist designt mit dem Anspruch, ein möglichst kompaktes Instrument zur Erfassung von Unterrichtsqualität zu bieten. Dazu darf es nur eine begrenzte Anzahl an Dimensionen enthalten, um handhabbar zu bleiben. Die Dimensionen sollten verständlich, nicht redundant und zumindest soweit voneinander unabhängig sein, dass in Fortbildungen für Lehrkräfte auch an einzelnen Dimensionen gearbeitet werden kann (Schoenfeld 2017a).

Dazu wurden für das TRU-Framework fünf Dimensionen herausgearbeitet, die für einen bedeutungsbezogenen Unterricht notwendig sind, um Lernende zu kompetenten, denkenden und problemlösenden Menschen zu bilden: *Mathematische Reichhaltigkeit, Kognitive Aktivierung, Zugang für Alle, Mitwirkung* und *Ideennutzung.*

Die fachliche Dimension der *Mathematischen Reichhaltigkeit* steht hierbei im Zentrum der Beobachtung (Abschnitt 4.2.1). Die weiteren vier Dimensionen differenzieren die Erfahrungen der Lernenden mit der Mathematik aus (Schoenfeld 2014) (Abb. 4.1):

"The TRU Math scheme is, of necessity, grounded in the specifics of mathematics teaching and learning. Thus, Dimension 1 ("the mathematics") is fundamentally mathematical, just as the "resources" in the original problem-solving work and teacher modeling were fundamentally mathematical. But the other dimensions of TRU Math – cognitive demand; access to meaningful engagement with the content; agency, authority, and identity; and the uses of assessment – although "tinged" with mathematics when one looks at mathematics instruction, are general. That is, in a writing (or literature or physics) class, they would be "tinged" with writing (or literature or physics) in the same ways." (Schoenfeld 2014, S. 410)

Ursprünglich wurde das TRU-Framework für Professionalisierungszwecke entwickelt, d.h. um Lehrkräfte, Fortbildende und Forschende beim Planen und Reflektieren von Unterricht zu unterstützen. Das TRU-Framework liefert für diesen Zweck einen Rahmen, um in mehreren Perspektiven zu überlegen, was wichtig im gelungenen Mathematikunterricht ist, wobei jede einzelne Dimension einen anderen Schwerpunkt zulässt (Schoenfeld 2017b). Als Unterstützungswerkzeug für Lehrkräfte wurden die fünf Dimensionen mit Impulsfragen zur Planung von Unterrichtsstunden nach Baldinger et al. (2016) konkretisiert, sie sind in Tabelle 4.1 aufgeführt.

Für die Erfassung der Qualitäten der Unterrichtsdurchführung wurden den Dimensionen ein dreistufiges Ratingsystem zugrunde gelegt, das relativ einfach zu erfassen ist:

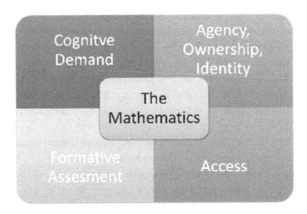

Abb. 4.1 Darstellung der 5 Dimensionen des TRU-Framework nach Schoenfeld (2017b, S. 420, hier adaptiert)

Tabelle 4.1 Konkretisierung der TRU-Dimensionen für die Unterrichtsplanung (Baldinger et al. 2016)

Dimensionen	Impulsfragen für die Unterrichtsplanung
Mathematische Reichhaltigkeit	• Wie werden mathematische Ideen und Anwendungen in dieser Unterrichtsstunde entwickelt? • Wie können mathematische Ideen und Anwendungen, die in vergangenen Stunden aufgetaucht sind, mit dieser und zukünftigen Stunden verbunden werden?
Kognitive Aktivierung	• Welche Möglichkeiten haben die Lernenden, Mathematik mit Sinn zu füllen? • Wie lassen sich mehr Möglichkeiten zur Sinngenerierung schaffen?
Zugang für Alle	• Welche Möglichkeiten bestehen für jeden Lernenden sich sinnstiftend zu beteiligen? • Wie lässt sich eine größere Anzahl solcher Möglichkeiten erschaffen?
Mitwirkung	• Welche Möglichkeiten haben die Lernenden ihre eigenen Ideen zu vertreten oder auf die Ideen anderer einzugehen? • Wie lässt sich eine größere Anzahl solcher Möglichkeiten erschaffen?
Ideennutzung	• Was ist über das Denken der Lernenden bekannt und wie kann es für die Unterrichtsstunde genutzt werden? • Wie lässt sich mehr über das Denken der Lernenden erfahren?

"Ultimately, we wanted a mechanism for capturing what takes place in mathematics classrooms that was (a) workable in roughly twice real time; (b) focused in clear ways on dimensions of classroom activities that were known in the literature to be important, (c) relatively comprehensive, in that the major categories of classroom actions noted in the literature were represented; (d) relatively comprehensible, in that the framework underlying the scheme cohered and was comprehensible; and, of course, that (e) the scheme had the requisite properties of reliability and validity." (Schoenfeld 2013, S. 610)

In dem dreistufigen Ratingsystem entspricht die untere Stufe (*basic*) deutlichen Einschränkungen der Lerngelegenheiten, die mittlere Stufe (*proficient*) einer angemessenen Umsetzung der entsprechenden Dimension und die höchste Stufe (*distinguished*) sagt aus, dass der Lehrkraft die Ausgestaltung besonders gut gelingt. Diese drei Stufen haben nur eine ordinale, aber keine metrische Skalenqualität. Die Stufen sind für vier Sozialformen (Einzelarbeitsphase, Gruppenarbeitsphase, Plenumsphase und Präsentationsphase) jeweils unterschiedlich operationalisiert.

Zwar wurde die *Validität* der Dimensionen und Operationalisierungen der Stufen durch intensive qualitative Arbeit mit dem TRU-Framework und mehrfache Iterationen bereits ausführlich gesichert (Schoenfeld 2013, S. 610), dagegen steht ein quantitativer Nachweis der *Reliabilität* noch aus (Schoenfeld 2018). Ein solcher Nachweis der Reliabilität wurde im Rahmen des Projekts MuM-Implementation erstmals erbracht (Prediger & Neugebauer 2021b, vgl. Abschnitt 6.4). Erst mit diesem Reliabilitätsnachweis kann das Erfassungsinstrument auch für die quantitative Forschung zur Unterrichtsqualität und Umsetzung von Lehrkräften im Unterrichtsverlauf genutzt werden.

Insgesamt bietet sich das TRU-Framework als theoriefundiertes Instrument an, um mathematikdidaktische Unterrichtsqualität zu erfassen, insbesondere durch den Fokus auf die *Mathematische Reichhaltigkeit* und die konsequente Ausrichtung der weiteren Qualitätsdimensionen auf ihre Funktion für das Mathematiklernen. Zudem korrespondiert die Ausrichtung an den Lernzielen des reichhaltigen Konzeptaufbaus mit den Zielen der Dortmunder Arbeitsgruppe für den sprachbildenden Mathematikunterricht (Prediger 2019b).

Im folgenden Abschnitt 4.2 werden die einzelnen Dimensionen des TRU-Frameworks und ihre Operationalisierungen vorgestellt.

4.2   Dimensionen des TRU-Frameworks

Ziel dieses Abschnitts ist, die Dimensionen des Erfassungsinstrument TRU (Schoenfeld 2013; 2014; 2017a; 2017b; 2018) genauer vorzustellen bzgl. der jeweiligen Niveaustufen des Ratings. Dazu werden die TRU-Dimensionen *Mathematische Reichhaltigkeit*, *Kognitive Aktivierung*, *Zugang für Alle*, *Mitwirkung* und *Ideennutzung* in den Abschnitten 4.2.1–4.2.5 einzeln diskutiert und in Abschnitt 4.2.6 in Beziehungen gesetzt.

4.2.1   Dimension *Mathematische Reichhaltigkeit*

Die erste Dimension beschreibt die *Mathematische Reichhaltigkeit*. Sie bezieht sich auf die Mathematik bzw. ihre mathematische Kohärenz und Stimmigkeit und beschreibt, inwiefern die thematisierten Inhalte (im Kontext der hier vorliegenden Studie also der Prozentrechnung), im Unterricht korrekt sind, über bedeutungsleere Prozeduren hinausgehen und an ein größeres Bild der Mathematik angebunden werden (Brunner 2018; Drechsel & Schindler 2019; Jentsch et al. 2019). Eine hohe Einschätzung in der Dimension bedeutet somit, dass die Handlungen der Lernenden über Routinetätigkeiten hinausgehen und die Inhalte entlang der intendierten Lernpfade weiterentwickelt werden (Schoenfeld 2017a). Mit Kohärenz beschreibt Schoenfeld (2013) zudem den Aspekt, inwiefern die thematisierte Mathematik verständlich, korrekt und gerechtfertigt ist sowie in ein größeres Bild von Mathematik stimmig eingebettet wird. Eine solche Kohärenz entsteht auch durch Verknüpfung der mathematischen Konzepte, Prozeduren und Zusammenhänge.

Abb. 4.2 Niveaustufen der TRU-Dimension *Mathematische Reichhaltigkeit* (ursprünglich genannt The Mathematics, Schoenfeld 2014, S. 408)

Die Dimension erfasst also auf Angebotsseite die Gelegenheiten der Lernenden, sich reichhaltig mit mathematischen Inhalten und Praktiken auseinanderzusetzen. Inhalte und Übungen sollen möglichst an die zugrunde liegenden Konzepte rückgebunden werden, statt nur monotones Auswendiglernen oder inhaltsleere Prozeduren zu fokussieren (Schoenfeld 2013).

Indikatoren für *Mathematische Reichhaltigkeit* in einer Unterrichtsstunde sind:

- Verknüpfung der mathematischen Inhalte mit denen vergangener oder zukünftiger Unterrichtsstunden
- Prozeduren und Fakten, die an mathematische Konzepte und zugrunde liegende Kernideen rückgebunden sind
- konzeptuelle Lerngegenstände als Unterrichtsziele und
- Übungsphasen, die konzeptuell gestützt sind.

Wie Abb. 4.2 aufführt, wird die Dimension *Mathematische Reichhaltigkeit* auf dem niedrigsten Niveau eingestuft, wenn der Unterricht rezeptartig ist, durchgängige Fehler nicht thematisiert bzw. aufgegriffen werden oder der Unterricht unkoordiniert bzw. unzusammenhängend ist. Als mittleres Niveau wird eingestuft, wenn fachliche Korrektheit zwar gegeben ist, der Fokus jedoch auf Prozeduren liegt, die allenfalls sporadisch an Konzepte und Kontexte rückgebunden werden und prozessbezogene Kompetenzen kaum Aufmerksamkeit erfahren. Im hohen Niveau gelingen darüber hinaus bedeutungsvolle Verknüpfungen zwischen Prozeduren, Konzepten und Kontexten, und es gibt Lerngelegenheiten für prozessbezogene Kompetenzen (in der US-amerikanischen Diskussion genannt mathematical practices).

Die *Reichhaltigkeit* des mathematischen Angebots wird in TRU als notwendige Bedingung für Lerngelegenheiten betrachtet. Ohne reichhaltige mathematische Angebote kann unabhängig der Beziehungsarbeit oder Interaktion zwischen Lehrkraft und Lernenden keine neue Erkenntnis erreicht werden, sie stellen gewissermaßen die obere Schranke dar.

Gleichwohl ist das reichhaltige mathematische Angebot allein kein Garant für eine gute Unterrichtsstunde, stattdessen müssen sich die Lernenden in bedeutsamer Weise mit diesem Angebot auseinandersetzen können (Schoenfeld 2015):

"It goes without saying that the mathematics at the heart of classroom discussions must be rich; without that, there is no hope that students will emerge with a rich sense of the mathematics. But that is not enough. […] What matters is not only the content, but how students interact with it." (Schoenfeld 2015, S. 163)

Diese Interaktionen werden in den weiteren Dimensionen erfasst.

4.2.2 Dimension *Kognitive Aktivierung*

Die zweite Dimension *Kognitive Aktivierung* umfasst das Ausmaß der Anregung und Aufrechterhaltung von möglichst anspruchsvollen kognitiven Aktivitäten der Lernenden, von einfachen Rechentätigkeiten und anderen Routinetätigkeiten bis hin zu einem produktiven Umgang mit neuen Herausforderungen.

> "*Cognitive Demand* represents the opportunity students have for engaging meaningfully in mathematical sense making, in what has been called productive struggle. If the students are insufficiently challenged and engaged, or if the mathematics is too far beyond them, they will not learn very much." (Schoenfeld 2017a, S. 419–420)

Ein hohes Niveau in der Dimension *Kognitive* Aktivierung wird an folgenden Indikatoren festgemacht, die neben der Anregung auch die (ggf. adaptive) Unterstützung der herausfordernden Aktivitäten umfassen:

• Mathematisch reichhaltige Aufgaben und Scaffolds, die die Lernenden unterstützen, ohne den Anspruch zu sehr zu reduzieren,
• angemessene zeitliche Möglichkeiten, dass die Steuerung von hochqualitativer Leistung im Unterricht (Schoenfeld 2013) umsetzbar ist,
• angemessener Umgang mit Fehlern und dem Mehrwert von Schwierigkeiten und Hürden,
• passende Scaffoldingprozesse zur Unterstützung der Lernenden bei inhaltlichen Hürden,
• und eine kontinuierliche Einforderung von Erklärungen.

Wie Abb. 4.3 zeigt, sind Indikatoren für ein geringes Niveau *Kognitiver Aktivierung*, dass Aufgabenstellungen und Impulse lediglich darauf abzielen, dass Lernende Prozeduren anwenden und Routine-Übungen verrichten. Auf dem mittleren Niveau bieten die Aufgaben auch Gelegenheiten zum Problemlösen oder konzeptuell orientierte Aktivitäten, die allerdings von den Lehrkräften durch zu viel Unterstützung trivialisiert werden und so keinen "productive struggle" mehr bieten (Baldinger et al. 2016; Schoenfeld 2013; 2015). Ein hohes Niveau dagegen erfordert auch ein jeweils passendes Maß an Scaffolds.

Zwar kann zwischen *Mathematischer Reichhaltigkeit* und *Kognitiver Aktivierung* eine enge Wechselwirkung vermutet werden (der sich in Abschnitt 8.1 durch

Abb. 4.3 Niveaustufen der TRU-Dimension Kognitive Aktivierung (ursprünglich genannt Cognitive Demand,Schoenfeld 2014, S. 408)

Korrelation bestätigt), doch ist analytisch zu unterscheiden zwischen dem reichhaltigen Angebot allein und dem Ausmaß, in dem die Lernenden selbst sich aktiv mit dem Angebot auseinandersetzen. Beides wurde empirisch als relevant herausgearbeitet (vgl. Kapitel 3), die Trennung ermöglicht eine empirische Ausdifferenzierung des Zusammenspiels.

4.2.3 Dimension *Zugang für Alle*

Die Dimension *Zugang für Alle* beschreibt, inwiefern nicht nur wenige Lernende, sondern möglichst viele tatsächlich in eine aktive und bedeutsame Auseinandersetzung mit der Mathematik kommen. Dabei geht es weniger um die quantitativ gleichmäßige Verteilung der Redebeiträge unterschiedlicher Lernender, sondern um Diversität: Die Dimension stammt aus dem Kontext des Diskurses um Bildungsgerechtigkeit (*Equitable Access*, vgl. Schoenfeld 2015) und betont, dass auch benachteiligte Lernenden Zugang zu bedeutungsvollen Lernerfahrungen im Unterricht haben sollen (Baldinger et al. 2016).

Diese Dimension erfasst somit, inwiefern der Klassenunterricht möglichst viele Lernende einbezieht, und zwar auf eine Weise, die allen Lernenden Gelegenheiten für den Erwerb von Kompetenzen gibt, trotz unterschiedlicher Lernausgangslagen (Schoenfeld 2013). In einer Unterrichtsstunde, unabhängig von ihrer sonstigen Güte, an der nur wenige Lernende partizipieren, ist davon auszugehen, dass die übrigen Lernenden kaum Zugang zu den Inhalten erhalten haben könnten und die Unterrichtsstunde unabhängig von ihrer sonstigen Güte nur wenig Einfluss auf den Lernerfolg gehabt haben könnte.

Access to Mathematical Content			
To what extent does the teacher support access to the content of the lesson for all students?	There is differential access to or participation in the mathematical content, and no apparent efforts to address this issue.	There is uneven access or participation but the teacher makes some efforts to provide mathematical access to a wide range of students.	The teacher actively supports and to some degree achieves broad and meaningful mathematical participation; OR what appear to be established participation structures result in such engagement.

Abb. 4.4 Niveaustufen der TRU-Dimension *Zugang für Alle* (ursprünglich genannt Access to Mathematical Content, Schoenfeld 2014, S. 408)

Auf niedrigem Niveau werden Sequenzen eingestuft, an denen nur wenige Lernende beteiligt sind und keine Anstrengungen unternommen werden, dies zu ändern (vgl. Abb. 4.4). Bzgl. der Dimension *Zugang für Alle* muss die Bewertung der Unterrichtsstunde deutlich globaler verstanden werden als bei den anderen Dimensionen, für die es oftmals genügt, eine isolierte Sequenz zu betrachten. Denn wenn in einer Sequenz viele Lernenden beteiligt sind, gilt es auch zu prüfen, dass es nicht in jeder Sequenz dieselben Lernenden sind.

Auf mittlerem Niveau werden Stunden eingestuft, in der zwar die Beteiligung ungleich verteilt ist, die Lehrkräfte aber Anstrengungen unternehmen, dies zu ändern. Daher erfasst diese Dimension neben der Breite der Beteiligung auch die Strategien und die Methoden, die von den Lehrkräften angewandt werden, um diese zu erreichen. Die Strategien der Lehrkräfte, die den gerechten *Zugang für Alle* ermöglichen, können stark variieren und durch unterschiedliche eingeführte Strukturen, die während einer Unterrichtsstunde zu beobachten waren, auch nur implizit zu erkennen sein (Schoenfeld 2018). Hinweise auf erhöhten *Zugang für Alle* sind:

- Gezielte Impulse, um eine breitere Beteiligung zu erreichen
- Zulassen eines breiten Spektrums an unterschiedlichen bedeutsamen Handlungsmöglichkeiten
- Berücksichtigen unterschiedlicher Stärken oder Vorlieben von Lernenden
- Anpassung der sprachlichen Anforderungen je nach individuellen Ausgangslagen der Lernenden
- Aktives Einbinden von Lernenden mit besonderem Unterstützungsbedarf

Auf dem hohen Niveau wird die Dimension *Zugang für Alle* eingestuft, wenn nicht nur eine breite Beteiligung herrscht, sondern diese sich auch auf bedeutungsvolle Aktivitäten bezieht, d.h., für ein hohes Rating werden inhaltsleere Beteiligungen nicht berücksichtigt, wie etwa das Vorlesen einer Aufgabe oder die Nennung eines Ergebnisses einer vergangenen Aufgabe (Schoenfeld 2017a). Die Relevanz dieser Dimension ergibt sich zum einen aus dem Anspruch an Bildungsgerechtigkeit (Herbel-Eisenmann et al. 2011), zum anderen aus empirischen Befunden, die die Wechselwirkung zwischen breiter Beteiligung und Lernzuwächsen der Klasse belegen (Ing et al. 2015).

4.2.4 Dimension *Mitwirkung*

Die Dimension *Mitwirkung* fokussiert einen spezifischen Teilbereich des übergreifenden Bildungsziels mathematischer Mündigkeit. Sie zielt nicht auf den konkreten Konzeptaufbau, sondern auf die Entwicklung einer Identität gegenüber der Mathematik als aktiv Mitgestaltende/r mit positivem Selbstbild statt als passiv Konsumierende/r. Diese Identität lässt sich entwickeln in einem Unterricht, der die *Mitwirkung* (*Agency*) der Lernenden ins Zentrum rückt.

Im Unterrichtsprozess zeigt sich *Mitwirkung* an den Gelegenheiten der Lernenden, eigene Gedanken sowie Ideen einzubringen und so eine Verantwortung für die gemeinsame mathematische Arbeit zu übernehmen (Schoenfeld 2013). Die Identität wird gestärkt, wenn Lernende die Möglichkeit haben, die mathematischen Inhalte sich selbst und Anderen erklären zu können. Dies erfolgt nicht durch Herabsetzung des Anspruchsniveaus, um die Lernenden Erfolge erfahren zu lassen, sondern dadurch, sie in den Prozess des Sinnstiftens, des Problemlösens und der Entwicklung von mathematischen Ideen aktiv einzubeziehen (Baldinger et al. 2016). Eine mögliche und methodisch praktikable Konkretisierung dafür im Unterricht wäre zum Beispiel die Think-Pair-Share-Methode (Schoenfeld 2018). Hierbei werden explizit eigene Gedanken eingefordert und geteilt. Durch diese Interaktionsstruktur wird die Möglichkeit gefördert, wertvolle und diskussionswürdige Ideen zu entwickeln, um diese zur Stärkung der Identitätsbildung zu nutzen (Abb. 4.5).

Auf niedrigem Niveau von *Mitwirkung* ist das Gespräch stark lehrkraftzentriert, während Lernende nur minimal beitragen und nicht initiativ werden. Auf mittlerem Niveau tragen die Lernenden zwar aktiv bei, doch steuern sie damit nicht das Interaktionsgeschehen. Letzteres findet erst auf hohem Niveau statt.

Indikatoren für ein hohes Niveau angestrebter *Mitwirkung* bei den Lernenden sind:

Agency, Authority, and Identity	To what extent are students the source of ideas and discussion of them? How are student contributions framed?	The teacher initiates conversations. Students' speech turns are short (one sentence or less), and constrained by what the teacher says or does.	Students have a chance to explain some of their thinking, but "the student proposes, the teacher disposes": in class discussions, student ideas are not explored or built upon.	Students explain their ideas and reasoning. The teacher may ascribe ownership for students' ideas in exposition, AND/OR students respond to and build on each other's ideas.

Abb. 4.5 Niveaustufen der TRU-Dimension *Mitwirkung* (ursprünglich genannt Agency, Authority, and Identity Schoenfeld 2014, S. 408)

- die Generierung von Gesprächen und Diskussionen aus Lernendenbeiträgen,
- eine tiefe Auseinandersetzung mit den Lernendenbeiträgen,
- aktive Positionen, die in Argumentationen von den Lernenden eingenommen werden,
- der Umgang mit Lernendenbeiträgen geht über eine Bewertung hinaus, indem diese in Frage gestellt und an die weiteren Lernenden weitergegeben werden,
- eine Vielfalt an unterschiedlichen Gedanken, die beigetragen werden können (z.B. Strategien, Vernetzungen, Vorwissen oder Darstellungen) und
- Ideen, Gedanken, Strategien, Argumentationen oder Strukturen, die explizit Lernenden zugewiesen werden.

Die Dimension der *Mitwirkung* erfasst also, inwiefern die Rollenverteilung in der Interaktion möglichen fragilen Identitäten gegenüber der Mathematik entgegengewirkt. Fragile Identitäten werden entwickelt, wenn produktive Ansätze übergangen werden oder wenn Lehrkräfte nur eindimensionale Antworten oder Ein-Wort-Antworten einfordern, bei denen die Lernenden sich nicht positionieren können.

Eine mögliche Wechselwirkung besteht zwischen der ermöglichten *Mitwirkung* und der *Ideennutzung*, weil beide einen konstruktiven Umgang mit den Äußerungen von Lernenden verlangen. Aufgrund der unterschiedlichen Zielsetzungen (Identitätsbildung und Kompetenzaufbau) lohnt es sich aber, die beiden Dimensionen getrennt zu erfassen und dann erst auf empirische Wechselwirkung zu untersuchen.

4.2.5 Dimension *Ideennutzung*

Die Dimension *Ideennutzung* (*use of contributions* zuvor auch *formative assessment*) beschreibt, inwiefern Lehrkräfte mit Äußerungen der Lernenden adaptiv umgehen und sie in den inhaltlichen Unterrichtsverlauf produktiv integrieren, wobei diese Ideen nicht den intendierten Lernzielen entsprechen müssen (wie in der TALIS-Studie angemerkt, OECD 2019). Diese Dimension erfasst einerseits die Diagnose von Ideen und Beiträgen der Lernenden. Andererseits liegt der Fokus jedoch auf „-nutzung" (im Original „use"), also wie adaptiv der Unterricht der Lehrkraft die Äußerungen der Lernenden eliziert und damit ihre mathematischen Gedanken aufdeckt und dann auf sie aufbaut bzw. sie weiter ausdifferenziert (Schoenfeld 2013). Es wird also gemessen, wie gut es der Lehrkraft gelingt, den Input der Lernenden adäquat in den Unterricht einzubinden. (Schoenfeld 2013) (Abb. 4.6).

Abb. 4.6 Niveaustufen der TRU-Dimension *Ideennutzung* (ursprünglich genannt Use of Assessment, Schoenfeld 2014, S. 408)

Ideennutzung wird auf dem niedrigsten Niveau eingeordnet, wenn die Ideen der Lernenden nicht aufgegriffen werden und maximal auf ihre Richtigkeit hin bewertet werden oder ihre Existenz positiv hervorgehoben wird, ohne deren Mehrwert zu nennen oder zu nutzen.

Auf mittlerem Niveau dagegen werden zwar übliche Fehler und Denkweisen thematisiert, nicht jedoch die individuell in der Klasse eingebrachten. Auf niedrigem Niveau wird das Denken der Lernenden nicht thematisiert und Rückmeldungen nur im Sinne eines korrektiven oder motivationalen Feedbacks gegeben.

Auf einem hohen Niveau gestalten Lehrkräfte den Unterricht so, dass dieser auf anschlussfähige Ideen der Lernenden und entstehende Fehlvorstellungen aufbaut, anstatt diese zu ignorieren oder durchgängig zu verschieben (Schoenfeld 2018). Verschieben ist hierbei der Verweis eine Missvorstellung oder einen Fehler, zu Gunsten des konkreten Unterrichtsziels, später zu adressieren, was in vielen Fällten nicht geschieht. Indikatoren für eine gelungene Ideennutzung sind:

- es gibt zahlreiche und unterschiedliche Möglichkeiten, um eigene Ideen zu teilen,
- der Unterrichtsverlauf wird auf Lernendenideen aufgebaut,
- zum Teilen eigener Ideen finden unterschiedliche Medien eine Anwendung,
- Lernende entwickeln eigene Strategien

Es genügt hier nicht, nur auf Annahmen zurückzugreifen, was die Lernenden verstanden haben, sondern Instruktionen und Aufgaben sollten so designt sein, dass die Lehrkraft die Vorstellungen der Lernenden erfassen und diagnostizieren kann, um diese anschließend zu nutzen (Baldinger et al. 2016).

Die Dimension der *Ideennutzung* ist insofern relevant, als erhöhte Lernzuwächse nachzuweisen sind, wenn der Ablauf des Unterrichts durch die *Ideennutzung* geformt wird. Die Unterstützung der Lernenden seitens der Lehrkraft hat einen positiven Einfluss auf die Entwicklung des Interesses der Lernenden an der Mathematik (Praetorius et al. 2018). Bedeutungsvolle Arbeitsaufträge und Handlungen im Unterricht unterstützen Lernende zu einem hohen Ausmaß. Ein solches Setting ermöglicht den adaptiven Umgang mit den Aussagen der Lernenden, baut auf diesen auf und kann Fehlvorstellungen adressieren (Schoenfeld 2015). Adaptives Handeln ist eine anerkannte Unterrichtsqualitätsdimension für Unterricht (Parsons et al., 2018) und muss daher in einem Erfassungsinstrument enthalten sein. Es wird im TRU-Framework explizit in den Dienst der inhaltlichen Erarbeitung gestellt.

4.2.6 Überblick und Gesamtlogik der Dimensionen

Das TRU-Framework liefert mit seinen fünf Dimensionen ein Erfassungsinstrument zur Beschreibung von Unterricht. Die Dimensionen haben unterschiedliche Schwerpunktsetzungen, sind jedoch nicht faktorenanalytisch disjunkt, sondern mit theoretisch begründbaren inhaltlichen Überschneidungen angelegt. Die Videostudie dieser Arbeit wird zeigen, dass sich diese theoretisch gewollten Überschneidungen auch in relativ hohen Korrelationen widerspiegeln (Kapitel 8). Alle Dimensionen folgen der Grundidee, dass anhand eines Erfassungsinstruments gezielt ermittelt werden soll, ob die Lernenden die grundlegenden mathematischen Ideen verstehen und inhaltlich füllen können, ohne sich in Fakten oder Prozeduren zu verlieren und so substanzielle Lerngelegenheiten zu verpassen (Tab. 4.2).

Speziell für den sprachbildenden Mathematikunterricht soll das Erfassungsinstrument im nächsten Kapitel adaptiert werden.

Tabelle 4.2 Kerninformationen des TRU-Frameworks (Schoenfeld 2013)

Dimensionen	Zentral beantwortete Frage
Mathematische Reichhaltigkeit	Inwiefern ist die thematisierte Mathematik klar, verständlich, korrekt und stets an Konzepte rückgebunden?
Kognitive Aktivierung	Inwiefern schafft die Interaktion im Klassenraum kognitiv herausfordernde Tätigkeiten an und wird aufrechterhalten?
Zugang für Alle	Inwiefern ist der Unterricht so gestaltet, dass er heterogene aktive Beteiligung fordert und fördert?
Mitwirkung	Inwiefern können Lernende mathematische Vermutungen, Erklärungen und Argumente angeben, um mathematisch mündig zu werden und gleichzeitig mathematische Normen zu erfüllen?
Ideennutzung	Inwiefern werden die Begründungen der Lernenden hervorgehoben, herausgefordert und verfeinert?

L-TRU: Sprachintegrierte Adaption des TRU-Frameworks für den sprachbildenden Mathematikunterricht

5

Das TRU-Framework wurde in Kapitel 3 und 4 vorgestellt, mit anderen Erfassungsinstrumenten verglichen und seine Auswahl für das Projekt MuM-Implementation begründet. Dabei wurde insbesondere herausgearbeitet, dass die mathematikdidaktischen Designprinzipien *Kognitive Aktivierung* und *Verstehensorientierung* (vgl. Abschnitt 2.1) in dem Instrument prominent wiederzufinden sind, so dass auch die Realisierung der Prinzipien in der unterrichtlichen Umsetzung gut erfasst werden kann. Die drei sprachdidaktischen Prinzipien *reichhaltige Diskursanregung, Scaffolding* und *Darstellungs- und Sprachebenenvernetzung* (Abschnitt 2.2–2.5) lassen sich dagegen nur in einigen Teilaspekten und zu wenig explizit wiederfinden. Daher wird in diesem Kapitel die Adaption des TRU-Frameworks zum Erfassungsinstrument L-TRU (Framework for *language-responsive* teaching for robust understanding) vorgestellt, die im Rahmen des Projekts MuM-Implementation vorgenommen wurde (Prediger & Neugebauer 2021b).

Die Adaption umfasst zum einen sprachbezogene Ausschärfung der bestehenden fünf TRU-Dimensionen (Abschnitt 5.1), zum anderen die Ergänzung um zwei weitere Dimensionen, *Diskursive Aktivierung* und *Darstellungs-*(und Sprachebenen-)*vernetzung* (Abschnitt 5.2).

5.1 Adaption der bestehenden Dimensionen des TRU-Frameworks

Das TRU-Framework setzt als erste Dimension den Inhalt eines Faches ins Zentrum, in der Version TRU-Math also die Mathematik. Schoenfeld (2015) schlägt vor, dass sich der Inhalt der Mathematik auch durch andere Disziplinen ersetzen

P. Neugebauer, *Unterrichtsqualität im sprachbildenden Mathematikunterricht*, Dortmunder Beiträge zur Entwicklung und Erforschung des Mathematikunterrichts 48, https://doi.org/10.1007/978-3-658-36899-9_5

lässt und so beispielsweise TRU-Phy ein Erfassungsinstrument für die Qualität von bedeutungsbezogenem Unterricht im Fach Physik sein kann. Im Sinne dieser Idee wird in der Adaption L-TRU der mathematische Inhalt um sprachliche Inhalte ergänzt (Prediger & Neugebauer 2021b). Dies wirkt sich auf die erste Dimension der *mathematischen Reichhaltigkeit* besonders aus, aber auch auf die übrigen Dimensionen, die die Erfahrungen der Lernenden mit dem Inhalt erfassen. Die Dimensionen wurden in ihren Operationalisierungen verbreitert, um den Ansprüchen sprachbildenden Mathematikunterrichts gerecht werden zu können. So werden im L-TRU an Stellen an denen im TRU-Math die mathematischen Inhalte als Indikator herangezogen werden sowohl mathematische als auch sprachliche Lernziele berücksichtigt. Darüber hinaus wurden leichte Anpassungen in der Operationalisierung vollzogen sowie der Gewichtung der Beobachtungen, die sich im Laufe der Datenerhebung als notwendig erwiesen, um Deckeneffekte zu vermeiden.

Die Anpassung der Dimensionen des TRU-Frameworks zum L-TRU-Instrument für den sprachbildenden Mathematikunterricht werden hier dargestellt.

Mathematische Reichhaltigkeit
In der Dimension *Mathematische Reichhaltigkeit* wird der Inhalt erweitert, so dass auch die Reichhaltigkeit und die Kohärenz der Sprachlerngegenstände erfasst wird. Tabelle 5.1.1 zeigt in grau die vorgenommenen Ergänzungen (Tabelle 5.1).

Tabelle 5.1 *Mathematische Reichhaltigkeit* adaptiert nach Schoenfeld (2013) für L-TRU mit Hervorhebungen der Anpassungen (in grau die Anpassung an den um Sprache erweiterten Lerngegenstand, *in kursiv Niveauverschiebungen für die Erfassung relevanter Unterschiede im Datensatz*)

Mathematische Reichhaltigkeit : Inwiefern ist die thematisierte Mathematik klar, verständlich, korrekt und stets an Konzepte rückgebunden?	
Niveau 0	Der Inhalt ist reine Routine ODER unzusammenhängend oder ungenau ODER indirekte mathematische Fehler oder sprachliche Ungenauigkeiten werden nicht angesprochen.
Niveau 1	Der Inhalt ist relativ eindeutig und richtig ABER die Verbindungen zwischen den Verfahren, Konzepten, möglichen Kontexten und der bedeutungsbezogenen Sprache sind entweder *begrenzt oder oberflächlich*.
Niveau 2	Der Inhalt ist relativ eindeutig und richtig UND Verbindungen zwischen Verfahren/ *Strategien*, Konzepten, *Kontexten* und bedeutungsbezogener Sprache werden angesprochen und erklärt.

Der fachinhaltliche Reichhaltigkeitsanspruch der Mathematik des grundlegenden TRU-Frameworks stellt die Grundlage dar, die für den sprachbildenden Mathematikunterricht und die entsprechende Unterrichtseinheit breiter gemacht werden muss, um die Unterrichtsereignisse angemessen einschätzen zu können. Ursprünglich ist die Dimension auf dem niedrigen Niveau 0, wenn die präsentierten Inhalte nur auf Routinearbeiten hinstreben, unzusammenhängend sind oder systematische mathematische Fehler nicht thematisiert werden. Mit Blick auf sprachbildenden Unterricht wird das Niveau 0 um sprachliche Ungenauigkeiten ergänzt. Ausschlaggebend für die Einschätzung auf Niveau 0 ist nicht allein das Auftreten von Fehlern der Lernenden, denn diese dürfen ihr Denken und ihre bedeutungsbezogene Sprache erst formen, sondern, dass auftretende (sprachliche) Fehler unkorrigiert stehen bleiben (siehe Heinze 2004 Jentsch et al. 2020 zum produktiven Umgang mit Fehlern).

Für das hohe Niveau 2 werden mit Blick auf sprachbildenden Unterricht neben reichhaltigen mathematischen Lernzielen auch sprachliche Lernziele berücksichtigt, so sind z. B. Unterrichtsstunden zu Leseverstehensstrategien oder Sprachreflexionen zu erwarten, die mathematisch niederschwellig sind, aber sprachlich sehr reichhaltig sind. Unterrichtsqualitätsdimensionen zwischen Niveau 1 und 2 liefern zusätzlich die Anknüpfung der mathematischen Inhalte an bedeutungsbezogene Sprache. Dies war bisher schon implizit angedacht (Abschnitt 3.3) in der Anknüpfung der Mathematik an die Vorerfahrung und die Welt der Lernenden, soll hier aber noch expliziter hervorgehoben werden. Die *Darstellungsvernetzung* könnte hier an dieser Stelle ebenfalls prominenter berücksichtigt werden, allerdings spielen Darstellungen in der verwendeten Unterrichtseinheit eine so dominante Rolle, dass eine hohe Einschätzung der mathematischen Reichhaltigkeit aufgrund von Darstellungswechseln und -vernetzungen die Erfassung anderer Aspekte der Dimension überstrahlen könnte. Dies führte zu der Entscheidung, die Darstellungsvernetzung (zusammen mit der Sprachebenenvernetzung) in eine eigene Dimension auszulagern (Abschnitt 5.2).

Kognitive Aktivierung

Die zweite Dimension erfasst, inwiefern die Lernenden sinnvolle Möglichkeiten haben, sich auf herausfordernde Weise mit den Inhalten auseinanderzusetzen (Schoenfeld et al. 2018). Für gelingende *Kognitive Aktivierung* muss diese nicht nur (durch schriftliche oder mündliche Arbeitsaufträge) initialisiert werden, sondern auch in der weiteren Gesprächsführung aufrechterhalten werden, ohne den Anspruch zu reduzieren. Die Aufrechterhaltung kognitiver Anforderungen mit der Frage, inwiefern die Lernenden in produktiven Denkprozessen des Unterrichts eingebunden sind, wurde in zahlreichen Fallstudien auf die diskursiven

Anforderungen zurückgeführt, d. h. darauf, ob die Lernenden an reichhaltigen Sprachhandlungen beteiligt sind und im Unterricht argumentieren und erklären müssen (Herbel-Eisenmann et al. 2013; Erath et al. 2018). Die TALIS-Studie führt auf, dass zwar zwei Drittel der Lehrkräfte Methoden einsetzen, um Arbeitsaufträge klar und verständlich darzulegen, aber nur die Hälfte um diese auch kognitiv aktivierend auszugestalten (OECD 2019). Es ist zwar davon auszugehen, dass reichhaltige Diskursanregungen oft mit hoher *Kognitive Aktivierung* einhergehen und insbesondere die Aufrechterhaltung von *Kognitiver Aktivierung* immer wieder das Einfordern und Unterstützen reichhaltiger Diskursaktivitäten verlangt. Dennoch fordern Erath und Prediger (2020) kognitive und diskursive Aktivierung analytisch zu trennen, um diese Wechselwirkung genauer untersuchen zu können. Daher werden auch in L-TRU die reichhaltigen Diskursanregungen (Abschnitt 2.2) analytisch aus der *Kognitiven Aktivierung* und als eigene Dimension erfasst (Abschnitt 5.2). Durch diese Aufspaltung ist die angepasste Dimension der *Kognitiven Aktivierung* etwas enger als die von Schoenfeld (2013).

In Bezug auf sprachliche Lernziele wird ergänzt, dass auch die produktive Auseinandersetzung mit sprachlichen Herausforderungen zur Einstufung in Niveau 2 führen kann. Diese produktive Auseinandersetzung findet sich gemäß der TALIS-Studie kaum in weniger disziplinierten Klasse wieder und nicht eindeutige Lösungen oder das Aushandeln von Lösungen eher in disziplinierten Klassen zu finden ist (OECD 2019). Von dieser Ergänzung abgesehen, lässt sich das ursprüngliche Erfassungsinstrument für den sprachbildenden Mathematikunterricht übernehmen. Die festgestellte Lücke hinsichtlich der reichhaltigen Diskursanregung (Abschnitt 3.3) dagegen wird nicht durch eine Anpassung dieser Dimension aufgefangen, sondern durch eine zusätzliche Dimension (Abschnitt 5.2).

Um sicherzustellen, dass die Dimension im Datensatz dieser Arbeit relevante Unterschiede zwischen beobachteten Unterrichtsstunden erfassen kann, werden zudem die Kriterien für Niveau 2 so erweitert, dass die Anforderungen aufrechterhalten werden müssen (Tabelle 5.2).

Zugang für Alle
Die Dimension des Zugangs für alle erfordert fast keine Anpassung in Bezug auf sprachbildenden Mathematikunterricht.

Anpassungen der Niveaueinschätzungen bzgl. dieser Dimension waren aufgrund eines Deckeneffekts notwendig, da ein Großteil der teilnehmenden Lehrkräfte die Beteiligung auf sehr hohem Niveau anregen konnten. Um die Aussagekraft und Validität der Dimension zu erhöhen, wurden einige Indikatoren von Niveau 2 ins Niveau 1 verschoben (Tabelle 5.3).

Tabelle 5.2 *Kognitive Aktivierung* adaptiert nach Schoenfeld (2013) für L-TRU mit Hervorhebungen der Anpassungen (in grau die Anpassung an den um Sprache erweiterten Lerngegenstand, *in kursiv Niveauverschiebungen für die Erfassung relevanter Unterschiede im Datensatz*)

Kognitive Aktivierung: Inwiefern schafft und die Interaktion im Klassenraum kognitiv herausfordernde Tätigkeiten und inwieweit halten diese an?

Niveau 0	Die Unterrichtsaktivitäten sind so strukturiert, dass die Lernenden hauptsächlich Routinetätigkeiten ausführen oder auswendig gelerntes Wissen abrufen.
Niveau 1	Die Unterrichtsaktivitäten bieten die Möglichkeit zur Anwendung reichhaltiger Konzepte, Sprache oder einer Problemlöseherausforderung, ABER die Interaktionen der Lehrkraft neigen dazu, die Herausforderungen durch zu viel Unterstützung zu minimieren und schränken die Lernenden oft darauf ein, kurze Antworten zu geben.
Niveau 2	Die Hinweise oder Scaffolds der Lehrkraft *ermutigen und* unterstützen die Lernenden darin, in produktive Auseinandersetzung mit mathematischen oder sprachlichen Herausforderungen zu treten UND das Level des Anspruchs wird aufrechterhalten, indem geeignete Scaffolds oder Nachfragen gestellt werden.

Tabelle 5.3 *Zugang für Alle* adaptiert nach Schoenfeld (2013) für L-TRU mit Hervorhebungen der Anpassungen (in grau die Anpassung an den um Sprache erweiterten Lerngegenstand, *in kursiv Niveauverschiebungen für die Erfassung relevanter Unterschiede im Datensatz*)

Zugang für Alle: **Inwiefern ist der Unterricht so gestaltet, dass er heterogene aktive Beteiligung fordert und fördert?**

Niveau 0	Die Klassenführung ist so weit problematisch, dass die Unterrichtsstunde unterbrochen wird, ODER eine substantielle Anzahl an Lernenden nicht beteiligt sind und nicht darin unterstützt werden, sich einzubringen.
Niveau 1	*Die Beteiligung der Lernenden ist gleichmäßig verteilt oder die Lehrkraft gibt Hilfestellung, damit sich eine Vielfalt der Lernenden am Unterrichtsgeschehen beteiligen kann. ABER die Lernenden führen nicht unbedingt bedeutsame Tätigkeiten durch.*
Niveau 2	Die Lehrkraft fordert eine breite und bedeutsame Beteiligung aktiv ein (und erreicht sie teilweise) ODER eine breite und bedeutsame Beteiligung erfolgt durch etablierte Partizipationsstrukturen.

Durch diese explizite Abtrennung zwischen breiter Beteiligung auf Niveau 1 und breiter und bedeutsamer Beteiligung auf Niveau 2 kann diese Dimension auf theoretischer Ebene auch klarer von der *Kognitiven Aktivierung* abgegrenzt werden. Es ist durch diese Operationalisierung möglich, dass die *Kognitive Akti-vierung* hoch ist, aber die Dimension *Zugang für Alle* zusätzliche Informationen über die Verteilung der Beteiligung geben kann. Ohne diese Anpassung wäre bei einer hohen kognitiven Beteiligung diese Information in *Zugang für Alle* nicht mehr zu identifizieren.

Mitwirkung

Die Definition von Schoenfeld (2013) von *Mitwirkung* konzentriert sich bereits auf die Teilnahme der Lernenden an reichhaltigen mathematischen Praktiken, so dass Änderungen nur für die Einbeziehung der Sprache und die Begründung dessen, was die Lernenden auf Niveau 1 und 2 sprechen, notwendig waren.

Für die Erweiterung auf sprachliche Aspekte im Hinblick auf sprachbilden-den Mathematikunterricht wurde auch das Spektrum erweitert, in dem Lernende sich aktiv einbringen, um ihre Identitäten weiter zu entwickeln. Die Lernen-den sollen also nicht nur ihre eigenen Ideen zu mathematischen Aspekten rechtfertigen, sondern auch eigens entwickelte bedeutungsbezogene Sprache präsentieren, verwenden und verteidigen können. Da die bedeutungsbezogene Sprache eine weitere Möglichkeit darstelle, wie unterschiedliche Vorstellun-gen und Strategien durch die Lernenden gemeinsam behandelt werden können (siehe Abschnitt 4.2.4), ist zu erwarten, dass die *Mitwirkung* durch die Nut-zung sprachbildender Prinzipien ein tendenziell hohes Niveau erreichen müsste (Tabelle 5.4).

Ideennutzung

Das Elizitieren und aktive Umgehen mit Äußerungen der Lernenden für den weiteren Prozess der Wissenskonstruktion wird kurz als Ideennutzung durch die Lehrkraft bezeichnet.

Durch die Erweiterung auf den sprachbildenden Mathematikunterricht erwei-tert sich das Feld der Beiträge, die die Lehrkraft adaptiert aufgreifen kann. Die adaptierte Dimension erfasst, inwiefern inhaltliche Denkweisen und Argumenta-tionen der Lernenden sowie ihre Sprache eruiert und dann durch herausfordernde Aufforderungen und unterstützende Micro-Scaffolds ausgebaut werden (Gibbons 2002). Während bisher nur erfasst wurde, inwiefern mathematische Ideen der Lernenden aufgegriffen werden, wird durch die Anpassung auch erfasst, inwie-fern bedeutungsbezogene Sprache und die dafür notwendigen Sprachmittel der Lernenden mitgenutzt werden.

Auch für diese Dimension wurden einige Indikatoren für Niveau 1 verschärft, um Deckeneffekte im empirischen Datensatz zu vermeiden (Tabelle 5.5).

Tabelle 5.4 *Mitwirkung* adaptiert nach Schoenfeld (2013) für L-TRU mit Hervorhebungen der Anpassungen (in grau die Anpassung an den um Sprache erweiterten Lerngegenstand, *in kursiv Niveauverschiebungen für Erfassung relevanter Unterschiede im Datensatz*)

	Mitwirkung: Inwiefern können Lernende mathematische Vermutungen, Erklärungen und Argumente angeben, um mathematisch mündig zu werden und gleichzeitig mathematische Normen zu erfüllen?
Niveau 0	Die Lehrkraft initiiert Gespräche. Die Beiträge der Lernenden sind kurz (ein Satz oder weniger) und sind durch das, was die Lehrkraft sagt oder tut, geformt oder beschränkt.
Niveau 1	Lernende haben die Möglichkeit *über mathematische Inhalte, ihre eigenen Ideen und* bedeutungsbezogene Interpretationen *zu reden*. ABER "der Lernende schlägt vor und die Lehrkraft entscheidet": auf Diskussionen und die Ideen der Lernenden wird nicht eingegangen oder auf ihnen wird nicht weiter aufgebaut.
Niveau 2	Lernende bringen ihre Ideen vor und rechtfertigen diese, wobei sie Fachbegriffe und bedeutungsbezogene Sprache benutzen. Die Lehrkraft gebraucht die Ideen der Lernenden, um den mathematischen Inhalt weiter zu erkunden ODER Lernende reagieren auf die Ideen anderer und bauen ihre Ideen darauf auf.

Tabelle 5.5 *Ideennutzung* adaptiert nach Schoenfeld (2013) für L-TRU mit Hervorhebungen der Anpassungen (in grau die Anpassung an den um Sprache erweiterten Lerngegenstand, *in kursiv Niveauverschiebungen für die Erfassung relevanter Unterschiede im Datensatz*)

	Ideennutzung: Inwiefern werden die Begründungen der Lernenden hervorgehoben, herausgefordert und verfeinert?
Niveau 0	Die Lehrkraft beachtet vielleicht die Antworten und Arbeitsweisen der Lernenden, aber dass die Lernenden diese erklären sollen, kommt nicht vor und wird nicht verfolgt. Die Handlungen der Lehrkraft beschränken sich auf Korrektur und Ermutigung.
Niveau 1	Die Lehrkraft bezieht sich auf die Denkweisen der Lernenden und ihre bedeutungsbezogene Sprache, vielleicht sogar auf bekannte Fehler, ABER *die Ideen, die Lernpotential beinhalten, werden nicht als Grundlage genommen oder problematische Ideen werden nicht als Herausforderung genutzt.*
Niveau 2	Die Lehrkraft holt die Denkweisen der Lernenden und die individuelle Nutzung bedeutungsbezogener Sprache ein UND die darauffolgenden Instruktionen bauen auf diesen Ideen auf, indem auf produktive Ansätze oder aufkommende Missverständnisse oder Sprachfehler eingegangen wird.

5.2   Ergänzte Dimensionen: Diskursive Aktivierung und Darstellungsvernetzung

Die fünf angepassten Qualitätsdimensionen des Erfassungsinstruments TRU decken wichtige Aspekte der generischen Unterrichtsqualitätsforschung sowie ihrer mathematikdidaktischen Ausdifferenzierung ab. Die angepasste Version L-TRU enthält zudem Aspekte, die für das Sprachlernen relevant sind, insbesondere für die Förderung bedeutungsbezogener Sprache als Lerninhalt. Das Instrument wird in diesem Kapitel zudem um zwei weitere Dimensionen erweitert: die *Diskursive Aktivierung*, die mit dem Prinzip der reichhaltigen Diskursanregung einhergeht und aus der kognitiven Aktivierung abgespalten wurde und die der Darstellungsvernetzung, die aus der *Mathematischen Reichhaltigkeit* abgespalten wurde und auf das Prinzip der *Darstellungs- und Sprachebenenvernetzung* zurückgeht (Prediger & Neugebauer 2021b).

Diskursive Aktivierung
Reichhaltige Sprachhandlungen sind ein entscheidendes Lernmedium und ein Lerninhalt für Sprachlernende. Insbesondere durch Befunde qualitativer Studien wird die Wechselwirkung zwischen reichhaltigen Diskurspraktiken und der Aufrechterhaltung (konzeptueller) kognitiver Anforderungen (Barwell 2012; Moschkovich 2015) gezeigt (vgl. Erath et al. 2021 für einen Forschungsüberblick). Wie von Erath & Prediger 2021 gefordert sollte daher zur analytischen Betrachtung die diskursive und kognitive Aktivierung jeweils separat betrachtet werden, um die Wechselwirkung dieser systematisch zu erfassen.

Die Dimension *Diskursive Aktivierung* wird auf Niveau 0 eingeschätzt, wenn die Lernenden nicht aufgefordert werden, ihr Denken zu erklären oder nur dazu aufgefordert werden, eine Vorgehensweise zu erläutern.

Niveau 1 wird vergeben, wenn die Lernenden aufgefordert werden, ihr Denken oder die Bedeutung von Konzepten zu erklären oder zu argumentieren (um z. B. bestimmte Ergebnisse oder Vorgehensweisen zu rechtfertigen). Dabei werden allerdings die formalbezogene und die bedeutungsbezogene Sprachebene nicht oder nicht tragfähig miteinander verknüpft.

Unterrichtssequenzen werden schließlich mit Niveau 2 bewertet, wenn solche Verknüpfungen verbalisiert werden. Lehrkräfte können hohe diskursive Anforderungen aufrechterhalten, z. B. indem sie Lernende bitten, die Strategie eines anderen zu erklären, die Unterschiede zwischen mehreren bereits geteilten Ideen zu diskutieren, oder ihre eigenen Ideen mit den Ideen anderer Lernenden zu verbinden (Ing et al. 2015) (Tabelle 5.6).

Tabelle 5.6 Neue Dimension *Diskursive Aktivierung* mit drei Niveaus

Diskursive Aktivierung: Inwieweit bringen sich Lernende in reichhaltige diskursive Diskussionen ein?	
Niveau 0	Kein explizites Einfordern der Verbalisierung eigener Gedankengänge, Vorgehensweisen oder Ergebnisse ODER Lernende geben nur ihre Rechenwege wieder.
Niveau 1	Lernende werden explizit danach gefragt, Bedeutungen zu erklären und über Konzepte, Denkweisen, Vorgehensweisen und Ergebnisse zu argumentieren ABER dabei sind formal- und bedeutungsbezogene Sprache nicht oder nicht tragfähig miteinander verknüpft.
Niveau 2	Lernende werden ausdrücklich danach gefragt, Bedeutungen zu erklären und argumentieren über ihre Denkweisen, Vorgehensweisen und Ergebnisse UND sie verknüpfen Inhaltsaspekte oder formal- und bedeutungsbezogene Sprache tragfähig.

Darstellungsvernetzung

Für die Entwicklung von konzeptuellem Verständnis spielt gerade bei sprachlich schwachen Lernenden die Verwendung vielfältiger Darstellungen (Zahner et al. 2012) und mehreren Sprachebenen (d. h. die Verbindung von Alltagssprache, Bildungssprache und formaler Sprache) (Adler & Ronda 2015), eine große Rolle. Der Grad, in dem die verschiedenen Darstellungen und Sprachebenen nicht nur nebeneinanderstehen, sondern explizit miteinander verbunden werden, ist dabei eine Qualitätsdimension an sich (Adler & Ronda 2015).

Die Dimension Darstellungsvernetzung wird mit Niveau 0 eingeschätzt, wenn in Bezug auf den Übergang zwischen den Sprachebenen, nur isolierte Repräsentationen oder Sprachebenen nebeneinanderstehen. Sie wird auf Niveau 1 bewertet, wenn Wechsel zwischen Repräsentationen oder Sprachebenen nur in eine Richtung erfolgen (z. B. immer vom Text zum Bild), und auf Niveau 2, wenn mehrere Sprachebenen oder Repräsentationen explizit miteinander vernetzt und zur Erklärung mathematischer oder sprachbezogener Inhalte verwendet werden (Tabelle 5.7).

In der *Darstellungsvernetzung* wird somit nicht nur von mathematischen Darstellungen und deren Wechsel untereinander gesprochen, sondern auch der Wechsel zwischen der Sprache als Darstellungsebene und einer mathematischen Darstellung, aber auch zwischen unterschiedlichen Sprachebenen als unterschiedliche Darstellungen. Die Kombination aus Sprach- und Darstellungsvernetzung folgt der Argumentation des Prinzips der Sprach- und Darstellungsvernetzung des

Tabelle 5.7 Neue Dimension *Darstellungsvernetzung* mit drei Niveaus

Darstellungsvernetzung: Inwieweit sind Sprachebenen und Darstellungen systematisch und explizit miteinander verbunden?	
Niveau 0	Der Inhalt spricht hauptsächlich eine Sprachebene / eine Darstellung an ODER unterschiedliche Sprachebenen / Darstellungen sind nebeneinandergestellt, werden aber nicht miteinander vernetzt.
Niveau 1	Inhalte oder Aufgaben werden in andere Darstellungen / Sprachebenne übertragen, ABER der Darstellungswechsel findet immer nur in eine Richtung statt.
Niveau 2	Die Darstellungsvernetzung zwischen mehreren Sprachebenen / Darstellungen wird angeregt UND realisiert, in dem die Vernetzung verbalisiert wird ODER Darstellungswechsel werden flexibel in mehreren Richtungen durchgeführt.

sprachbildenden Mathematikunterrichts (Abschnitt 2.1), die abgekürzte Benennung als L-TRU-Dimension *Darstellungsvernetzung* erfolgt ausschließlich aus schreibökonomischen Gründen.

Der Anspruch an Niveau 2 ist relativ hoch gesetzt: Die Vernetzungen müssen explizit und in jeglichen Kombinationen erfasst werden, da davon auszugehen ist, dass mit einem Material designt nach dem Prinzip der Darstellungsvernetzung, wie im Rahmen dieser Studie, gehäuft entsprechende Vernetzungen auftreten.

Mithilfe der Adaptionen des Erfassungsinstruments TRU zum Erfassungsinstrument L-TRU werden die spezifischen sprachdidaktischen Anforderungen (aus Kapitel 2) an einen sprachbildenden Mathematikunterricht empirisch beschreibbar. Inwiefern sie tatsächlich von den anderen Qualitätsdimensionen trennbar sind, muss über die Wechselwirkung mit den anderen Dimensionen empirisch ermittelt werden (Kapitel 8). Fallbeispiele, wie Unterrichtsszenen mithilfe des L-TRU erfasst werden, werden in Kapitel 7 vorgestellt. Zuvor wird in Kapitel 6 der methodische Rahmen dieser empirischen Untersuchungen abgesteckt.

Forschungsdesign der Qualitätsstudie

In diesem Kapitel wird das Forschungsdesign der quantitativen Studie beschrieben und gerechtfertigt. Hierfür werden die Forschungsfragen aus dem bereits in der Einleitung formulierten Forschungsinteressen ausdifferenziert (Abschnitt 6.1) sowie die beforschte sprachbildende Unterrichtseinheit (Abschnitt 6.2) und eingesetzten Instrumente und Methoden der Datenerhebung (Abschnitt 6.3) vorgestellt. Schließlich werden die Methoden der Datenauswertung ausgeführt (Abschnitt 6.4).

6.1 Forschungsfragen und Durchführung

Das übergeordnete Forschungsinteresse gilt der Frage, wie sich die Qualität von sprachbildendem Mathematikunterricht trotz gleichbleibendem Material unterscheiden kann und wie diese Unterschiede und die Lernzuwächse von Lernenden sich wechselseitig beeinflussen. Um diesem Forschungsinteresse nachgehen zu können, musste zunächst ein Erfassungsinstrument für die Qualität von sprachbildendem Mathematikunterricht entwickelt werden, weil zwar vielfältige Erfassungsinstrumente von Unterrichtsqualität vorliegen, keines jedoch mit mathematischen und sprachdidaktischen Fokussierungen (Abschnitt 3.3); dies wurde in den Kapiteln 3.3 bis 5 hergeleitet. Die Kriteriumsvalidität dieses Instruments zu untersuchen, heißt zunächst qualitativ zu prüfen, inwiefern es eine plausible Beschreibungssprache über sprachbildenden Unterricht ermöglicht, das theoretisch unterscheidbare Aspekte qualitätsvollen sprachbildenden Unterrichts abbildet, auch wenn sie empirisch korrelativ zusammenfallen, was in Kapitel 7 illustriert wird. Inwiefern die Dimensionen Wechselwirkungen aufweisen, wird in Kapitel 8 ausgeführt. Durch die Entwicklung und Validierung des Instruments

P. Neugebauer, *Unterrichtsqualität im sprachbildenden Mathematikunterricht*, Dortmunder Beiträge zur Entwicklung und Erforschung des Mathematikunterrichts 48, https://doi.org/10.1007/978-3-658-36899-9_6

ist es möglich, in Kapitel 9 die Lernzuwächse auf die Qualitätsdimensionen zurückzuführen.

Das Forschungsinteresse erfordert ein Forschungsdesign, in dem unterschiedliche Lehrkräfte dasselbe sprachbildende Unterrichtsmaterial nutzen und die Qualität der entstehenden Unterrichtseinheiten, sowie die Lernausgangslage und Lernzuwächse der Lernenden erfasst werden. Die Besonderheit, der dieser Arbeit zugrunde liegenden Studie ist, dass die Lehrkräfte nicht nur alle denselben inhaltlichen Schwerpunkt zu unterrichten haben (wie z. B. in der TALIS-Studie, OECD 2019), sondern auch dasselbe Unterrichtsmaterial nutzen, welches zudem gezielt für sprachbildenden Mathematikunterricht entwickelt wurde. Dieses Design des Projekts MuM-Implementation ermöglicht, die in den Kapiteln 3 und 4 beschriebenen Vorgehensweisen der Unterrichtsqualitätsforschung spezifisch auf die Unterrichtsqualität von sprachbildendem Mathematikunterricht zu übertragen. Damit kann die Qualität von sprachbildendem Unterricht und ihre Wechselwirkung mit den Lernzuwächsen der Lernenden beschrieben werden. Somit werden die Forschungsinteressen in drei Forschungsfragen ausdifferenziert:

F1:   Inwiefern ist das entwickelte Instrument L-TRU zur Erfassung von Unterrichtsqualität im sprachbildenden Mathematikunterricht kriteriumsvalide und weist Interraterreliabilität auf?

F2:   Wie lassen sich durch Rangkorrelationen und Kontingenztabellen die Zusammenhänge der Qualitätsdimensionen des L-TRU beschreiben?

F3:   Welche Effekte haben die Qualitätsdimensionen eines sprachbildenden Mathematikunterrichts auf die Lernzuwächse unter Kontrolle der individuellen Lernausgangslagen und bei einheitlichem sprachbildendem Unterrichtsmaterial?

Als Advance Organizer gibt Abbildung 6.1 einen Überblick zum Forschungsdesign, das im Rahmen des BMBF-Projekts MuM-Implementation umgesetzt wurde (Prediger & Neugebauer 2021a, Neugebauer & Prediger 2021b) und in den weiteren Abschnitten erläutert wird.

Die Unterrichtsqualitätsstudie mit Schwerpunkt auf dem sprachbildenden Mathematikunterricht nutzt ein quantitatives Forschungsdesign, in dem 18 Klassen des Jahrgangs 7 im Prä-Post-Design untersucht und im Prozess der Unterrichtseinheit Prozente verstehen (siehe Abschnitt 6.2) videographiert wurden. Vor der entsprechenden Unterrichtseinheit wurden die Ausgangslagen der Lernenden mithilfe eines Vortests zum Prozentverständnis erfasst, und im Anschluss wurde mit einem Nachtest der Lernstand der Lernenden nach der Unterrichtseinheit ermittelt. Während der Unterrichtseinheit wurde je eine Unterrichtsstunde

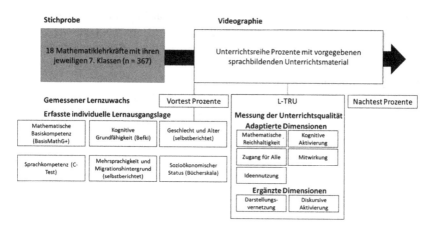

Abb. 6.1 Überblick über die Unterrichtsqualitätsstudie durch einen Advance Organizer (BasisMathG + = Basisdiagnostik Mathematik Gruppentest; Befki = Berliner Test zur Erfassung fluider und kristaliner Intelligenz; C-Test = Cloze Test; L-TRU = Language-responsive Teaching for Robust Understanding)

gefilmt, dabei wurde nach Absprache mit den Lehrkräften möglichst die Unterrichtsstunde zur ersten Einführung des Prozentstreifens als Sprachspeicher oder eine vergleichbare Unterrichtsstunde erfasst.

Es liegt für 455 Lernende Videomaterial vor, für die bestimmt werden kann, inwieweit die unterschiedlichen Qualitätsgrade und die Lernzuwächse der Lernenden Wechselwirkungen aufweisen. Von diesen Lernenden haben 422 einen ausgefüllten Nachtest zur Ermittlung des Lernzuwachses und davon wiederum 367 Lernende, die einen ausgefüllten Sprachtest (Abschnitt 6.2.2) und einen Test zur mathematischen Grundfähigkeit (Abschnitt 6.2.1) bearbeitet haben. Zwischen den Individuen mit vollständigen und unvollständigen Testdaten konnte keine Systematik festgestellt werden. Unterrichtsklassen mit mehr als 20 % fehlenden Lernendendaten wurden für die Untersuchung der Zusammenhänge nicht weiter berücksichtigt.

6.2   Unterrichtsdesign der exemplarisch untersuchten Unterrichtseinheit

Im Rahmen der Qualitätsstudie zum sprachbildenden Unterricht wurde von allen Lehrkräften sprachbildendes Material zur Unterrichtseinheit „Prozente verstehen"

eingesetzt, das von Pöhler und Prediger entwickelt und beforscht wurde (Pöhler
2018; Pöhler & Prediger 2015; Prediger & Pöhler 2015). Es wurde für die Unterrichtsqualitätsstudie ausgewählt, weil es bereits umfassend qualitativ beforscht
und durch einen ersten Wirksamkeitsnachweis unter Laborbedingungen evaluiert
wurde (vgl. Abschnitt 6.3.2).

Das Material bietet sich für die angesetzte Studie im Besonderen an, da es
neben dem (a) bestehenden Wirksamkeitsnachweis, eine (b) komplette Unterrichtseinheit umfasst, die an die Stelle des üblichen Unterrichts gesetzt werden
kann, was die Etablierung im Feld erleichtert, (c) entsprechend den Prinzipien
eines qualitätsvollen sprachbildenden Mathematikunterrichts entwickelt wurde
und (d) durch den Fokus auf den Prozentstreifen einen vielfältigen Umgang mit
Darstellungsvernetzungen ermöglicht.

6.2.1 Realisierung des Prinzips Macro-Scaffolding in der Unterrichtseinheit „Prozente verstehen" im dualen Lernpfad

Die Unterrichtseinheit „Prozente verstehen" ist nach den in Kapitel 2 eingeführten mathematikdidaktischen Prinzipien der kognitiven Aktivierung und
Verstehensorientierung sowie den sprachdidaktischen Prinzipien der reichhaltigen Diskursanregung, der Darstellungs- und Sprachebenenvernetzung sowie
des Macro-Scaffoldings aufgebaut. Beispiele zur Realisierung der Prinzipien
im Unterrichtssetting wurden bereits in den Abschnitten 2.1–2.3 vorgestellt.
Hier wird die Realisierung des Prinzips Macro-Scaffolding im dualen Lernpfad
genauer erläutert, der Verknüpfung eines konzeptuellen Lernpfads hin zu dem
Konzeptverständnis und dem lexikalischen Lernpfad mit den jeweils benötigten
Sprachmitteln realisiert.

Der sechsstufige konzeptuelle Lernpfad zum Aufbau von Konzeptverständnis
wurde aus dem holländischen Ansatz der *Realistic Mathematics Education* adaptiert (van den Heuvel-Panhuizen 2003): Er startet gemäß dem Level-Prinzip nach
Gravemeijer (1998) bei den Alltagserfahrungen der Schülerinnen und Schüler
und nutzt diese zur Konstruktion von Bedeutungen zu Prozenten, baut dann Konzeptverständnis auf vor den Rechenstrategien und ihrer flexiblen Anwendung in
komplexen Kontexten.

Dieser konzeptuelle Lernpfad ist systematisch mit einem sprachlichen Lernpfad verknüpft (Prediger & Pöhler 2015) (Tabelle 6.1):

Tabelle 6.1 Überblick über die Stufen der sprachbildenden Unterrichtseinheit (Pöhler & Prediger 2017b, S. 457)

	Konzeptueller Lernpfad: Wege zum konzeptuellen Verständnis	Strukturelles Scaffolding durch Prozentstreifen (mit wechselnder Funktion)	Lexikalischer Lernpfad: Wege zum gestuften Sprachschatz
Stufe I: Aktivierung informeller, individueller Ressourcen	*Konstruktion von Bedeutungen* zu Prozenten durch Abschätzen und Darstellen (Downloadkontext)	als *Modell von* vertrautem Downloadkontext (qualitatives Denk- und Repräsentationsmittel)	Verwendung intuitiver Alltagssprache, kein explizites Angebot an Sprachmitteln
Stufe II: Entwicklung erster informeller Strategien und Etablierung bedeutungsbezogenen Vokabulars	*Entwicklung informeller Strategien* zur Bestimmung von Prozentwerten, -sätzen und später Grundwerten (Einkaufskontext)	als *Modell von* Kontexten, zum Finden informeller Strategien und zum Strukturieren von Beziehungen zu Kontextelementen	Etablierung bedeutungsbezogener Sprachmittel zur Konstruktion von Bedeutungen für Prozentwerte, -sätze & Grundwerte
Stufe III: Formalisierung bezüglich Rechenstrategien für Standardsituationen und Wortschatz	*Berechnung* von Prozentwerten, -sätzen und später Grundwerten (Einkaufskontext)	als *Modell für* das Rechnen und Strukturieren von Beziehungen zwischen inhaltlichen Vorstellungen und formalen Konzepten	Einführung formalbezogener, kontextunabhängiger Sprachmittel
Stufe IV: Erweiterung des Repertoires bezüglich komplexerer Situationen	*Ausweitung* auf andere Situationen: veränderte Grundwerte, prozentuale Veränderungen (Einkaufskontext)	als *Modell für* die Konstruktion komplexerer Beziehungen	Erweiterung der bedeutungsbezogenen Sprachmittel zum Einkaufskontext für komplexere Aufgabentypen
Stufe V: Identifikation verschiedener Aufgabentypen	*Identifikation* verschiedener Aufgabentypen (in verschiedenen Kontexten)	als *strukturelle Basis* zur Rekonstruktion von Beziehungen in Situationen	Einübung formal- und bedeutungsbezogener Sprachmittel
Stufe VI: Flexibler Gebrauch der Konzepte / Strategien	*Flexibler Umgang* mit (komplexeren) Situationen (in unvertrauteren Kontexten)	als *strukturelle Basis* zur Identifikation der verschiedenen Aufgabentypen	Ausweitung auf synonyme Sprachmittel, Etablierung von Lesestrategien

- Auf Stufe I werden konzeptuelle Annäherungen an die Bedeutung von Prozenten ermöglicht, dazu werden im Downloadkontext intuitive mathematische Vorerfahrungen mobilisiert. Gleichzeitig werden dadurch eigensprachliche Ressourcen der Lernenden aktiviert, an die spätere Stufen anknüpfen können (Stufe I).
- Auf Stufe II werden die Konzepte zur Einteilung von Prozentstreifen systematisch entwickelt und informelle Strategien im Einkaufskontext angewandt zur Bestimmung von Prozentwert, Prozentsatz und Grundwert, noch ohne diese formalen Begriffe zu nutzen. Sprachlich wird auf dieser Stufe die Sprachhandlung des Erklärens von Bedeutungen eingefordert, für die ein gemeinsames bedeutungsbezogenes Vokabular (z. B. alter Preis, neuer Preis, zu zahlender Preis, Preis, den man Zahlen muss, Rabatt) etabliert wird durch Sammlung im Sprachspeicher und Lehrkraftimpulse.

- Stufe III umfasst dann die formalisiertere Berechnung von Prozentwert, Prozentsatz und Grundwert. In diesem Zusammenhang wird an das etablierte bedeutungsbezogene Vokabular nun das formalbezogene Vokabular (Grundwert, Prozentwert, Prozentsatz, verminderter Grundwert) angeknüpft, das kontextunabhängig ist und sich insbesondere zum Erläutern von Rechenwegen eignet.

- In Stufe IV werden die Aufgabentypen erweitert, wobei der Einkaufskontext beibehalten wird, aber Aufgabentypen mit vermindertem Grundwert oder prozentualer Veränderung eingeführt werden. Sprachlich dient dies zum Einüben der bedeutungs- und formalbezogenen Sprachmittel.

- Das übergeordnete Identifizieren der verschiedenen Aufgabentypen in verschiedenen Kontexten erfolgt in Stufe V. Auf Stufe VI wird ein flexibler Umgang mit komplexeren Situationen in unbekannten Situationen vertieft (Pöhler & Prediger 2015). In diesen beiden Stufen wird der Wortschatz auf einen erweiterten kontextbezogenen Lesesprachschatz ausgeweitet, der das allgemeine Sprechen über Prozente in unbekannten Kontexten ermöglicht, ohne dass kontextspezifische Terminologie zwangsläufig bekannt sein muss.

In der Vernetzung des konzeptuellen und sprachlichen Lernpfades nimmt der verwendete Prozentstreifen unterschiedliche Funktionen eines strukturbasierten Scaffolds ein. Auf Stufe I wird für den ersten Kontakt mit der Bedeutung der Prozente und dem Aufgreifen von eigensprachlichen Ressourcen der Prozentstreifen in Form des Downloadstreifens als Modell aus dem Alltag eingeführt. Um informelle Strategien entwickeln und bedeutungsbezogene Sprache bilden zu können wird der Prozentstreifen auf Stufe II als Modell genutzt, um den Einkaufskontext darzustellen und die Beziehungen zwischen Konzepten und Sprachmitteln der Situation zu visualisieren. Auf Stufe III wird der Prozentstreifen genutzt, um bei der Einführung der formalen Sprache und der Rechenwege diese anhand des Streifens zu visualisieren. Analog wird auf Stufe IV der Streifen zur Visualisierung für komplexere Situationen und Beziehungen genutzt, wobei am Streifen neue bedeutungsbezogene Sprache ergänzt wird. Stufe V und VI nutzen den Prozentstreifen jeweils als strukturelle Basis, zur Rekonstruktion der Situation und zur Identifikation des Aufgabentyps (Pöhler & Prediger 2015).

Der duale Lernpfad wurde in 21 Aufgaben (Tabelle 6.2) realisiert, im Folgenden werden jeweils auch Beispielaufgaben gezeigt, die veranschaulichen, wie der Prozentstreifen auf der jeweiligen Stufe die konzeptuellen und sprachlichen Aspekte als visuelles Scaffold nach dem Prinzip der Darstellungs- und Sprachebenenvernetzung unterstützt.

Tabelle 6.2 Überblick über das Unterrichtsmaterial und seine Stufen (Pöhler 2018, S. 225)

Fördereinheiten		Stufe	Aufgaben
1	Prozente und Brüche abschätzen und darstellen	I	1 & 2
2	Prozentwerte und Prozentsätze am Downloadstreifen finden	I → II	3 & 4
3	Prozentwerte und Prozentsätze beim Einkauf bestimmen	II & III	5 – 9
4	Grundwerte am Downloadstreifen finden	I → II	10
5	Grundwerte beim Einkauf bestimmen	II & III	11 & 12
6	Umgang mit veränderten Grundwerten	IV	13 & 14
7	Verschiedene Textaufgaben unterscheiden	V	15 – 17
8	Textaufgaben selbst erstellen	V	18 & 19
9	Schwierigere Textaufgaben bearbeiten	VI	20 & 21

Das Gesamtmaterial wird in der aktuellsten Version unter sima.dzlm.de/um/7–001 vorgestellt, wobei die Nummerierung der Aufgaben von den hier genutzten abweichen kann. Für einen Einblick in das konkrete Material wird für jede Stufe eine Aufgabe vorgestellt und erläutert, inwiefern diese den Fokus der entsprechenden Stufe aufgreift.

Stufe I

Auf Stufe I dient der Prozentstreifen als Modell des Downloadkontextes und soll den konzeptuellen und sprachlichen Lernpfad miteinander verknüpfen. Der Prozentstreifen ist in diesem Kontext den Lernenden vertraut, als Downloadbalken von herunterzuladenden Medien oder Updates am Computer oder Smartphone. Darüber hinaus bietet der Prozentstreifen eine sprachliche Entlastung, da die Lernenden die Möglichkeit haben, deiktisch und zeigend über Prozente zu sprechen (Pöhler & Prediger 2015).

Ziel der Stufe I ist, dass die Alltagserfahrungen und eigensprachlichen Ressourcen der Lernenden mobilisiert werden, um die Grundlagen für das konzeptuelle und sprachliche Verständnis zu Prozenten zu legen. Diese Mobilisierung von Vorerfahrungen nutzt die Vertrautheit der Lernenden mit dem Downloadkontext und das vorhandene intuitive Wissen im Umgang mit Prozenten möglich. Da konzeptuelles Verständnis im Vordergrund steht, wird auf Vorstellungen zum Teil eines Ganzen fokussiert und an Vorerfahrungen mit Brüchen und proportionalem Denken angeknüpft (Pöhler & Prediger 2015). Eine typische Aufgabe für die Stufe I ist Aufgabe 2 in Abb. 6.2. Sie fordert das erste abschätzende Einzeichnen von Prozentsätzen auf einem nicht beschrifteten Prozentstreifen ein.

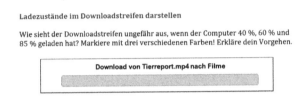

Abb. 6.2   Aufgabe 2 des Unterrichtsmaterials (Pöhler & Prediger 2017a, S. 81)

Konzeptuell werden Abschätzungen von Prozenten eingefordert und damit das Herstellen von Beziehungen zwischen Anteilen aktiviert. Ohne Vorgabe aktivieren Lernende hierzu Sprachmittel wie *weniger als die Hälfte, mehr als die Hälfte* oder *fast voll*. Diese Sprachmittel bzw. die dahinterliegenden Konzepte werden später bei den informellen Strategien aufgegriffen zur Abschätzung und Bestimmung der Prozentwerte. Erwartbar sind auf dieser Stufe informelle Strategien wie die Orientierung an den Grenzen 0 % und 100 %, eine Orientierung an der Mitte, bei einigen Lernenden auch bereits Einteilungen in gleichgroße Anteile, angelegt an proportionale Vorstellungen. Möglicherweise erwartbar sind zudem die Einteilung des Streifens in gleichgroße Abschnitte, entweder durch proportionales Denken oder durch wiederholtes Halbieren des Streifens (50 %, 75 %, 87,5 %) und dann eine Abschätzung nahe dieser Prozentsätze.

Stufe II
Der Prozentstreifen stellt im Rahmen von Stufe II ein Modell für Situationen im Einkaufskontext dar. Hierbei verweist ein Prozentstreifen stets auf eine spezifische Situation oder ein Angebot im Einkaufskontext. In dieser Phase sollen die auf Stufe I aktivierten und entwickelten intuitiven Vorgehensweisen noch nicht durch formale Lösungsverfahren schematisiert werden. Stattdessen sollen sie aufgegriffen, weiterverfolgt und als Bearbeitungs- und Lösungsstrategien genutzt werden. Konzeptuell wird an die informellen Strategien der Stufe I angeschlossen

(Pöhler 2018), jedoch nun die gesuchten Größen auch exakt bestimmt, weiterhin informell. Ziel ist es, den Umgang mit unterschiedlichen Aufgabentypen (Grundwert gesucht, Prozentsatz gesucht, Prozentwert gesucht) zu erlernen. Sprachlich erfolgt der Wechsel hin zum Einkaufskontext und dem entsprechenden Vokabular sowie der Sprachhandlung des Erklärens von Bedeutungen, aber auch weiterhin das Beschreiben von Beziehungen zwischen den Größen. Während auf Stufe I vor allem die eigensprachlichen Ressourcen der Lernenden aktiviert wurden, sollen nun textliche und graphische Angebote die eigensprachlichen Ressourcen des Einkaufskontextes erweitern und als gemeinsam geteilter Denksprachschatz etabliert werden. Beim Erklären von Bedeutungen bringen einige Lernende bedeutungsbezogene Sprachmittel wie etwa *Neuer Preis* für den *Prozentwert, Anteil, den man zahlen muss* für den *Prozentsatz* und *Alter Preis* für den *Grundwert* ein, durch Sammlung und Verstärkung werden sie für alle etabliert. Zur Anregung, dass die Lösungsstrategien einer Aufgabe jeweils ökonomisch gewählt werden können, werden (in Abhängigkeit von gegebenen Zahlenwerten) auf dieser Stufe unterschiedliche Einteilungen der Streifen vorgegeben. Die Lernenden bekommen unterschiedliche Einteilungen zur Verfügung gestellt, damit sie reflektieren können, in welchen Situationen sich beispielsweise ein flexibles Hoch- oder ein Runterrechnen als ökonomischer erweist als ein möglicher Standard-Dreisatz-Weg über 1 % (Pöhler & Prediger 2015).

Zur Sicherung des gemeinsamen Denksprachschatzes werden auf Stufe II die Begriffe Alter Preis; Anteil, den man spart; Anteil, den man zahlen muss; Geld, das man spart; Geld, das man zahlen muss; Rabatt in % und Neuer Preis dem Prozentstreifen als Sprachmittel zugeordnet (Pöhler & Prediger 2015) und schließlich in einem Sprachspeicher festgehalten. Dazu bekommen die Lernenden in Aufgabe 7 (Abb. 6.3) konkret einen Prozentstreifen vorgelegt, anhand dessen sie die Sprachmittel dem Streifen durch Verschieben der Begriffe zuordnen sollen, um deren Beziehungen zu konstruieren. Methodisch kann dies mit schiebbaren Kärtchen auf dem Blatt oder an der Tafel realisiert werden.

Die Aufgabe 8 (in Abb. 6.4) ist ein weiteres Beispiel für die Stufe II. Durch die unterschiedliche Einteilung der gegebenen 120 € im Streifen soll flexibles Hoch- und Runterrechnen eingeübt werden. In beiden Aufgaben wird der Prozentstreifen als Mittel zur Kommunikation über Prozente genutzt, wobei Aufgabe 8 die proportionalen Zusammenhänge fokussiert und Aufgabe 7 die Bedeutung der bedeutungsbezogenen Sprachmittel. Die unterschiedlichen Einteilungen legen schon hier nahe, dass sich abhängig von den Zahlenwerten unterschiedliche Strategien als ökonomisch erweisen können. Diese Strategien können sich entwickeln, da der Prozentstreifen als Mittel zum Rechnen fungiert. Die Lernenden benötigen noch keine formalen Prozeduren, da der Prozentstreifen Unterstützung und

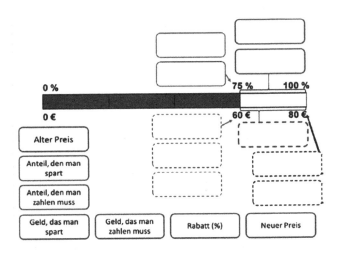

Abb. 6.3 Aufgabe 7 des Unterrichtsmaterials (Pöhler & Prediger 2017a, S. 84)

Visualisierung bei der informellen Bestimmung der Prozentwerte bietet (Pöhler & Prediger 2015).

Der sprachlichen Lernpfad sieht in Aufgabe 8 b) die Zuordnung der zuvor in Aufgabe 7 etablierten Begriffe zu dem neuen Streifen ein, um den bedeutungsbezogenen Denksprachschatz einzuüben.

Stufe III

Auf Stufe III nimmt der Prozentstreifen die Funktion eines Rechenmittels ein, der die konkreten Rechnungen unterstützt und visualisiert. Die angebotenen leeren Prozentstreifen werden von den Lernenden selbst eingeteilt und dienen dem Ziel, vom Einkaufskontext zu abstrahieren. Konzeptuelles Ziel dieser Stufe sind die formaleren Vorgehensweise zur Berechnung der bisherigen Aufgabentypen. Den Lernenden werden also keine starren Lösungsverfahren oder Algorithmen angeboten, um den Bezug zum Konzeptuellen zu erhalten (Pöhler & Prediger 2015).

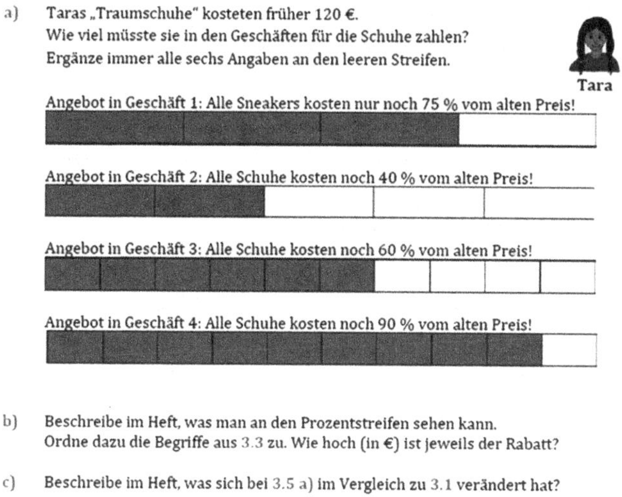

a) Taras „Traumschuhe" kosteten früher 120 €.
    Wie viel müsste sie in den Geschäften für die Schuhe zahlen?
    Ergänze immer alle sechs Angaben an den leeren Streifen.

Tara

Angebot in Geschäft 1: Alle Sneakers kosten nur noch 75 % vom alten Preis!

Angebot in Geschäft 2: Alle Schuhe kosten noch 40 % vom alten Preis!

Angebot in Geschäft 3: Alle Schuhe kosten noch 60 % vom alten Preis!

Angebot in Geschäft 4: Alle Schuhe kosten noch 90 % vom alten Preis!

b) Beschreibe im Heft, was man an den Prozentstreifen sehen kann.
    Ordne dazu die Begriffe aus 3.3 zu. Wie hoch (in €) ist jeweils der Rabatt?

c) Beschreibe im Heft, was sich bei 3.5 a) im Vergleich zu 3.1 verändert hat?

Abb. 6.4 Aufgabe 8 des Unterrichtsmaterials (Pöhler & Prediger 2017a, S. 85)

Sprachlich werden auf Stufe III die formalbezogenen kontextunabhängigen Sprachmittel der technischen Sprachebene (Grundwert, Prozentsatz Prozentwert) eingeführt. Auf dem Sprachspeicher mit Prozentstreifen (Abb. 6.3) werden nun die formalbezogenen Sprachmittel an die bereits eingetragenen bedeutungsbezogenen angeknüpft. Die Loslösung und Abstraktion vom Einkaufskontext gelingt hier durch operative Übungen (Abb. 6.6) in Form von entkleideten Aufgaben, die es nötig machen, Strategien kontextunabhängig einzusetzen. Die Aufgaben weisen operative Zusammenhänge auf, die das flexible proportionale Hoch- und Runterrechnen der Lernenden fördern sollen (Pöhler & Prediger 2015). Aufgabe 8* (in Abb. 6.5) nutzt den Prozentstreifen primär in seiner Funktion als Rechenmittel. Die Einteilungen, die zu einem formalen Vorgehen hinführen sollen, sind von den Lernenden selbst einzutragen. Hierbei ist eine Orientierung an einer proportionalen Einteilung zwar denkbar, aber nicht zwangsläufig nötig.

Diese Zwischenaufgabe dient als Hinführung zu entkleideten operativen Übungen, in denen abstraktere Strategien eingefordert werden. Aufgabe 9 (in Abb. 6.6) verwendet zwar noch die bekannten Einheiten Gigabyte und Euro, ist aber weitestgehend kontextentbunden. Die abstrakten operativen Zusammenhänge fördern weiterhin ein flexibles Hoch- und Runterrechnen statt expliziter Formeln.

Prozentstreifen erstellen

Ermittle die fehlenden Werte mit Hilfe der Prozentstreifen?

a)   65 % von 1000 € sind [   ] €.

b)   160 € von 400 € sind [   ] %.

c)   30 % von [   ] € sind 3 €.

d)   Was ist in a) – c) gegeben und gesucht? Beschreibe mit eigenen Worten.

Abb. 6.5   Aufgabe 8* des Unterrichtsmaterials (Pöhler & Prediger 2017a)

Lücken füllen

a)   Fülle die Lücken aus! Du kannst die Aufgaben dazu am Prozentstreifen darstellen.
      Was fällt dir auf? Erkläre dein Vorgehen zu jedem Päckchen.

(1)   5 % von 40 € sind _____ €.   (2) 1 GB von 20 GB sind _____ %.

      15 % von 40 € sind _____ €.   2 GB von 20 GB sind _____ %.

      25 % von 40 € sind _____ €.   8 GB von 20 GB sind _____ %.

      60 % von 40 € sind _____ €.   16 GB von 20 GB sind _____%.

(3) 30 % von 20 € sind _____ €.   (4) 30 % von _____ € sind 9 €.

      30 % von 30 € sind _____ €.   30 % von _____ € sind 18 €.

      30 % von 40 € sind _____ €.   30 % von _____ € sind 27 €.

      30 % von 50 € sind _____ €.   30 % von _____ € sind 45 €.

b)   Erkläre, was in (1) – (4) gegeben und was gesucht ist. Verwende die Begriffe
      Grundwert, Prozentwert, Prozentsatz und ordne sie dem Prozentstreifen von 3.3
      zu.

Abb. 6.6   Aufgabe 9 des Unterrichtsmaterials (Pöhler & Prediger 2017a, S. 85)

Sprachlich wird das Erklären mithilfe formalbezogener Begriffe eingefordert. Dieses produktive Übungsformat ermöglicht somit den Schritt hin zur Verallgemeinerung und generellen Verwendbarkeit des Prozentstreifens über den ursprünglichen Downloadkontext und den dann erarbeiteten Einkaufskontext hinaus.

Stufe IV

Auf Stufe IV wird der Prozentstreifen genutzt, um komplexere Situationen zu visualisieren und ermöglicht so, über erweiterte Aufgabentypen sprechen zu können. Konzeptuell schließt die Stufe IV an die Grundaufgabentypen an und zielt auf erweiterte Aufgabentypen ab, wie *Grundwert gesucht nach Verminderung*. Die komplexer werdenden Aufgabentypen erfordern auch eine Erweiterung des bisher eingeführten bedeutungsbezogenen Denksprachschatzes, um die Zusammenhänge am Prozentstreifen erklären zu können. So kann und muss z. B. zwischen einem *Rabatt in Prozent* (beschreibt einen Anteil) und einem *Rabatt in Euro* (beschreibt einen Teil) unterschieden werden. Stufe IV nutzt den Prozentstreifen als Modell für die Klärung komplexer Beziehungen, die sich konzeptuell durch eine Erweiterung der Aufgabentypen und sprachlich durch komplexere bedeutungsbezogene Sprache zeigen (Pöhler & Prediger 2015).

Der Aufgabentyp der prozentualen Veränderung wird in Aufgabe 13 (in Abb. 6.7) durch die Thematisierung eines Sommerschlussverkaufs eingeführt. Der Prozentstreifen wird hier zum Modell, das den Lernenden ermöglicht, komplexere Beziehungen in Aufgaben zu rekonstruieren (Pöhler & Prediger 2015). So wird in Aufgabe 13 a) den Lernenden ein unvollständig beschrifteter Prozentstreifen angeboten, an dem die Situation visualisiert werden soll.

Sprachlich werden auf Stufe IV die bedeutungsbezogenen Sprachmittel für den komplexeren Aufgabentypen im Einkaufskontext (Pöhler & Prediger 2015) erweitert, z. B. in Aufgabe 13a) die Sprachmittel *herabgesetzt* und *sparen*. Aufgabe 13b) regt darüber hinaus explizit die vergleichende Nutzung der Begriffe „*Verminderung von %*" und „*Verminderung von €*" beziehungsweise „*reduziert um*" und „*reduziert auf*" und damit die Sprachreflexion über Ausdrücke für prozentuale und absolute Differenzen an.

Stufe V

Auf Stufe V dient der Prozentstreifen dem Sortieren der Informationen aus Textaufgaben und fungiert somit als Strukturierungshilfe, um in neuen Aufgabenkontexten verschiedene Aufgabentypen zu identifizieren. Konzeptuell herausfordernd ist die Identifikation von Aufgabentypen in unbekannten Kontexten. Die

Rabattaktionen I

Tara hat in einem Geschäft folgende Angebote gefunden:

Sommerschlussverkauf

Alle kurzen Hosen sind auf 70 % herabgesetzt.
Auf alle T-Shirts gibt es einen Rabatt von 25 %.
Alle Sommerkleider sind um 40 % reduziert.

Tara

a) Tara kauft sich ein kurze Hose für 28 €. Trage am Prozentstreifen ein.
  • Wie teuer war die Hose vorher?

0 %   **100 %**

0 €

Ergänze die folgenden Sätze und erkläre, wo man das am Streifen sieht.
  • Der Preis der Hose ist um _____ % herabgesetzt.
  • Tara hat _____ € gespart.

b) Tara kauft sich in dem Geschäft außerdem noch ein T-Shirt für 15 € und
ein Sommerkleid für 30 €. Ergänze an dem Prozentstreifen.
  • Wie teuer waren die Sachen vorher?
  • Beschreibe die Angebote mit den Begriffen aus 3.3 in S6 A.
    [Kein Titel]
    Verwende auch die folgenden Begriffe: „Verminderung von ... %",
    „Verminderung von ... €", „reduziert um ... %", „reduziert auf ... %"

Abb. 6.7 Aufgabe 13 des Unterrichtsmaterials (Pöhler & Prediger 2017a, S. 88)

unbekannten Kontexte erfordern auf sprachlicher Ebene den Übergang zu den formalbezogenen und kontextunabhängigen Sprachmitteln sowie eine Erweiterung
im kontextbezogenen Lesesprachschatz. Durch wiederholtes und konsequen-
tes Einfordern der Sprachmittel sollen die bedeutungs- und formalbezogenen
Sprachmittel genutzt und verinnerlicht werden (Pöhler & Prediger 2015).
    Aufgabe 17 (in Abb. 6.8) fördert und erfordert die Strukturierung von Infor-
mationen aus Textaufgaben. Es wird explizit nicht direkt gefordert, die Ergebnisse
der Aufgaben zu berechnen, sondern die Informationen zu strukturieren und
unterschiedliche Aufgaben zu unterscheiden. Die konkrete Berechnung der
Ergebnisse erfolgt erst in Aufgabenteil c), nachdem die Strukturierung der Aufgabentypen explizit und entschleunigt in den vorigen Aufgabenteilen vorgeschaltet
wurde.

Prozentaufgaben sortieren

a) Erstelle für jede Textaufgabe einen
    Prozentstreifen, ohne die Textaufgaben auszurechnen:
    • Was ist gegeben?
    • Was ist gesucht?
    • Worin unterscheiden sich die drei Streifen.

Textaufgaben

(1)	(2)	(3)
Bei einer Tombola sollen 45 % aller Lose gewinnen. Das entspricht 90 Gewinnen. Wie viele Lose wurden verkauft?	Salami hat einen Fettanteil von 40 %. Wie viel g Fett sind in 200 g Salami enthalten?	195 der 300 Schüler und Schülerinnen einer Grundschule fahren mit dem Bus. Wie viel Prozent sind das?

b) Vergleicht eure Entscheidungen aus a).
    • Erklärt mit eigenen Worten.
    • Erklärt mit den Begriffen **Grundwert, Prozentwert** und **Prozentsatz**.

c) Berechne nun die drei Textaufgaben aus a).
    Nutze dazu die Prozentstreifen.
    Schreibe die Lösungen unter das Fragezeichen im Prozentstreifen.

Abb. 6.8 Aufgabe 17 des Unterrichtsmaterials (Pöhler & Prediger 2017a, S. 90)

Durch die neuen Kontexte, fern vom Download- oder Einkaufskontext, wird eine kontextunabhängige Sprache nötig und explizit im Aufgabenteil b) eingefordert.

Stufe VI
Auf Stufe VI wird der flexible Umgang mit Prozenten weiter gefördert, wobei der Schwerpunkt auf komplexeren Situationen und unbekannten Kontexten liegt. Konkret wird auch die Mehrwertsteuer eingeführt, bei der Prozentsätze größer als 100 % eine erhöhte Komplexität erzeugen. Die konzeptuelle Hürde der Erweiterung über 100 % hinaus wird durch den graphisch einfach zu erweiternden Prozentstreifen leicht unterstützt.

Trotz der Alltagsnähe handelt es sich dabei um einen unvertrauten Kontext, da er für die Lernenden nicht unbedingt geläufig ist. Analog zu Stufe V dient der Prozentstreifen auf Stufe VI als Referenzstruktur für komplexere und weniger

Schwierigere Textaufgaben bearbeiten

Preise mit und ohne Mehrwertsteuer

Alle Sachen, die wir kaufen, haben einen Nettopreis, zu dem
dann noch die Mehrwertsteuer (abgekürzt MwSt.) hinzu
gerechnet wird. In Deutschland beträgt die Mehrwertsteuer
auf die meisten Produkte 19 % vom Nettopreis.
Auf Kassenbons findest du die 19 % und die
Mehrwertsteuer in Euro.

a)   Tara hat zu dem abgebildeten Kassenbon einen Prozentstreifen gemalt.
  • Was kannst du an dem Prozentstreifen wo erkennen?
  • Verwende die Begriffe Preis ohne Mehrwertsteuer (Nettopreis),
    Preis mit Mehrwertsteuer (Bruttopreis),   Tara
    Mehrwertsteuer in Prozent, Mehrwertsteuer in Euro.

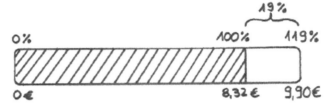

b)* • Zeichne zu der folgenden Aussage „Ein Kleiderschrank kostet 714 € ein-
      schließlich Mehrwertsteuer (19 %)." einen Prozentstreifen wie Tara in a).
      An dem Streifen muss abgelesen werden können, wie teuer der Kleider-
      schrank ohne Mehrwertsteuer und wie hoch die Mehrwertsteuer ist (in €).
  • Beschreibe den Streifen in deinem Heft dann mit den Begriffen Preis ohne
      Mehrwertsteuer (Nettopreis), Preis mit Mehrwertsteuer (Bruttopreis),
      Prozentsatz der Mehrwertsteuer (Mehrwertsteuersatz), Höhe der
      Mehrwertsteuer in €.

Abb. 6.9   Aufgabe 20 des Unterrichtsmaterials (Pöhler & Prediger 2017a, S. 92)

vertraute Situationen, und wird nun über 100 % hinaus erweitert. Sprachlich wird
der Lesesprachschatz erweitert, die neuen bildungssprachlichen Kontextausdrücke
sind meistens Synonyme für bereits erarbeitete Konzepte, z. B., die Begriffe
Netto- und *Bruttopreis.* Konkret bietet Aufgabe 20 b) (Abb. 6.9) den Preis ohne
Mehrwertsteuer als Nettopreis, den Preis mit Mehrwertsteuer als Bruttopreis und
den Prozentsatz der Mehrwertsteuer als Mehrwertsteuersatz an. Einerseits erweitert Aufgabe 20 somit den kontextbezogenen erweiterten Lesesprachschatz um
relevante Sprachmittel der bildungssprachlichen Sprachebene und stellt sowie
bearbeitet die konzeptuelle Hürde des erweiterten Prozentstreifens.

Das Arbeiten mit den komplexeren Situationen und neuen Sprachmitteln
soll die Lernenden befähigen, auch mit unbekannten Situationen umzugehen
(Pöhler & Prediger 2015). Es rundet den Aufbau des dualen Lernpfads ab.

6.2.2 Bisherige Forschungsergebnisse zum Einsatz des Materials

Empirische Evidenz für die Wirksamkeit der sprachbildenden Unterrichtseinheit
Prozente verstehen wurde in drei Forschungsschritten hergestellt.

Qualitative Entwicklungsforschung
In einer qualitativen Entwicklungsforschungsstudie (Pöhler 2018; Pöhler & Prediger 2015) wurde das Material aus Abschnitt 6.2.1 sowohl im Fördersetting
(Pöhler 2018) als auch im wohl kontrollierten Klassensetting (Pöhler et al. 2017b)
intensiv untersucht und iterativ weiter entwickelt in seine jetzige Form. In Fallstudien wurde im Rahmen dieser qualitativen Beforschung der Lehr-Lernprozesse
aufgezeigt, dass die Lernwege der Lernenden gut zu den intendierten Lernpfa-
den passten (Pöhler 2018), und dass die Qualität der Gesprächsführung durch
die Lehrkräfte stark schwankend, aber entscheidend ist für die Verfolgung des
dualen Lernpfads. Das Micro-Scaffolding sollte also am Macro-Scaffolding ausgerichtet sein, so dass die Lernenden jeweils zur nächsten Stufe geführt werden
(Prediger & Pöhler 2015).

Erster Wirksamkeitsnachweis im hochkontrollierten Setting
Pöhler et al. (2017b) konnten darüber hinaus in einer quasiexperimentellen Interventionsstudie im Prä-Post-Design mit Kontrollgruppe mit $n = 2 \times 54$ Lernenden
einen Wirksamkeitsnachweis für das Unterrichtskonzept im hochkontrollierten
Klassensetting erbringen. Das genutzte Unterrichtsmaterial entsprach hierbei dem
in Abschnitt 6.2.1 vorgestellten. Die durchführenden Lehrkräfte unterrichteten an
Gesamtschulen in Großstädten und wurden hinsichtlich sprachbildendem Unterricht zuvor fortgebildet. Die Lehrkräfte der Kontrollgruppe wurden nicht explizit
sensibilisiert und führten ihren üblichen Unterricht durch. Die Interventions-
und Kontrollgruppen waren vergleichbar hinsichtlich ihrer soziodemographischen
Daten, der Sprachbiographie, den mathematischen Vorkenntnissen im Hinblick
auf Brüche, der kognitiven Grundfähigkeiten und der Sprachkompetenz und wurden in dieser Pilotstudie gemäß Selbstselektion und Projektbeteiligung eingeteilt
(Pöhler 2018).

Die Wirksamkeit der Unterrichtseinheit wurde über die Leistungen in einem standardisierten Prozentetest (Tabelle 6.3) als Posttest ermittelt. Die Interventionsgruppe hatte bei mittlerer Wirkung (η^2 = 0.141, Pöhler et al. 2017b) einen signifikant höheren Lernzuwachs im konzeptuellen Verständnis von Prozenten als die Kontrollgruppe mit ihrem regulären Lehrbuchansatz ($F_{\text{Zeit x Gruppe}}$ (4,103) = 14.7497, p < 0.001).

Interessant ist auch, in welchen Aufgabentypen die Interventionsgruppe der Kontrollgruppe überlegen war: Der stärkste Effekt zeigte sich (mit $F(4,103)$ = 9.5627, p < 0.0001, η^2 = 0.187) beim komplexeren Aufgabentyp Grundwert gesucht nach Verminderung, er war weit höher als der Effekt bei den Grundaufgaben, bei denen nur der Grundwert, der Prozentwert oder der Prozentsatz zu bestimmen ist.

Dieser erste Wirksamkeitsnachweis qualifizierte das Material für weitere Verwendung im Forschungskontext der vorliegenden Qualitätsstudie.

Wirksamkeitsnachweis in der Feldstudie des Projekts MuM-Implementation
Im Rahmen des übergreifenden Projekts MuM-Implementation wurde dasselbe Unterrichtsmaterial eingesetzt, um die breite Umsetzungsmöglichkeiten nicht nur mit wenigen Lehrkräften zu untersuchen, sondern in vielen Klassen. In dem (in Abb. 6.1 oben überblicksartig gezeigten) Forschungsdesign des übergreifenden Projekts wurde die quasiexperimentelle Feldstudie durchgeführt in 38 Klassen mit n = 655 Lernenden aus Klasse 7. Die Lehrkräfte wurden durch vier Fortbildungsnachmittage auf die sprachbildende Unterrichtseinheit vorbereitet (Prediger 2019a), die Interventionsklassen unterrichteten mit dem vorgegebenen Unterrichtsmaterial, die Kontrollklassen mit dem regulären Schulbuch und nur verzögerter Fortbildung nach Abschluss des Nachtests.

Auch unter diesen Feldbedingungen zeigte sich, dass die Interventionsklassen bei vergleichbaren Startbedingungen signifikant mehr Verständnis für Prozente aufgebaut haben: Sowohl die ANOVA ($F_{\text{time x group}}$ (1, 653) = 20.74, p < 0.001, η^2 = 0.011) als auch die Regressionsanalysen unter Einbezug aller relevanten individuellen Lernausgangslagen zeigten die signifikant höheren Lernzuwächse der Interventionsklassen. Diese Studie ist dokumentiert im Artikel von Prediger & Neugebauer (2021a).

Große Schwankungen der Lernzuwächse zwischen den Klassen legten jedoch nahe, die Interventionsklassen genauer zu beforschen, um Unterschiede in den Lernzuwächsen auf die jeweilige Umsetzung der Lehrkraft im Unterrichtsverlauf zurückführen zu können. Im Abschnitt 6.3 werden die Methoden der an diese Feldstudie anschließenden Unterrichtsqualitätsstudie zu den Interventionsklassen genauer vorgestellt.

6.3 Methoden der Datenerhebung der Unterrichtsqualitätsstudie

6.3.1 Sampling der Klassen für die Unterrichtsqualitätsstudie

Sampling der übergeordneten Implementationsstudie
In der in Abschnitt 6.2.2. kurz berichteten quasiexperimentellen Feldstudie (die in Prediger & Neugebauer 2021a berichtet wird) wurden 90 Lehrkräfte, nach forschungspraktischen Aspekten unter Berücksichtigung der Vergleichbarkeit der Schulformen, Regionen und Vorerfahrungen in eine Interventions- bzw. Kontrollgruppe eingeteilt. Die Interventionsgruppe erhielt vier bis fünf Fortbildungen und das Unterrichtsmaterial in Form von Arbeitsheften für die Lernenden der teilnehmenden Klassen. Die Kontrollgruppe wurde als Wartekontrollgruppe realisiert. Die teilnehmenden Lehrkräfte wurden in vier Fortbildungseinheiten je drei bis vier Stunden lang im Bereich des sprachbildenden Mathematikunterrichts und der konkreten Unterrichtseinheit (Pöhler 2018; Pöhler & Prediger 2015; Prediger & Pöhler 2015) fortgebildet und haben Handreichungen zu allen Unterrichtsmaterialien erhalten.

Sampling der Lehrkräfte für die Unterrichtsqualitätsstudie
Aus den 85 Lehrkräften der Interventionsgruppe (aber nicht aus der Kontrollgruppe) haben 78 regelmäßig an den Fortbildungen teilgenommen. Sie hatten 2 bis 30 Jahre Unterrichtserfahrung (im Mittel 6–10 Jahre). Die vorhergehenden Fortbildungserfahrungen zum sprachbildenden Mathematikunterricht schwankten von 0 Stunden bis mehreren Tagen (im Mittel 6–8 Stunden) (Prediger et al. 2018).

Von diesen Lehrkräften wurden 26 Lehrkräfte mit ihren Klassen für die Unterrichtsqualitätsstudie rekrutiert. Die Auswahl der Lehrkräfte für die Videographie erfolgte nach dem Prinzip der Freiwilligkeit und beschränkt sich auf die Interventionsgruppe. Gefilmt wurden jene Klassen, die von den Lehrkräften genehmigt wurden und, in denen mindestens 75 % der Lernenden positive Einverständniserklärungen aufwiesen, um die Filmaufnahmen überhaupt realisieren zu können (die Lernenden ohne Einverständnis wurden in tote Winkel der Kameras gesetzt, ihre Äußerungen nicht transkribiert).

Von 18 der 26 Klassen liegen nicht nur Videomaterial, sondern auch vollständige Testunterlagen vor, so dass sie in die Qualitätsstudie einbezogen werden konnten. Fehlendes Videomaterial hat hierbei zum Ausschluss aus der Datenauswertung geführt, da das Verhalten im Unterricht nicht durch externe Variablen modelliert oder angenähert werden kann.

Sample der Schülerinnen und Schüler für die Unterrichtsqualitätsstudie
Es liegen für 455 Lernende Videomaterial vor, für die bestimmt werden
kann, inwieweit die unterschiedlichen Qualitätsgrade Einfluss auf deren Lernzuwachs haben. Von diesen Lernenden haben 422 einen ausgefüllten Nachtest zur
Ermittlung des Lernzuwachses und davon wiederum 367 Lernende, die einen
ausgefüllten Sprachtest (Abschnitt 6.2.2) und einen Test zur mathematischen
Grundfähigkeit (Abschnitt 6.2.1) bearbeitet haben. Die Schülerinnen und Schüler,
deren Lernzuwächse in die Unterrichtsqualitätsstudie ohne Missing Values einbezogen wurden, umfassen 367 Lernende aus 18 Klassen. Ihre Zusammensetzung
und Hintergründe sind der Tabelle 6.5 zu entnehmen.

Tabelle 6.3 Deskriptive Daten des Lernenden-Samples der Unterrichtsqualitätsstudie (n =
367)

Variable	m (SD) bzw. Verteilung (in %)
Vorwissen Prozente (max. 6)	2.30 (1.87)
Mathematische Basiskompetenzen: Basis-Math-G 6 (max. 63)	35.16 (13.50)
Sprachkompetenz: C-Test (max. 60)	37.00 (12.18)
Kognitive Grundfähigkeit: Befki (max. 16)	9.91 (3.39)
Alter (in Jahren)	12.75 (0.66)
Mehrsprachigkeit (einsprachig/mehrsprachig)	59 %/41 %
Geschlecht (weiblich/männlich)	58 %/42 %
Migrationshintergrund (min. ein Elternteil immigriert / beide Elternteile in Deutschland geboren)	38 %/62 %
Sozioökonomischer Status (niedrig/mittel/hoch)	28 %/26 %/47 %

6.3.2 Erhebungsinstrumente für die individuelle Lernausgangslagen

Mathematische Basiskompetenzen: Basis-Math-G 6 +
Da sich das mathematische Vorwissen stets als wichtiger Prädiktor für Lernzuwächse in den individuellen Lernausgangslagen zeigt (Hasselhorn & Gold 2013),
müssen die mathematischen Basiskompetenzen erfasst werden. Als Messinstru-
ment wird der Basis-Math-G 6 + ausgewählt. Das Erhebungsinstrument basiert

Tabelle 6.4
Aufgabenübersicht der zugrundeliegenden Vorversion der Items des Basis-Math-G6+ (Vorversion von Moser Opitz et al. 2021)

Aufgabenbezeichnung	Inhaltlicher Schwerpunkt
A1B1a-d	Kopfrechnen: Addition & Subtraktion
A2B2a-e	Umkehraufgaben: Addition
A3B5a-b	Dreisatz
A4B4a-f	Kopfrechnen: Multiplikation & Division
A5B6a-c	Kopfrechnen: Einheiten
A6B3a-c	Orientierung am Zahlenstrahl
A7B8a-c	Brüche erkennen
A8B9a1–2, b	Brüche vergleichen
A9B7a-d	Rückwärtszählen in nicht 1er-Schritten
A10B16a-b	Einheiten
A11B17a,b A17B12a,b	Textaufgaben
A12B10	Geld zählen
A13B14a-c	Textaufgaben Rechnungen zuordnen
A14B13a-c	Stellenwerttafel
A15B11a-f	Kopfrechnen: Zehnerumbrüche
A16B15a-e	Anteile berechnen

auf dem schriftlichen standardisierten Test Basis-Math-G 4 + −5 (Moser Opitz et al. 2016), der für das letzte Quartal der vierten Klasse und den Anfang der fünften Klasse ausgelegt ist und durch die Autorinnen für den sechsten Jahrgang 6 curricular adaptiert wurde. Er wurde 2021 als standardisierter Test publiziert (Moser Opitz et al. 2021) und in Vorversion eingesetzt. Die eingesetzte Fassung bestand aus 59 Items, möglich sind maximal 63 Punkte, und er erreichte in der Stichprobe der ursprünglichen Implementationsstudie von N = 1493 Lernenden eine interne Konsistenz von Cronbachs $\alpha = 0.92$, mit einer vergleichbaren Konsistenz für die zugrundeliegende Teilstichprobe. Dieser sehr hohe Konsistenzwert deutet nach Streiner (2003) darauf hin, dass ggf. etwas Kürzungspotential vorliegt. Im Überblick fasst Tabelle 6.4 die Aufgaben des Basismath-G6 + kurz zusammen.

Sprachkompetenz: C-Test

Neben dem mathematischen Vorwissen ist davon auszugehen, dass die Sprachkompetenz einen wichtigen Prädiktor für die Lernzuwächse darstellt (Paetsch
et al. 2016). Die Sprachkompetenz im Deutschen hat dabei mehr Einfluss auf
die mathematischen Leistungen als die Mehrsprachigkeit (Prediger et al. 2015).
    Erfasst wird die Sprachkompetenz im Deutschen durch ein möglichst zeit-
sparendes, aber reliables Instrument, einem C-Test (Grotjahn 2002). Ein C-Test
erfasst globale Sprachkompetenz, indem ein Lückentext mit fehlenden Worten-
dungen ausgefüllt werden soll. Ausgewählt wurde dafür ein C-Test mit drei
Texten von Daller (1999). Bei einem handelt es sich um einen Alltagstext („Der
Mann von gegenüber"), die anderen beiden Texte sind entfernter von der aktu-
ellen Lebenswelt der Lernenden („Die Besiedlung Europas" & „Familien in der
Steinzeit"). Drei Texte reichen im Gegensatz zu den häufig genutzten fünf Texten (Grotjahn 2002; Zimmermann 2019) aus, da diese Anzahl in der Vorstudie
mit einer vergleichbaren Population nachgewiesen werden konnte. Dies entspricht
den von Grotjahn (2002) empfohlenen 3–8 Texten und einer Testökonomie, da
Pöhler (2018) schon zeigen konnte, dass die Trennschärfe bei diesen drei Texten
sich mit qualitativen Beobachtungen sowie Einschätzungen der verantwortlichen
Lehrkräfte deckt und sowohl Testzeit eingespart werden kann, ohne die Güte
der Erhebung zu reduzieren. Für die Textauswahl wurde sich an der Reihenfolge
nach Grotjahn (2002) orientiert, sodass die Texte mit steigendem Anspruchsni-
veau präsentiert wurden. Zur Reduzierung möglicher Kontexteffekte enthalten die
drei Texte unterschiedliche Kontexte (Zimmermann 2019).
    Im für die Videostudie genutzte Sample wurden im Durchschnitt 37 (SD =
12.18) Lücken des C-Tests korrekt bearbeitet. Der C-Test wurde von erfahrenen
Raterinnen und Ratern in Zweierteams ausgewertet, wobei nur der Worterken-
nungswert erfasst wurde und die korrekte Schreibweise vernachlässigt wurde
(Abb. 6.10).

Kognitive Grundfähigkeit: Befki

Die individuelle Lernvoraussetzung kognitive Grundfähigkeiten ist in Studien zur
Bewertung von Lernzuwächsen einzubeziehen, weil sie einen wichtigen Prädiktor
für Lernzuwächse bildet (Blazar & Archer 2020; Hamre et al. 2009; Hasselhorn & Gold 2013). Genutzt wurde dazu eine Subskala des Befki (Berliner Test
zur Erfassung fluider und kristalliner Intelligenz nach Wilhelm et al. 2014) zur
fluiden Intelligenz. Diese Subskala erreichte bei der vorliegenden Stichprobe (N
= 1092) ein Cronbachs α von 0.76, also gute interne Konsistenz.
    Den Lernenden wurden in diesem Testformat 16 Bilderfolgen vorgegeben,
die sie jeweils per Multiple Select vervollständigen sollen (Abb. 6.11). Da jede

2. Die Besiedlung Europas

Mitten in der letzten Kaltzeit, vor 35.000-40.000 Jahren, wanderten Leute

von der Art der heutigen Menschen in Europa ein, möglicherweise aus

Asien. Anscheinend wa____ sie i____ allen Din____ geschickter a____ alle ih____

Vorfahren: i____ der Herst_____ von Werkz_____ und Jagdw_____,

von Wohnb_____, Bekleidung u____ Schmuck, b____der Ausü_____ von Ja____

und Fisch____. Sie ha____ Wölfe a____ Begleittiere a____ sich gew_____;

aus sol____ halbzahmen Wölfen entstand dann das erste Haustier: der Hund.

Abb. 6.10 Ausschnitt aus dem verwendeten C-Test (Daller 1999)

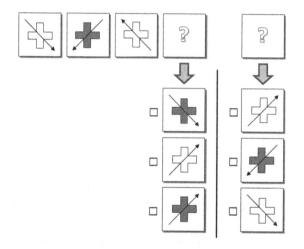

Abb. 6.11 Ausschnitt aus dem graphischen Teil des Befki (Wilhelm et al. 2014)

Bilderfolge als korrektes Item gezählt wurde, wenn die Folge in beiden Bildern korrekt fortgesetzt wurde, waren maximal 16 Punkte erreichbar.

Die N = 1092 Lernenden haben im Durchschnitt 9.24 (SD = 3.37) Items korrekt bearbeitet. Dieser Test wurde von Zweierteams erfahrener Raterinnen und Ratern ausgewertet, die sich an einer vorgegebenen binären Codierung orientiert haben.

Sozioökonomischer Status: Bücherskala
Der sozioökonomischen Status (SES) der Eltern kann Lernende benachteiligen
(OECD 2019). In der Erhebung wurde er durch die illustrierte Bücherskala
erfasst, die aufgrund ihrer Ökonomie oft genutzt wird und eine hohe Reliabilität
von $r = 0.8$ aufweist (Paulus 2009). Die Bücherskala ist ein etabliertes Messin-
strument zur Erfassung, wie viele Bücher die teilnehmenden Lernende in ihrem
jeweiligen Haushalt wahrnehmen. Die Aussage modelliert die Güter- und Kauf-
kraft des Hausstandes, die Sensibilisierung für Bücher und die Wertschätzung
von Kultur im Haushalt der ausfüllenden Lernenden. Die Angaben der Lernenden werden (wie auch schon bei Wessel 2015) in niedrigen, mittleren und hohen
SES aufgeteilt, wobei jeweils die untersten (Abb. 6.12: „keine oder nur sehr wenige" und „genug für ein Regalbrett") und obersten beiden Angaben (Abb. 6.12:
„genug, um drei Regale zu füllen" und „eine ganze Regalwand voll") zusammengefasst werden. Durch die Aufteilung in niedrig, mittel und hoch lässt sich für
das vorliegende Sample festhalten, dass ein Viertel der Lernenden jeweils niedrigen und mittleren sozioökonomischen Status aufweisen und etwa die Hälfte über
einen hohen.

Wie viele Bücher gibt es bei deiner Familie insgesamt zu Hause? Kreuze an.

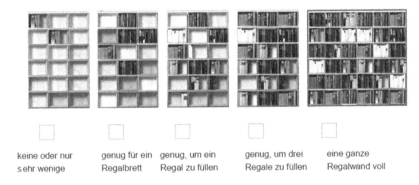

| keine oder nur sehr wenige | genug für ein Regalbrett | genug, um ein Regal zu füllen | genug, um drei Regale zu füllen | eine ganze Regalwand voll |

Abb. 6.12 Bücherskala nach Paulus (2009)

Fragebogen für weitere persönliche Merkmale der Lernenden
Zur Erfassung weiterer individueller Lernausgangslagen wurde das Alter, das
Geschlecht, die Mehrsprachigkeit und der Migrationshintergrund in einem Fra-
gebogen als persönliche Merkmale erfasst. Die Mehrsprachigkeit wurde durch

die Frage operationalisiert, welche Sprachen die Lernenden in den Familien sprechen; als mehrsprachig gilt, wer zuhause mehrere oder nicht-deutsche Sprache(n) spricht. Der Migrationshintergrund wurde über die ein ausländisches Geburtsland von mindestens einem Elternteil erfasst.

6.3.3 Erhebungsinstrumente für das Prozentverständnis

Vollständiger Prozente-Test als Posttest
Um die Lernzuwächse bei den Schülerinnen und Schülern hinsichtlich des konzeptuellen Prozent-Verständnisses zu messen, wurde ein standardisierter Prozentetest aus den Vorstudien genutzt (Pöhler 2018; Pöhler et al. 2017a).

Der Test umfasste 24 Items und erzielte in der Implementationsstudie eine sehr gute (nach Streiner 2003) interne Konsistenz mit Cronbachs α von 0.88, unter den in diesem Sample verwendeten videografierten Lernenden (Tabelle 6.5) liegt α bei 0.86 und weist damit auch für die Teilgruppe eine sehr gute Konsistenz auf. Die einzelnen Testitems wurden binär gemäß einer bereits erprobten Operationalisierung von erfahrenen Raterinnen und Ratern in Zweierteams ausgewertet.

Die verwendeten Items unterscheiden sich im Aufgabentyp: Gesucht ist jeweils entweder *Prozentwert, Prozentsatz, Grundwert* oder (im komplexesten Aufgabentyp) *Grundwert nach Verminderung*, dabei werden sie jeweils realisiert im *entkleideten* Format, *graphisch gestützten* Format oder als *Textaufgabe*. Tabelle 6.3 zeigt Beispiel-Items.

Der vollständige Prozente-Test wurde als Posttest nach der Durchführung der Intervention durchgeführt.

Reduzierter Prozente-Test als Prätest zum Vorwissen Prozente
Zur Messung des Lernzuwachses im Prozentverständnis wäre es auf den ersten Blick naheliegend, vor und nach der Unterrichtseinheit denselben Prozentetest mit variierten Zahlenwerten und Reihenfolgen einzusetzen. Jedoch ist davon auszugehen, dass Lernende vor einer Unterrichtseinheit zu Prozenten noch wenig Wissen über die Prozentrechnung haben, so dass viele Lernende vermutlich nur wenige Items erfolgreich bearbeiten könnten. Darauf wird verzichtet, um die Lernenden nicht zu demotivieren und die zeitlichen Ressourcen besser für andere Variablen zu verwenden.

Daher wurde der Prozente-Prätest erheblich reduziert und es wurden nur ausgewählte Items genutzt. Diese deckten alle Aufgabenformate ab (entkleidet, graphisch gestützt, Textaufgabe), jedoch nur den Aufgabentyp Prozentwert

Tabelle 6.5 Beispiele der Testitems strukturiert nach Pöhler et. al (2017a)

Beispielaufgaben: „Finde den Grundwert"	
Entkleidet	5 % sind 250 €. Bestimme den Grundwert.
Graphisch gestützt	Was wird hier gesucht? Bestimme den fehlenden Wert. Download von Manga.mp4 nach Filme 0 % 75 % 100 % 0 GB 9 GB
Textaufgabe	Für eine Urlaubsreise hat Frau Fuchs 40 % der Reisekosten angezahlt, das waren 800 €. Wie teuer ist die Reise?

Beispielaufgaben: „Finde den Prozentsatz"	
Graphisch gestützt	Jonas hat schon 24 MB der App heruntergeladen. Die ganze App hat 30 MB. Download von Fotos.mp4 nach Apps 0 % 100 % 0 MB • Wie viel % hat die App schon geladen? • Wie viel % müssen noch geladen werden?
Textaufgabe	Leonie kauft sich noch eine Sonnenbrille, die vorher 40 € gekostet hat. Alle Sonnenbrillen kosten nur noch 16 €. Wie groß ist der Anteil, den sie noch zahlen muss? Beschrifte den Prozentstreifen und berechne. (*Beispiel angepasst*)

Beispielaufgaben: „Finde den Prozentwert"	
Entkleidet	Wie viel sind 75 % von 1000 g? Bestimme den Prozentwert.
Graphisch gestützt	Leonies Mutter kauft sich ein Paar Sandalen, die vorher 120 € gekostet haben. Alle Sandalen sind reduziert auf 75%. Wie viel muss Leonies Mutter noch bezahlen? 0 % 100 % 0 € Beschrifte den Prozentstreifen und berechne. (*Beispiel angepasst*)
Textaufgabe	Eine Schule überweist 60 % der Einnahmen bei einem Schulfest an die „Aktion Mensch". Die Einnahmen betrugen 1400 €. Wie viel Geld überweist die Schule?

Beispielaufgaben: „Suche Grundwert nach Verminderung"	
Entkleidet	Berechne den alten Preis (Grundwert). Neuer Preis: 30 €; Rabatt: 40 %
Graphisch gestützt	Was wird hier gesucht? Berechne die fehlenden Werte! Download von Manga.mp4 nach Filme 0 % 30 % 100 % 0 GB 14 GB
Textaufgabe	Frau Meyer geht einkaufen. Sie bezahlt für ein Sportgerät 450 €. Sie bekommt einen Rabatt von 10 %. Wie hoch war der alte Preis?

gesucht, da dieses Format die höchste Alltagsnähe aufweist und bei diesem Format die Möglichkeit besteht vor der expliziten Einführung der Prozentrechnung bereits korrekte Bearbeitungen zu erhalten. Der Prätest umfasst 3 Items. Aufgrund der geringen maximalen Punktzahl von nur 6 Punkten zeigt der Test naturgemäß keine hohe interne Konsistenz (in der Stichprobe dieser Studie Cronbachs $\alpha =$ 0.52). Dies hängt auch mit vielen ausgelassenen Bearbeitungen (64 % unbearbeitete *entkleidete* Aufgaben, *53 %* unbearbeitete *graphisch gestützte* Aufgaben und *74 %* unbearbeitete *Textaufgaben*) zusammen, die plausibel ist, da die Erhebung im Sinne eines Prätests vor der zugehörigen Unterrichtseinheit angesetzt wurde. Weitere Leistungswerte wurden nicht erfasst.

Operationalisierung des Lernzuwachses
Auch wenn Prä- und Posttest nicht identisch sind, sondern der Prätest nur Teilbereiche erfasst, lässt sich der Lernzuwachs operationalisieren als Differenz aus den erfolgreich bearbeiteten Aufgaben des Posttests und des durch den Prätest erfassten Vorwissens zu Prozenten. Dies ist eine vereinfachte Modellierung des Lernzuwachses als Differenz aus dem, was vor und nach der Unterrichtseinheit korrekt bearbeitet werden konnte. Hierbei wird von der Annahme ausgegangen (analog zu Theyßen 2014), dass die Lernenden ohne Unterricht zu Prozenten noch keine komplexen Textaufgaben aus diesem mathematischen Bereich bearbeiten können. Da der Inhalt des Nachtests den Inhalten der Interventionsstudie entspricht, wäre eine vollständige Erfassung vor der Unterrichtseinheit frustrierend, hätte das Erleben der Intervention negativ beeinflusst und hätte keine weiteren Ergebnisse geliefert. Darüber hinaus wurde durch einen gekürzten Vortest der Wiedererkennungswert im Nachtest reduziert, um Effekte der Testwiederholung entgegenzuwirken (Theißen 2014). Der reduzierte Test zu Vorwissen zu Prozenten hat somit einen größeren Mehrgewinn für die Intervention, als ein vollständiger Vortest, da er reicht, um den Lernzuwachs zu bestimmen, und die Durchführungsqualität des Nachtests verbessert.

6.4 Methoden der Datenauswertung

6.4.1 Rating der Videos mit dem Erfassungsinstrument L-TRU

Segmentierung der Videos
Zur Erfassung der Unterrichtsqualität wurde das adaptierte Instrument L-TRU genutzt, das in Kapitel 5 ausführlich vorgestellt wurde. Jede Unterrichtsstunde

wurde entsprechend ihrer Sozialformen Plenum, Einzelarbeit, Gruppenarbeit und Lernendenvortrag (Schoenfeld 2017b) in ihre Abschnitte eingeteilt und anschließend wurden Segmente à fünf Minuten gebildet. Die Einteilung in Segmenten ermöglicht eine kleinschrittige Betrachtung des Unterrichts. Eine ganzheitlichere Betrachtung des Unterrichts könnte dafür sorgen, dass einzelne besonders herausragende Momente oder Entscheidungen, die nicht den Intentionen des Materials entsprechen, starken Einfluss auf die Gesamteinschätzung der Unterrichtseinheit hätten. Die Länge von fünf Minuten folgt der Empfehlung des MQI (Learning Mathematics for Teaching Project 2010), bei dem festgestellt wurde, dass die meisten Aktionen im Mathematikunterricht etwa 10–15 Minuten umfassen und selbst diese schon ungenau beschrieben werden, wenn sie zusammengefasst werden. Daher wurde für diese Datenauswertung mit L-TRU entschieden, die Segmentierung von MQI in Segmente von maximal fünf Minuten zu übernehmen.

Nach der Einteilung der Segmente wurden das Codier-Manual und die Unterrichtsvideos in randomisierter Reihenfolge an trainierte Rater und Raterinnen weitergegeben, wobei ein Drittel der Videodaten doppelt codiert wurde und hierbei eine durchschnittliche Übereinstimmung von 78 % festzustellen war, wie in Abschnitt 7.5 genauer berichtet wird.

Operationalisierung in Fließschemata

Zur Operationalisierung (vorgestellt in Kapitel 5) wurden die Dimensionen grob vereinfacht idealisiert, wobei Niveau 1 als Erreichen eines guten Standards und Niveau 2 als elaborierte Ausprägung der Dimensionen beschrieben werden kann. Anhand des Codier-Manuals schätzten die Rater bzw. Raterinnen jedes Segment in jeder der sieben Dimensionen mit Niveau 0, 1 oder 2 ein.

Um eine Reliabilität der Einschätzungen zu erzielen, wurde für jede Dimension ein Fließschema entwickelt, dass die Einordnung und Operationalisierung der einzelnen Dimensionen auf eine Aneinanderreihung von Ja-Nein-Entscheidungen reduziert (s. Abb. 6.13 für ein Beispiel). Der Einstiegsindikator (oder wie hier im Beispiel zwei Indikatoren) erfasst, inwieweit die Qualitätsdimension überhaupt berücksichtigt ist. Für das Beispiel der Dimension *Zugang für Alle* gelten als Indikatoren zum einen, dass der Unterricht so häufig unterbrochen werden muss, dass kein Unterricht mehr möglich ist und zum anderen, dass die Lernenden überhaupt beteiligt sind. Diese beiden Indikatoren reduzieren die Einordnung der Dimension auf kurze Beobachtungen, die die Erfassung beschleunigt.

Falls es weder zu viele Störungen noch eine substantielle Nichtbeteiligung gibt, wird überprüft, ob die Lernenden tatsächlich mathematische Tätigkeiten ausführen. Diese Zwischensicherung steht für positive Indikatoren für mindestens

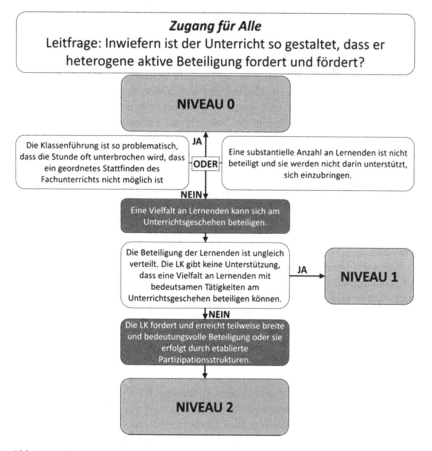

Abb. 6.13 Fließschema für die Beispieldimension Zugang für Alle (weiter vorgestellt in Kapitel 7)

Niveau 1, falls dem Fließschema bis zu dem entsprechenden Punkt gefolgt wurde. Falls der Zwischensicherung widersprochen wird, soll der Durchlauf neu gestartet werden, bis eine eindeutige Entscheidung getroffen werden kann. Falls wiederholt die Zwischensicherung erreicht und dieser widersprochen wurde, wurden die Segmente im Rating-Team betrachtet und diskutiert. Gegebenenfalls wurden die

Operationalisierung der Niveaus und das Fließschema sowie die bereits analysierten Videos angepasst, bis eine trennscharfe Einteilung für alle Raterinnen und
Rater möglich war.

Überprüfung der Kriteriumsvalidität und Interraterreliabilität des Ratings
Als Bedingung für die Auswertbarkeit der Videodaten muss sichergestellt werden, dass die Raterinnen und Rater vergleichbare Werte festgehalten haben.
Hierfür wird in diesem Abschnitt die Validität und Interraterreliabilität der gera-
teten Videomaterialien vorgestellt. Der Rechtfertigung der inhaltlichen Validität,
bestätigt durch qualitativen Abgleich mit einem Expertenrating, der Operationalisierung der Niveaus wird in dieser Arbeit ein eigenes Kapitel eingeräumt:
In Kapitel 7 wird die konkrete Bedeutung der Niveaus 0,1 und 2 jeweils an
Fallbeispielen erläutert. Dazu werden die verwendeten Fließschemata für jede
Dimension im Einzelnen vorgestellt und es wird aufgezeigt, wie durch sie
die subtilen Qualitätsunterschiede in den einzelnen Dimensionen erfasst werden
können.

Insgesamt wurden zwei Drittel des Datensatzes mehrfach analysiert (Prediger & Neugebauer 2021b). Zur Erhebung der Reliabilität des Erfassungsinstruments wurde über ein Drittel der Videomaterialien unabhängig mit dem stabilen
Fließschemata bearbeitet und auf dieser Basis die Interrater-Reliabilität bestimmt.
Die Werte werden in Abschnitt 7.5 berichtet.

*Von der Einschätzung der Einzelsegmente zu zusammenfassenden Graden von
Unterrichtsqualität*
Nach dem Rating lagen für alle Unterrichtsstunden 10–15 maximal fünfminütigen Segmente pro Dimension eine Niveaueinschätzung vor. Diese wurden in den
einzelnen Dimensionen unterschiedlich häufig verteilt, wie Abb. 6.14 zeigt.

Für die Weiterverarbeitung mit einer zeitabhängigen metrischen Variablen für
die jeweilige Stunde (s. u.) wurden die Einschätzungen so dichotomisiert in Qua-
litätseinschätzungen im hochwertigen/niedrigen Bereich, dass jeweils mehr als
14 % der Segmente in beiden Bereichen liegen (angedeutet durch den schwarzen
Strich in Abb. 6.14). Die Dimensionen Mathematische Reichhaltigkeit, Kognitive
Aktivierung und Zugang für Alle wurden zwischen Niveau 1 und 2 aufgeteilt
und die verbleibenden Dimensionen zwischen Niveau 0 und 1, um zu gewährleisten, dass die zu betrachtenden Teilgruppen substanzielle Anzahlen aufweisen,
um gezielte Aussagen treffen zu können (siehe Neugebauer & Prediger eingereicht für eine genauere Begründung der Einteilung und Bestimmung der
Zusammenhänge zwischen diesen dichotomisierten Bereichen).

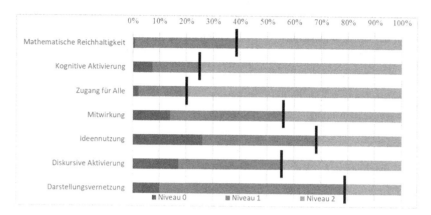

Abb. 6.14 Verteilung der maximal fünfminütigen Segmente über die drei Niveaus (durch schwarzen Strich dichotomisiert in hochwertigen/niedrigen Bereich) (aus Neugebauer & Prediger eingereicht)

Mithilfe der Dichotomisierung wurde nun die reichhaltige Verlaufsinformation mit Ratings pro Segment für jede der sieben Dimensionen in einen Qualitätsgrad zusammengefasst, um pro Unterrichtsstunde jeweils sieben metrische Variablen in die statistische Auswertung einspeisen zu können. Der Qualitätsgrad zu einer LTRU-Dimension gibt jeweils gibt den Zeitanteil (in Prozent) an, wie lange in der Stunde bzgl. dieser Dimension im hochwertigen Bereich gearbeitet wurde. Die Qualitätsgrade sind somit metrische Variablen mit Werten zwischen 0 und 1 (0 % und 100 %).

Tabelle 6.6 zeigt die Mittelwerte der jeweiligen Anteile, sowie deren Varianz. Die Spannweite der Mittelwerte (m zwischen 0,21 und 0,82 stehen für 21 % der Zeit bis 82 % der Zeit) zeigt die unterschiedlichen Einordnungen der Dimensionen. Dabei liegt die Spannweite der Standardabweichungen (SD) zwischen 0.20 und 0.28, sodass die Streuung der Dimensionen jeweils in derselben Größenordnung liegt, sodass sie die Berechnungen nicht verzerren.

Tabelle 6.6 Qualitätsgrade in sieben LTRU-Dimensionen und mittlere Werte in 18 Klassen

Grad der sieben Dimensionen	Grad definiert als Zeitanteil der Segmente im dichotomisiert hochwertigen Bereich an Time-on-Task	Grad m (SD)
...*Mathematische Reichhaltigkeit*	Niveau 2	0,46 (0,26)
... *Kognitive Aktivierung*	Niveau 2	0,67 (0,28)
... *Zugang für Alle*	Niveau 2	0,82 (0,21)
... *Mitwirkung*	Niveau 1 oder 2	0,44 (0,21)
... *Ideennutzung*	Niveau 1 oder 2	0,32 (0,26)
... *Diskursive Aktivierung*	Niveau 1 oder 2	0,26 (0,26)
... *Darstellungsvernetzung*	Niveau 1 oder 2	0,21 (0,20)

6.4.2 Statistische Auswertung der Daten im Mehrebenenmodell und Interpretation der Daten

Für diese Arbeit werden zur statistischen Datenanalyse Mehrebenenanalysen herangezogen. Sie ermöglichen die Betrachtung von komplexen genesteten Strukturen, die das Forschungsdesign an sich inne hat durch die Erfassung mehrerer Lernender, die jeweils einer Lehrkraft zugeordnet werden. Eine genestete Struktur beschreibt hierbei die Zuordnung einzelner Datenelemente zu unterschiedlichen Teilgruppen oder Nestern.

Eine Mehrebenenstruktur liegt vor, wenn betrachtete Individuen zusammen in einer sozialen Einheit agieren, diese können wiederum Teil einer übergeordneten Struktur sein. Diese sozialen Einheiten haben spezifische Rahmenbedingungen durch den jeweiligen Kontext und beeinflussen das Erleben und Verhalten auf der Individualebene. Würden nur die Effekte auf Individualebene betrachtet, würde die Abhängigkeit der Zuordnung auf Gruppenebene ignoriert werden. Es ist davon auszugehen, dass die Effekte auf Individualebene auch abhängig von Ereignissen oder Effekten auf der Gruppenebene sind.

Die Ausprägungen der Effekte auf der Individualebene (genannt Level 1) oder konkret der Lernenden unterscheiden sich zwangsläufig untereinander. Betrachtet man die Mittelwerte der Effekte und Ausprägungen, weisen diese entsprechend eine Varianz auf. Diese Varianz wird im Mehrebenenmodell aufgeteilt: die Varianz lässt sich einerseits durch die Unterscheidungen innerhalb der sozialen Gruppe, der Zuordnung zu einer Klasse bzw. Lehrkraft auf Level 2 zurückführen oder den Unterscheidungen innerhalb dieser Gruppe. Im Kern zerlegt das

Mehrebenenmodell die auftretenden Variationen der Beobachtungen also in jene, die auf die Unterschiede der Individuen einer Gruppe zurückzuführen sind und in jene, die auf die unterschiedlichen Gruppen zurückzuführen sind, in denen die Individuen eingeordnet sind. Für das Forschungsfeld Schule bedeutet dies in der Regel, dass Unterschiede zwischen Klassen als Varianz zwischen den sozialen Einheiten erfasst werden, und Differenzen innerhalb einer Klasse als Varianz der Effekte bestimmter individueller Vorrausetzungen der Lernenden. Die Aufteilung der Varianz ermöglicht es also, Effekte auf die Lernzuwächse, auf den Effekt der Gruppenzugehörigkeit oder dem der individuellen Voraussetzungen der Lernenden zurückzuführen.

Der Vorteil in der Mehrebenenstruktur liegt darin, dass durch diese der Standardfehler nicht verzerrt präsentiert wird, wie es bei einer einfachen linearen Regression der Fall wäre. Durch die Nutzung der Mehrebenenstruktur wird der Verzerrung entgegengewirkt, dass kriterial starke Lernende im sozialen Vergleich in schwächeren Klassen stärker wirken und andersherum. Es wird auch ein Standardfehlerbias vermieden, der den Standardfehler zu gering schätzt (Geiser 2010). Verhindert werden Übertragungsfehler von der Gruppenebene auf die Individualebene oder umgekehrt, so dass die Individuen im Kontext gesehen werden und durch die Aufstellung eines Modells Aussagen über die Heterogenität getroffen werden kann, die bei der isolierten Betrachtung von Gesamtdurchschnitten verloren ginge (Hox et al. 2018).

Wird im Falle einer hierarchischen Struktur, wie in dieser Arbeit vorliegend, kein hierarchisches Modell aufgestellt, könnten statistische Fehlschlüsse auftreten. Ökologische Fehlschlüsse sind solche, die Durchschnittswerte der Gruppe auf das Individuum übertragen, atomistische Fehlschlüsse solche, die Erfahrungen des einzelnen auf die Gruppe übertragen (Hox et al. 2018). Ein Fehler auf der Wechselwirkungsebene könnte sein, dass ein Lernender (Level 1) in seiner Klasse (Level 2) den höchsten Lernzuwachs hat, aber da dieser in einer schwächeren Klasse war, im Gesamtvergleich unterdurchschnittlich viel Lernzuwachs hat. So kann eine einzelne Person einen positiven Effekt, aber auf Klassenebene einen negativen Effekt haben. Schlichte Aggregation der Variablen der unteren Ebene und Übertragung dieser auf die übergeordnete Ebene würde zu einem Verlust von statistischer Aussagekraft in Form der Effektstärke und Varianz führen, da durch eine Mittelwertbildung die Verteilung verloren gehen würde. Umgekehrt kann die Disaggregation der Übertragung der oberen Ebene auf die untere Ebene zu einer künstlichen Erhöhung der statistischen Aussagekraft führen und die sozialen Einheiten und deren Unterschiede nicht mehr berücksichtigen, was zu einer Unterscheidung der Freiheitsgrade auf unterschiedlichen Ebenen führen würde. Durch Mehrebenenanalysen ist es dagegen möglich, die hierarchische Struktur der

Daten zu berücksichtigen und jeweiligen Einflussparameter zu bestimmen. Fehlschlüsse können vermieden werden, indem die sozialen Kontexte berücksichtigt werden (Hox et al. 2018).

Ausgangslage für ein Modell, dass die hierarchische Struktur beschreibt, ist das Null-Modell, empty model, leeres Modell oder Intercept-Only-Model (Geiser 2010). Unterschieden werden der „fixed effect", der die Varianz innerhalb einer Gruppe beschreibt, und die „random effects", die durch die Varianz zwischen unterschiedlichen Gruppen zu erklären sind. Dies stellt den einfachsten Fall dar und ermöglicht die Bestimmung des intraclass correlation coefficients (ICC). Der ICC erklärt, wie viel der Gesamtvarianz durch die unterschiedliche Zugehörigkeit auf Level 2 erklärt wird (Snijders & Bosker 2012). Falls keine Unterscheidung auf diesem Level vorhanden ist, ist kein hierarchisches Modell nötig und eine einfache lineare Regression genügt, um die Zusammenhänge zu beschreiben, wovon bei der vorliegenden Studie nicht ausgegangen werden kann, weil alle Teilgruppen unterschiedliche Lehrkräfte aufweisen. Als hinreichend großer ICC-Wert, der eine Mehrebenenanalyse rechtfertigt und eine statistische Voraussetzung ist, sollte eine Größenordnung von größer als 0.1 angesetzt werden (Maas & Hox 2005), also mindestens 10 % der Gesamtvarianz. Durch die genestete Datenstruktur kann der Einfluss der sozialen Einheit bzw. des Kontexts (im konkreten Fall die Klassenzugehörigkeit) quantifiziert werden. Die Gesamtvarianz wird in die ICC zerlegt, indem die Varianz innerhalb einer Gruppe anteilig an der Varianz innerhalb und zwischen den Gruppen bestimmt wird:

$$ICC := \frac{\sigma_{u_0}^2}{\sigma_{u_0}^2 + \sigma_e^2} \tag{6.1}$$

$$ICC := \frac{Varianz_{Level1}}{Varianz_{Level1} + Varianz_{Level2}} \tag{6.2}$$

Das Null-Modell stellt das einfachste der Random-Intercept-Modelle dar und hilft zu rechtfertigen, ob weitere hierarchische Modelle nötig sind. Allgemein beschreiben die Random-Intercept-Modelle (1) die durchschnittliche Ausprägung, in der aufeinanderfolgende Ebenen voneinander variieren. Konkreter ist durch die Betrachtung der niedrigsten beiden Levels (2) die Erklärung der anteiligen Varianz der Individualebene an der Varianz zu erklären, die durch Individualebene (Level 1) und Gruppenebene (Level 2) zu erklären ist. Diese Random-Intercept-Modelle eignen sich besonders dafür, um die Unterschiede zwischen unterschiedlichen Level 2 Einordnungen, in diesem Fall der Zugehörigkeit zu Klassen, zu beschreiben (Hox et al. 2018).

Nach der Aufstellung des Null-Modells lässt sich das Modell mit Prädiktor-
variablen von Level 1 und Level 2 erweitern. Random-Intercept-Modelle werden
gewählt, wenn es sich bei der Datenerhebung um eine Zufallsstichprobe handelt
(Snijders & Bosker 2012), dies ist hier nicht der Fall, da zwar die Zuweisung der
Lehrkräfte zur Interventionsgruppe randomisiert erfolgte, aber die Teilnahme der
Interventionsgruppenlehrkräfte an der Videographie der Qualitätsstudie generell
auf Freiwilligkeit beruhte. Darüber hinaus gilt für eine geringe Gruppenzahl die
Konvention, dass die Gruppenzugehörigkeitseffekte als fixed angesetzt werden
kann (Erickson 2019). Somit muss aufgrund der Art der Auswahl der erfassten
Daten (die Vollerfassung und kein Sampling der Gesamtgruppe) und der Grup-
pengröße ein Modell mit fixed intercept gewählt werden, welches sich durch die
Gleichung
$Y_{ij} = \beta_0 + \beta_{1j} X_{1ij} + \ldots + \beta_{nj} X_{nij} + e_{ij}$ ausdrücken lässt, wobei Y_{ij} das Ergebnis ist, in diesem Fall der Nachtest, so dass unter Kontrolle des Vorwissens der
Lernzuwachs erfasst wird. Hierbei ist β_0 der durchschnittliche Intercept, der die
durchschnittliche Nachtestergebnisse unabhängig von den sonstigen Ausgangslagen beschreibt. Darüber hinaus erfasst die Gleichung die Residuen e_{ij} und die
gruppenabhängigen Variablen, die die Abweichung von Mittelwert darlegen.
    Die sogenannten Fixed-Slope-Modelle setzen die Effekte der Level 1 Prädik-
toren als konstant über alle Level 2 Einheiten voraus. Da die gesamten Daten
codiert wurden, ist es nicht nötig, durch die Modelle Rückschlüsse auf die
Gesamtstichprobe ziehen zu wollen. Stattdessen ist es möglich, die Effekte der
einzelnen Klassenzugehörigkeiten auf den jeweiligen Lernzuwachs zu erklären,
was für Fixed Effects spricht (Erickson 2019). Für Fixed Effects ist eine Faustre-
gel, dass jeweils mindestens 10–20 Beobachtungen je Prädiktor gebraucht werden
(Erickson 2019). Je Klasse liegen etwa 10–20 Lernende vor, die Stichproben-
größe umfasst 18 Klassen und durch die analytische Trennung in fünf Minuten
Segmente ist auch je Unterrichtseinheit jeweils jede Dimension 10–20-mal geratet. Bei einem Fixed-Slope-Modell liegen Prädiktoren auf Level 2 vor, bei denen
davon ausgegangen wird, dass sie einen durchschnittlich gleichbleibenden (fixed)
Effekt auf den Lernzuwachs haben und sich diese Effekte auch über mehrere
Klassen konstant halten. So muss beispielsweise davon ausgegangen werden, dass
etablierte Größen, wie die *Kognitive Aktivierung* (Abschnitte 3.2, 3.3 & 4.2.2)
einen konstant positiven Effekt über alle Klassen hinweg haben.
    In unserem Datensatz unterscheiden sich die Nachtestergebnisse der Klas-
sen deutlich, der ICC von 0.3 (Neugebauer & Prediger eingereicht) bedeutet,
dass 30 % der Varianz durch die Klassenzugehörigkeit bestimmt ist. Innerhalb
der Klassen sind die Effekte der Qualitätsdimensionen dagegen gleichbleibend.

Betrachtet man beispielsweise die Nachtestergebnisse unter Kontrolle des mathematischen Vorwissens, wäre zu erwarten, dass die Steigung, die den Effekt
der *Kognitiven Aktivierung* beschreibt, in unterschiedlichen Klassen gleich ist.
Mittels Fixed-Slopes trifft man allerdings die zusätzliche Annahme, dass die Steigung der jeweiligen Regressionsgeraden der Lernenden dieselbe Steigung hat.
Eine Regressionsgerade durch alle Datensätze würde nicht die Gruppenstruktur der Daten berücksichtigen und somit zu einem atomistischen Fehlschluss
führen, da die Effekte auf Individualebene ohne Kontrolle der Struktur auf die
Gesamtgruppe übertragen werden. Klassenweise lassen sich lokale Aussagen
treffen. Dies ermöglicht die Lernzuwächse der Lernenden unter Kontrolle der
Gruppenstruktur, unterschiedlicher Gruppenvoraussetzungen und ihrer Klassenzugehörigkeit zu beschreiben. Hierzu liefert die durchschnittliche Regressionsgerade
für alle Fälle, die durchschnittlichen Effekte der Lokalaussagen. Durch diese Kontrolle und Modellierung können Aussagen über den Effekt der Unterrichtsqualität
gemacht werden. Nur eine Regression über alle Daten anzuwenden, würde sugge-
rieren, dass die Daten eine globale Aussage tätigen könnten, für die sie allerdings
nicht geeignet sind (Hox et al. 2018).

Durch die ausgleichende Gerade aller Fälle wird sichergestellt, dass Level 2
Prädiktoren nicht fälschlicherweise genutzt werden, um Aussagen, Beobachtun-
gen und Effekte auf Level 1 direkt zu beeinflussen, sondern durchschnittliche
Effekte auf Level 1, also z. B. einen Effekt der kognitiven Aktivierung in der
Klasse auf den durchschnittlichen Lernzuwachs, aber nicht den individuellen
Lernzuwächsen.

Auf Grund der Größe der vorliegenden Stichprobe muss ein Fixed- Slope-
Modell angelegt werden, da ein Random-Slope-Modell die zusätzliche Annahme
stellen würde, dass die Daten unabhängig gleichverteilt sind und sämtliche zufäl-
ligen Effekte durch nicht beschriebene und besonders gleiche Mechanismen
erklärt werden würde (Snijders und Bosker 2012). Es ist zwar möglich, dass
zufällige Effekte durch nicht erfasste oder beschriebene Mechanismen beschrieben werden, da auch kein Erfassungsinstrument als absolut angesehen werden
kann (Abschnitt 3.3), aber es ist nicht davon auszugehen, dass ein großer und
einflussreicher didaktischer Aspekt die Erklärung liefert, der bisher unerkannt
geblieben ist (Schoenfeld 2015).

Für n Prädiktoren $X_{1ij}, \ldots, X_{nij}$ und deren n Koeffizienten $\beta_{1j}, \ldots, \beta_{nj}$ für
i Individuen (Level 1) in j Gruppen (Level 2) für die Ausprägung Y_{ij} und den
verbleibenden Fehlerterm e_{ij} und entsprechend dem Random-Slope-Modell mit
dem festen und interpretierbaren Intercept β_0

$$Y_{ij} = \beta_0 + \beta_{1j} X_{1ij} + \ldots + \beta_{nj} X_{nij} + e_{ij} \qquad (6.3)$$

Der Intercept liefert damit den zu erwartenden abhängigen Effekt auf der Individualebene, der durch einen durchschnittlichen Wert der unabhängigen Variablen beeinflusst worden wäre (Geiser 2010).

Geht man davon aus, dass wir keine Dummy-Variablen als erklärende Variablen für X aufnehmen, stellt der Intercept des Fixed-Slope-Models die Ausgangslage der Beobachtung Y an, wenn alle erklärenden Variablen 0 seien. Konkret liefert das Fixed-Slope-Model somit das Nachtestergebnis, das mindestens vorliegt, unabhängig von den Ausgangslagen der Lernenden oder der Qualität des Unterrichts. Jede Erhöhung einer der Prädiktoren $X_{1ij}, \dots, X_{nij}$ um 1 erhöht den erwarteten Wert von Y_{ij} um den korrespondierenden Koeffizienten $\beta_{1j}, \dots, \beta_{nj}$.

Konkret ist Ziel dieser Arbeit, mit solchen Modellen den Lernzuwachs der Lernenden zu beschreiben, wobei es erklärende Variablen auf Level 1 gibt, die die Voraussetzungen der Lernenden beschreiben, und Level 2 Variablen zur Umsetzung der Lehrkraft im Unterrichtsverlauf. Allgemein für k Voraussetzungsprädiktoren und l Unterrichtsqualitätsdimensionen hieße das

$$
\begin{aligned}
Nachtest_{ij} = {} & \beta_0 + \beta_{1j} Voraussetzung_{1ij} + \dots + \beta_{kj} Voraussetzung_{kij} + \\
& \beta_{(k+1)j} Qualitätsgrad_{1ij} + \dots + \beta_{(k+l)j} Qualitätsgrad_{lij} + e_{ij}
\end{aligned}
\tag{6.4}
$$

Der Fehlerterm e_{ij} besteht unabhängig vom Modell weiterhin, egal wie viele Prädiktoren man erfassen oder operationalisieren würde, da kein Modell die Realität vollständig perfekt abbilden kann. Dieser Fehlerterm erfasst die Unterschiede zwischen den Lernzuwächsen der Lernenden, die nicht durch das Modell abgedeckt werden (Geiser 2010). Modelle ermöglichen es, Varianzen in Beobachtungen auf Einflussvariablen auf unterschiedlichen Levels zurückzuführen. Wenn durch ein Modell 40 % der Varianz erklärt werden kann, ist dies ein sehr hoher Wert (Snijders & Bosker 2012). Es gibt auch nicht **das eine Modell**, das die Situation einer spezifischen Erhebung perfekt abbildet, sondern es ist davon auszugehen, dass es mehrere Möglichkeiten gibt, die auf Varianzerklärungen im selben Ausmaß kommen. Wenn sich Modelle um 5 % in ihrer Varianzerklärung unterscheiden, ist davon auszugehen, dass die ergänzten oder veränderten Prädiktoren in dem Modell nötig sind für eine gute Modellierung (Snijders und Bosker 2012).

Die Varianzerklärung wird durch das Pseudomaß R^2 erfasst, für das es unterschiedliche Annäherungen gibt (LaHuis et al. 2014). Zur Bestimmung sei für diese Arbeit der Empfehlung von LaHuis et al. (2014) gefolgt, für R^2 die ordinary least square (OLS) Regression anzusetzen, da es sich besonders für den Fokus auf die gesamte zu erklärende Varianz anbietet und zu den Annäherungen mit den niedrigsten Standardfehlern bzw. mit einem vertretbaren Bias gehört und aufgrund der Definition keine negativen Werte liefert (LaHuis et al. 2014):

$$R^2(OLS) = \frac{var\left(\hat{Y}_i\right)}{var\left(\hat{Y}_i\right) + \sigma^2} \tag{6.5}$$

Dies stellt eine intuitiv gut verständliche und leicht zu berechnende Annäherung für das Pseudomaß R^2 dar. Die Varianz der Regressionen wird aufgeteilt in die Varianz der vorhergesagten Effekte $\hat{Y}_i$ und der Varianz der Residuen. Der vorhergesagte Effekt ist hierbei die Summe aus dem Intercept und den Produkten standardisierter Regressionskoeffizienten der jeweiligen erklärenden Variablen (LaHuis et al. 2014).

Ein entsprechendes Modell hat neben dem Intercept Variablen auf L1 und auf L2. Variablen auf L1 beschreiben die jeweils die individuelle Lernausgangslage der Lernenden und die Qualitätsgrade liegen auf L2 als das gemeinsame Treatment, das durch die Lehrkraft bereitgestellt wird. Ein umfassendes Modell, das die konkreten Erhebungen dieser Arbeit berücksichtigen würde, wäre:

$$Nachtest_{ij} = \beta_0 + \beta_{1j} Sprachkompetenz_{ij} + \beta_{2j} BasisMath_{ij} +$$
$$\beta_{3j} Vorwissenprozente_{ij} + \beta_{4j} Qualitätsgrad_{1ij} + \ldots +$$
$$\beta_{(4+l)j} Qualitätsgrad_{lij} + e_{ij} \tag{6.6}$$

wobei $Sprachkompetenz_{ij}$ (Abschnitt 6.2.2) einem ganzzahligen Wert von 1 bis 60 entspricht, $BasisMath_{ij}$ (Abschnitt 6.2.1) einem ganzzahligen Wert von 1 bis 63 und $VorwissenProzente_{ij}$ (Abschnitt 6.3.3) einem ganzzahligen Wert von 0 bis 6 entspricht. Sowohl die Kognitiven Grundfähigkeiten (Abschnitt 6.3.2) als auch der Sozioökonomische Status (Abschnitt 6.3.2) haben sich im Rahmen einer explorativen Betrachtung der Modelle nicht als signifikante Prädiktoren für den konkreten Datensatz gezeigt und werden daher vernachlässigt. Die Qualitätsgrade werden je Dimension jeweils als metrische Variable zwischen 0 und 1 erfasst, die beschreibt, zu welchem Anteil die Dimension über die Unterrichtsstunde der Lernenden jeweils im niedrigen oder hochwertigen Bereich eingeschätzt wird (Abschnitt 6.4.1).

Insgesamt wäre also ein Modell mit Intercept, drei erklärenden Variablen auf Individualebene und sieben Variablen auf Klassenebene denkbar, was insgesamt elf Prädiktoren bedeuten würde. Je geringer die Anzahl der zu analysierenden Daten, desto weniger Prädiktoren ermöglichen eine Verbesserung des Modells, da mehr Effekte dem Fehlerterm zugeschrieben werden müssten. Für den vorliegenden Datensatz bieten sich Modelle mit maximal fünf Prädiktoren an, um alle inhaltlich relevanten Prädiktoren zu erfassen: der Intercept ist durch die Anlage des Modells obligatorisch und die Kontrolle der drei Prädiktoren auf Individualebene unabdingbar, da jeweils die Ausgangslage der Lernenden zu kontrollieren ist. Damit können die Qualitätsgrade nicht in ein gemeinsames Modell aufgenommen werden. Stattdessen bietet es sich an, sieben unterschiedliche Modelle aufzustellen, die für jeden Qualitätsgrad die Prädiktionskraft bei Kontrolle der Ausgangslage angeben. Dies liefert eine Reihe von Modellen, die miteinander verglichen werden können. Hierbei soll geprüft werden, inwiefern die Modelle mit unterschiedlichen Qualitätsdimensionen aussagekräftige Modellierungen der Situation ergeben. Durch den Modellvergleich kann kontrolliert erfasst werden, welche Unterrichtsqualitätsdimensionen welchen Einfluss auf die Lernzuwächse haben. Folgende Modelle werden im Ergebnisteil näher bestimmt:

$$Nachtest_{ij} = \beta_0 + \beta_{1j} Sprachkompetenz_{ij}$$
$$+ \beta_{2j} Mathematische Basiskompetenz_{ij}$$
$$+ \beta_{3j} Vorwissenprozente_{ij}$$
$$+ \beta_{4j} Mathematische Reichhaltigkeit_{ij} + e_{ij} \qquad (6.7)$$

$$Nachtest_{ij} = \beta_0 + \beta_{1j} Sprachkompetenz_{ij}$$
$$+ \beta_{2j} Mathematische Basiskompetenz_{ij}$$
$$+ \beta_{3j} Vorwissenprozente_{ij}$$
$$+ \beta_{5j} Kognitive Aktivierung_{ij} + e_{ij} \qquad (6.8)$$

$$Nachtest_{ij} = \beta_0 + \beta_{1j} Sprachkompetenz_{ij}$$
$$+ \beta_{2j} B Mathematische Basiskompetenz_{ij}$$
$$+ \beta_{3j} Vorwissenprozente_{ij}$$
$$+ \beta_{6j} Zugang für Alle + e_{ij} \qquad (6.9)$$

$$Nachtest_{ij} = \beta_0 + \beta_{1j} Sprachkompetenz_{ij}$$
$$+ \beta_{2j} Mathematische Basiskompetenz_{ij}$$
$$+ \beta_{3j} Vorwissenprozente_{ij}$$
$$+ \beta_{7j} Mitwirkung_{ij} + e_{ij} \qquad (6.10)$$

$$Nachtest_{ij} = \beta_0 + \beta_{1j} Sprachkompetenz_{ij}$$
$$+ \beta_{2j} Mathematische Basiskompetenz_{ij}$$
$$+ \beta_{3j} Vorwissenprozente_{ij}$$
$$+ \beta_{8j} Ideennutzung_{ij} + e_{ij} \qquad (6.11)$$

$$Nachtest_{ij} = \beta_0 + \beta_{1j} Sprachkompetenz_{ij}$$
$$+ \beta_{2j} Mathematische Basiskompetenz_{ij}$$
$$+ \beta_{3j} Vorwissenprozente_{ij}$$
$$+ \beta_{9j} Diskursive Aktivierung_{ij} + e_{ij} \qquad (6.12)$$

$$Nachtest_{ij} = \beta_0 + \beta_{1j} Sprachkompetenz_{ij}$$
$$+ \beta_{2j} Mathematische Basiskompetenz_{ij}$$
$$+ \beta_{3j} Vorwissenprozente_{ij}$$
$$+ \beta_{10j} Darstellungsvernetzung_{ij} + e_{ij} \qquad (6.13)$$

Zur Beschreibung und Deutung der entstehenden Modelle werden einerseits der Intercept β_0 und die bestimmten Koeffizienten $\beta_{1j}, \ldots, \beta_{10j}$ auf Signifikanz getestet, ob der Einfluss des Koeffizienten als Zufallsergebnis oder tatsächlicher Einfluss gedeutet werden kann. Andererseits wird das Pseudomaß R^2 bestimmt, um darzulegen, wie viel der Varianz auf der Individualebene und der Klassenebene jeweils erklärt wird.

Das Pseudomaß R^2 liefert eine Annäherung für die erklärte Varianz und bewegt sich daher zwischen 0 und 1 und liefert, jeweils welchen Anteil ein Modell auf Level 1 und Level 2 erklären kann. Wie sich in Kapitel 9 dargestellt werden wird, bestätigen die konkreten Werte von R^2 für verschiedene Modelle die Entscheidung, die erklärenden Variablen auf Unterrichtsebene getrennt zu betrachten, da das Modell mit allen Dimensionen nicht mehr Erklärungskraft hat als die einzelnen. Für eine vereinfachte Interpretation der erklärten Varianz werden alle Koeffizienten standardisiert. Hierzu werden nicht die konkreten Testergebnisse betrachtet, sondern die anteiligen Punktzahlen fließen in die Modelle ein.

Der Intercept β_0 stellt den Lernzuwachs dar, den die Lernenden unabhängig von ihren individuellen Voraussetzungen und der Umsetzung der Lehrkraft im Unterrichtsverlauf durchschnittlich erfahren haben. Die Koeffizienten

$\beta_{1j}, \ldots, \beta_{3j}$ beschreiben, inwieweit Sprachkompetenz, mathematische Basis-kompetenz oder das Vorwissen zu Prozenten den Lernzuwachs erhöhen und die Koeffizienten $\beta_{4j}, \ldots, \beta_{10j}$ beziehen sich auf den Impact der jeweiligen Qualitätsdimension. In Kapitel 9 werden die so entstehenden Modelle und ihre entsprechenden β-Werte vorgestellt und auf ihre Güte geprüft, d. h. untersucht, wie viel Varianz jeweils erklärt werden kann. Dabei kann ab einem Wert von 40 % von einem sehr hohen Anteil an Varianzaufklärung gesprochen werden (Snijders & Bosker 2012). Anschließend werden die Modelle für die Fragestellung interpretiert.

Zur Berechnung in R werden Befehle aus folgenden Packages verwendet:

- für die Varianzaufklärung das performance-Package, für Darstellungen das ggplot2-Package (Wickham et al. 2016),
- für die Signifikanzen das mediation-Package (Tingley et al. 2019),
- für die ICC-Berechnung das psychometric-Package (Fletscher 2010),
- für die deskriptive Beschreibung von Daten das multilevel-Package (Bliese 2016),
- für die Darstellung in Tabellenform das texreg-Package (Leifeld & Zucca 2020)
- für den Vergleich unterschiedlicher Modelle das stats-package (R Core Team and contributors worldwide 2020) und
- für das explorative Erkunden und Darstellen der Ergebnisse das sjPlot-Package (Lüdecke et al. 2020).

Mithilfe der aufgestellten theoretischen Modelle zur Beschreibung möglicher Prädiktoren für den Lernzuwachs der Lernenden in der Unterrichtsqualitätsstu-die aufgestellt wurden, können die Lernzuwächse (Abschnitt 6.3.1) nun unter Kontrolle der Voraussetzungen der Lernenden (Abschnitt 6.3.2) hinsichtlich der Effektstärken der erfassten Qualitätsdimensionen (Abschnitt 6.4.1) konkret bestimmt werden. Dies ermöglicht die Adressierung der Fragestellungen *F2* und *F3* in Kapitel 9.

Zuvor wird jedoch illustriert, was die Bewertung einer Dimension konkret im Unterricht bedeutet.

Beschreibungspotentiale der L-TRU-Dimensionen

7

Wie bereits in Kapitel 5 erläutert, erfolgte die Adaption des TRU-Frameworks von Schoenfeld (2013, 2018) in das (in dieser Arbeit im Detail untersuchte) Erfassungsinstrument L-TRU (Prediger & Neugebauer 2021b) in zwei Schritten:

- Zunächst wurden die bestehenden fünf Dimensionen des L-TRU um Aspekte und das Erfassungsinstrument an sich um zwei weitere Dimensionen für sprachbildenden Unterricht ergänzt.
- Zudem sollte es aussagekräftig werden für die im Projekt erhobenen Videodaten (aus 26 gefilmten Klassen, hiervon 18 mit vollständig erfassten individuellen Lernausgangslagen, mit demselben sprachbildenden Unterrichtsmaterial). Dazu wurden einige Operationalisierungen des ursprünglichen Erfassungsinstruments angepasst.

In diesem Kapitel wird die vorgenommene Operationalisierung der Qualitätsdimensionen des L-TRU anhand von Fallbeispielen von Unterrichtssequenzen illustriert, damit die Niveaueinschätzungen nicht nur theoretisch rückgebunden (Kapitel 5), sondern konkret auf das Unterrichtssetting angepasst sind und die Beschreibungspotentiale aufzeigen. Das Kapitel 7 bearbeitet dazu nun folgende Forschungsfrage:

F1: Inwiefern ist das entwickelte Instrument L-TRU zur Erfassung von Unterrichtsqualität im sprachbildenden Mathematikunterricht kriteriumsvalide und weist Interraterreliabilität auf?

Die Vorstellung des Analysevorgehens in Abschnitt 7.1 und qualitative Konkretisierung liefert Validitätsbelege für Forschungsfrage 1 und eine inhaltliche

P. Neugebauer, *Unterrichtsqualität im sprachbildenden Mathematikunterricht*, Dortmunder Beiträge zur Entwicklung und Erforschung des Mathematikunterrichts 48, https://doi.org/10.1007/978-3-658-36899-9_7

Basis für die Interpretation der quantitativen Analysen in Kapitel 8 bis 10. Zur Sicherung der Reliabilität wurden Fließschemata für das Rating entwickelt, die ebenfalls kurz vorgestellt werden. Beim Vergleich der Szenen wird insbesondere illustriert, inwiefern sich die Dimensionen voneinander abgrenzen lassen, und wie sich Unterrichtsszenen unterscheiden, die in einer Dimension um ein oder zwei Niveaus differieren. Abschnitt 7.5 stellt schließlich die Ergebnisse der statistischen Reliabilitätsprüfung vor.

7.1   Vorstellung des Analysevorgehens beim Rating

Die Illustrationen des Beschreibungspotentials erfolgen anhand von Szenen von vier Lehrkräften, die jeweils dieselbe Aufgabe im Unterricht behandeln. Die Lehrkräfte zeigen sehr unterschiedliche Praktiken, wie sie mit sprachlichen Ressourcen der Lernenden umgehen, wie sie Darstellungswechsel und -vernetzung anregen und mit diesen umgehen.

Szene 1: Frau Dellwisch und der Umgang mit eigenen Formulierungen

Ausgewählt wurde die Aufgabe 3.3 (siehe Abschnitt 6.2.1, *Stufe II*) aus dem sprachbildenden Unterrichtsmaterial (Abb. 7.1), sie dient der Einführung des Prozentstreifens als Sprachspeicher, nachdem der Downloadbalken als Darstellung aus dem Alltag thematisiert wurde und erste informelle Strategien zur Bearbeitung von Prozentaufgaben besprochen wurden (Abschnitt 6.2.1, *Stufe I*). Die Besprechung der Aufgabe ist eine Schlüsselstelle im sukzessiven Aufbau und der Systematisierung eines gemeinsamen bedeutungsbezogenen Denksprachschatzes (siehe Abschnitt 6.2.1 für einen detaillierten Einblick zu den Funktionen des Streifens und für eine Einbettung der Aufgabe in den gesamten intendierten Lernpfad). Je nach Sequenzierung und Geschwindigkeit der Lehrkraft kommt die Aufgabe in der dritten oder vierten Unterrichtsstunde der Reihe zum Einsatz. Die videographierten Lehrkräfte folgen der Empfehlung aus dem didaktischen Kommentar, die Lernenden zunächst entweder allein, in Kleingruppen oder einer Mischform den Streifen beschriften zu lassen und schließen eine gemeinsame Sammel- und Diskussionsphase an.

Die Lehrerin, die mit dem Namen Frau Dellwisch anonymisiert wurde, lässt die Lernenden in einer etwa zehn-minütigen Einzelarbeitsphase die Begriffe dem Streifen sortieren. In der folgenden Sammelphase lässt sie die Begriffe per Meldekette von den Lernenden zuordnen. Die Sammelphase, die für sie an dieser Stelle beendet ist, schließt sie mit einer Rückfrage, ob noch etwas vergessen worden sei (Zeile 108). Der Schüler Luca will eigene Begriffe einbringen, die die Lehrerin zwar wahrnimmt, aber nicht aufnimmt.

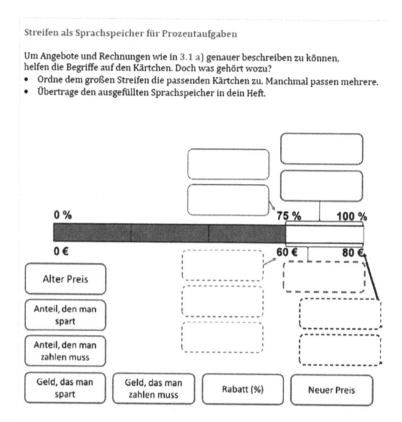

Abb. 7.1 Aufgabe 7 des Unterrichtsmaterials (Pöhler & Prediger 2017)

Diese Szene ist unter allen in dieser Unterrichtsstunde von Frau Dellwisch insgesamt eingeschätzten Segmenten diejenige mit den niedrigsten Ratings. Gemäß der in den Tabellen 5.1.1–5.1.7 vorgestellten Operationalisierung der Dimensionen wurden die *Mathematische Reichhaltigkeit*, die *Kognitive Aktivierung* und der *Zugang für Alle* auf Niveau 1 eingeschätzt, und die *Mitwirkung*, die *Ideennutzung*, die *Diskursive Aktivierung* und die *Darstellungsvernetzung* wurden nur auf Niveau 0 eingeschätzt (Tabelle 7.1).

Tabelle 7.1 Transkript Dellwisch zu Segment 3c und dessen Codierung durch L-TRU

Beginn: 22:12 min (Segment 3c: Plenumsgespräch über Aufgabe 7 nachEinzelarbeit)
Niveau 0: *Mitwirkung; Ideennutzung; Diskursive Aktivierung; Darstellungsvernetzung*
Niveau 1: *Mathematische Reichhaltigkeit; Kognitive Aktivierung; Zugang für Alle*
Niveau 2: -

108	Dellwisch	Das haben wir eben schon genannt. Oben drüber, ne? Das haben wir schon genannt. Ist ja nicht schlimm. Haben wir noch irgendwas, was wir vergessen haben?
109	Schülerin	Mm.
110	Luca	Eigene Sachen.
111	Dellwisch	Bitte? [*zeigt auf Ben*]
112	Luca	Was Eigenes.
113	Dellwisch	Was hast du als Eigenes ergänzt? Es waren noch Freiflächen, ne?
114	Luca	Ähm, ja. Ähm, das mit dem 60 € verbindet, da habe ich noch stehen „Preis mit Rabatt".
115	Dellwisch	Mhm. Ja. „Preis mit Rabatt". Ähm, das wäre dann das unterste#
116	Luca	#Ja.
117	Dellwisch	Das unterste Kästchen. Ihr findet alle unser Kästchen mit „neuer Preis".
118	Mehrere	Ja.
119	Dellwisch	So, darunter, haben wir gesagt, da müsste stehen „Geld, das man zahlen muss". Und dann hat der Luca jetzt noch was Weiteres selbstständig ergänzt. Wiederhol noch einmal, jetzt wissen alle wohin.
120	Luca	„Preis mit Rabatt".
121	Dellwisch	„Preis mit Rabatt". [*5 Sek. Pause*] Wir hatten noch Freiflächen, ne? Mal gucken, hat da jemand noch was hingeschrieben? Also du scheinst eigene Begriffe noch ergänzt zu haben oder eigene Erklärungen. Hat das noch jemand gemacht? Stand ja nicht in der Aufgabenstellung, insofern, ähm# Dann [*nickt Luca zu*] erklär uns mal, was hast du noch ergänzt?
122	Luca	Bei, wo „alter Preis" war, habe ich darunter „normaler Preis".
123	Dellwisch	„Normaler Preis" [*nickt langsam mit dem Kopf nach links und rechts*]. Okay. Mhm. [*4 Sek. Pause*] Und? Dann gibt es noch eine Freifläche. Da hast du nichts hingeschrieben?
124	Luca	[*schüttelt den Kopf*]
125	Dellwisch	Okay. So, will noch einer was ergänzen? ... Jetzt haben wir ja viele Formulierungen, ne? Und die Formulierungen könnten durchaus in Aufgabenstellungen zu Problemen führen bei einigen, weil sie die Aufgabenstellung dadurch nicht verstehen. Ich habe euch jetzt schon einmal an die Tafel geschrieben, wir beginnen ein kleines Glossar zum Thema Prozentrechnen. Da schreiben wir uns solche Formulierungen auf, damit die auch geläufiger für euch werden und ihr in späteren Aufgabenstellungen da möglichst keine Probleme habt. Ja? Ähm, wir fangen mal an mit dem „alten Preis" und wollen dann gucken, dass wir das [*schreibt unter die Überschrift „Glossar zum Thema Prozentrechnen" „1. Alter Preis"*] [*7 Sek. Pause*] genauer erklären. [*7 Sek. Pause*] ...

Einschätzung der Mathematischen Reichhaltigkeit im Fließschema
Für die *Mathematische Reichhaltigkeit* wurden die Niveaus aus Tabelle 5.1 mit dem Fließschema in Abb. 7.2 weiter operationalisiert.

Beim Rating wird man durch das Fließschema, ausgehend von der entsprechenden Leitfrage, entlang von Ja-Nein-Entscheidungen zu den Indikatoren (weiß hinterlegt) zu einer Niveauentscheidung (hellgrau hinterlegt) geführt. Eingeschobene Beschreibungen (dunkelgrau hinterlegte) sollen gewährleisten, dass beim Rating die Zwischenentscheidungen kurz überprüft werden und im Falle einer fehlenden Passung ein neuer Durchlauf gestartet wird.

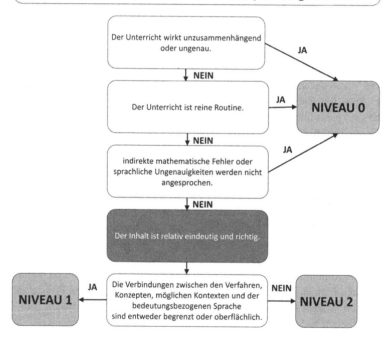

Abb. 7.2 Fließschema zur Mathematischen Reichhaltigkeit

Für die *Mathematische Reichhaltigkeit* wurde das unterste Niveau in drei Indikatoren zerlegt, um sicher zu gehen, dass Niveau 0 vergeben wird, sofern einer davon auftritt. Trifft keiner der Indikatoren zu, ist der Unterricht in dem jeweiligen fünf-minütigen Segment mathematisch korrekt und weist eine genügende inhaltliche Tiefe auf (Brunner 2018, Drechsel & Schindler 2019; Jentsch et al. 2019). Hierzu wird erfasst, ob der Mathematik grundsätzlich so angelegt ist, dass man ihm folgen kann (Fachliche Kohärenz und Klarheit nach Brunner 2018), ob der Unterricht nicht rezeptartig angelegt ist (entsprechend dem Prinzip der Verstehensorientierung, siehe Abschnitt 2.1) und inwiefern ein produktiver Umgang mit Fehlern stattfindet und diese nicht unadressiert bleiben (gemäß der Nutzung von Fehler als negativem Wissen und einem produktiven Umgang mit Fehlern statt einem Übergehen dieser, bei Heinze 2004).

Falls das Segment die Indikatoren des Niveaus 1 erfüllt, kann überprüft werden, ob im Sinne des Prinzips der Verstehensorientierung, über dem Nicht-Rezeptartigen hinaus, die präsentierten Verfahren und Rechenstrategien an Konzepte, Kontexte und andere mathematische Ideen (Jackson et al. 2013) angeknüpft und als Niveau 2 eingestuft werden können.

Die Szene 1 von Frau Dellwich wird auf Niveau 1 eingestuft. Inhaltlich geht es um die Zuordnung von bedeutungsbezogenen Satzbausteinen zu bereits eingeführtem Vokabular und ihrer Lokalisierung am Prozentstreifen. Der Schüler Luca bietet „Preis mit Rabatt" (Zeile 120) und „Normaler Preis" (Zeile 122) an. Die Inhalte sind nicht fehlerhaft, sodass keine Aufarbeitung oder Thematisierung notwendig ist und die Szene nicht mit 0 eingestuft wird. Aber da die Inhalte bzw. die verwendete Sprache nicht an die übergeordnete Idee oder Struktur des Streifens oder der Mathematik angeknüpft ist, erreicht es nicht das höchste Niveau 2, sondern nur Niveau 1.

Für eine höhere Einschätzung wäre es beispielsweise möglich gewesen, bei „Preis mit Rabatt" den „Preis" als Ellipse für den ursprünglichen Preis, den alten Preis oder, um direkt die Begrifflichkeit des Lernenden aufzugreifen, als normalen Preis zu entfalten und deren Bedeutung explizit miteinander in Bezug zu setzen. Alternativ wäre es auch möglich, den „Preis mit Rabatt" noch einmal am Streifen als Kombination aus „Preis" und „mit Rabatt" zu zerlegen und die unterschiedlichen Elemente zu visualisieren. Der Begriff des „Normalen Preises" hätte anmoderiert werden können, um zu identifizieren, dass sich „normalen" auf den „ursprünglichen" oder „alten" Preis bezieht.

In der Schematik des Fließschemas wird im Rating-Prozess zunächst festgestellt, dass das Unterrichtsgespräch einer zusammenhängenden Struktur folgt und die Begrifflichkeiten zumindest angesprochen werden. Danach, dass durch die Zuordnung und Entdeckung von Begrifflichkeiten am Streifen kein bereits gelerntes oder rezeptartiges Wissen aufgegriffen wird und sich keine fehlerhaften Inhalte finden, die unadressiert bleiben. Mit diesen Indikatoren ist bestimmt, dass das Niveau über 0 liegt. Da nun aber keinerlei Anknüpfung an eine übergeordnete Idee vollzogen wird, ist der Indikator für Niveau 2 nicht erfüllt, daher wird das Segment auf Niveau 1 eingestuft. Diese Reduktion auf sequenzierte Ja-Nein-Entscheidungen ermöglicht die Geschwindigkeit des Codierens und gewährleistet, dass Details der Operationalisierung nicht vernachlässigt werden.

Einschätzung der Kognitiven Aktivierung im Fließschema
Für die *Kognitive* wurden die Niveaus aus Tabelle 5.2 mit dem Fließschema in Abb. 7.3 weiter operationalisiert.

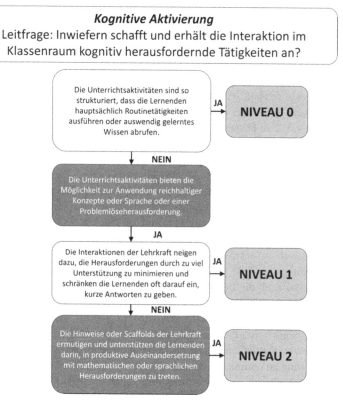

Abb. 7.3 Fließschema zur Kognitiven Aktivierung

Das Rating mit Fließschema startet mit dem Indikator, dass kein Fokus auf Routinetätigkeiten, wie auswendigelernten Inhalten, Lösungen oder Ausführungen liegt (siehe Abschnitt 2.1) und wen konzeptuell relevante Inhalte identifiziert werden, ob die *Kognitive Aktivierung* aufrecht gehalten wird (Drechsel & Schindler 2019) oder die Lernenden auf kurze Beiträge reduziert werden (Erath & Prediger 2021, Lucas et al. 2008) und die *Kognitive Aktivierung* dadurch kaum erfahren können oder ob die Aufrechterhaltung scheitert, falls durch zu viel Unterstützung die Herausforderungen gemindert werden (Schoenfeld 2018).

In der Szene 1 mit Frau Dellwisch übersteigt die *Kognitive Aktivierung* das untere Niveau 0, da das abgefragte Wissen auswendig gelernte Strukturen übersteigt, neu ist und explizit von den Lernenden durch neue Ergänzungen eingefordert wird. Allerdings unternimmt Frau Dellwisch wenig, um den Lucas kognitiv anspruchsvollen Impuls zu nutzen bzw. diese Aktivierung auch für die anderen Lernenden zu öffnen oder aufrecht zu erhalten. Lucas Begriffe werden oberflächlich zugeordnet und der Schüler wird durch eine ungenaue Mischung aus Kopfnicken und -schütteln nicht bestätigt (Zeile 123). Die Szene ist bzgl. *Kognitiver Aktivierung* auf dem mittleren Niveau einzuordnen, da neue Gedanken angeregt werden, aber noch nicht umfassend genutzt werden. Im Fließschema zeigt sich dies schnell, da der Inhalt konzeptuelles Potential bietet, somit mindestens Niveau 1 ist, aber dadurch, dass diese Aktivierung nicht aufrechterhalten wird, nicht mit 2 zu bewerten ist.

Einschätzung des Zugangs für Alle im Fließschema
Für den *Zugang für Alle* wurden die Niveaus aus Tabelle 5.3 mit dem Fließschema in Abb. 7.4 weiter operationalisiert. Diese Operationalisierung von *Zugang für Alle* lässt sich pointiert so zusammenfassen, dass viele Lernenden für Niveau 1 mathematische Tätigkeiten ausüben und für Niveau 2 viele Lernende nicht nur mathematischen Tätigkeit, sondern auch bedeutungsvollen Tätigkeiten nachgehen, was sich in der Struktur auch im zugehörigen Fließschema (Abb. 7.4) widerspiegelt.

Als Indikator, ob die Lernenden mathematischen Tätigkeiten nachgehen, wird zum einen gefragt, ob die Klassenführung so gestaltet ist, dass eine breite Beteiligung gewährleistet werden kann. Es wird so geprüft, ob ein Fachunterricht überhaupt möglich ist, da inhaltlich nur gearbeitet werden kann, wenn geordnete Gespräche stattfinden (siehe Fachliche Fundierung bei Brunner 2018), um die Zeitnutzung zu optimieren (Helmke 2017; Hiebert & Grouws 2007; Praetorius et al. 2018). Natürlich genügt es nicht, dass die Lernenden nicht stören, sondern es muss auch gefragt werden, ob sie sich mit den Inhalten der Unterrichtseinheit beschäftigen und nicht anderweitig beschäftigt sind.

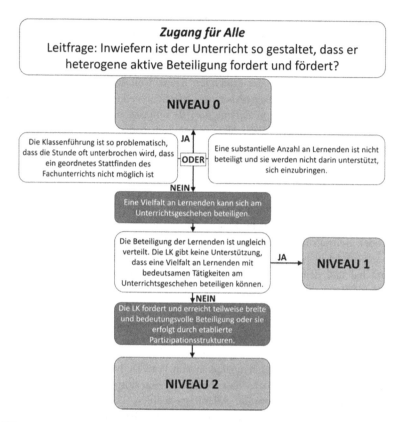

Abb. 7.4 Fließschema zum Zugang für Alle

Ist diese Fundierung für den Fachunterricht gewährleistet und führen die Lernenden somit mathematische Tätigkeiten aus, kann gefragt werden, ob viele Lernenden auch wirklich substanzielle Möglichkeiten haben (Lucas et al. 2008), sich zu beteiligen. Im Gegensatz zu den anderen Dimensionen kann sich die Einschätzung der Breite der Beteiligung dabei nicht nur auf einzelne maximal fünfminütige Segmente beziehen, denn in der Kürze der betrachteten Szene kann ggf. auch nur eine kleine Zahl von Lernenden zur Sprache kommen, im nächsten Segment jedoch andere.

Von diesem Niveau 1 aus ist der segmentscharfe Indikator für Niveau 2, dass sich die breite Beteiligung (entsprechend dem Prinzip der Verstehensorientierung) auf bedeutungsvolle Aktivitäten und Inhalte bezieht.

Der *Zugang für Alle* wird in der Szene 1 von Frau Dellwisch oben mit 1 eingeschätzt, auch wenn in der konkreten Szene weitestgehend nur ein Schüler beteiligt ist. doch ist dieser bisher im Unterrichtsverlauf noch nicht zu Wort gekommen. Das Idealbild von *Zugang für Alle* umfasst, dass alle Lernenden im Laufe des Unterrichts die Möglichkeit haben sich bedeutsam zu beteiligen. In der von Frau Dellwisch gewählten Sozialform, dem Plenumsgespräch mit Fokus auf einzelne Lernende, kann zwangsläufig nur ein Lernender gleichzeitig reden. Zur Einschätzung dieser Dimension muss dann geprüft werden, inwiefern das Handeln in diesem Segment dem Ziel einer breiten Beteiligung folgt, ob nun Lernende Beteiligungsmöglichkeiten haben, die es bisher noch nicht hatten, wie weit die übrigen Lernenden in den Prozess eingebunden sind und die konkrete Handlung oder Beitragsmöglichkeit der Lernenden wirklich sinnstiftend sind. Luca hatte sich in der bisherigen Unterrichtsstunde nicht beteiligt, was Frau Dellwisch erkannt hat und dem aktiv gegengewirkt durch eine bewusste Einbindung der individuellen Lösung des Schülers.

Damit ist der Zugang für Alle mit mehr als 0 zu bewerten, aber die Bewertung ist noch nicht 2, da die Situation zwar das Potenzial bietet, andere Lernende einzubeziehen und ihnen die Möglichkeit für bedeutsame Beteiligung zu geben, aber die Gedanken werden stehen gelassen ohne, dass dies erfolgt.

Durch das sichere Klassenmanagement von Frau Dellwisch können alle Lernenden mathematisch arbeiten, dies zeigt sich im störungsfreien Ablauf und der Responsivität nach Aufrufen. Allerdings werden, auch wenn die Lernenden als Gemeinschaft aktiviert sind, diese nur oberflächlich mit den Inhalten beschäftigt und die produktive Lerngelegenheit, die für eine bedeutungsbezogene Beteiligung, auch in der Breite, hätte genutzt werden können, bleibt aus.

Einschätzung der Mitwirkung und der Ideennutzung im jeweiligen Fließschema
Für die *Mitwirkung* wurden die Niveaus aus Tabelle 5.4 mit dem Fließschema in Abb. 7.5 weiter operationalisiert und für die Ideennutzung die Niveaus aus Tabelle 5.5. in Abb. 7.6.

Die *Mitwirkung und die Ideennutzung* wurden für die Szene von Frau Dellwisch beide auf Niveau 0 bewertet. Obwohl die Lehrkraft Beteiligung und Ideen der Lernenden einfordert, geht sie auf diese nicht vertiefend ein und weist den Lernenden für diese keine Verantwortung zu. Die Lernenden haben hier nicht die Möglichkeit, sich selbst als kompetente Bearbeitende der Aufgaben zu erfahren. Für eine gelungene Realisierung von *Mitwirkung* hätte die

Lehrkraft gewählte Begriffe und Zuordnungen zunächst erfassen können und den Lernenden die Möglichkeit geben müssen, diese zu verteidigen. Die von den Lernenden eingebrachten Begrifflichkeiten werden weitestgehend unkommentiert stehen gelassen, obwohl es die Möglichkeit gegeben hätte, dass ein Lernender (Zeile 123) die eigene Position zu rechtfertigen. Durch das unklare Feedback bezüglich der Begrifflichkeit ist die *Mitwirkung* nicht nur nicht gewährleistet, sondern es wird dieser sogar entgegengewirkt. Mit den anschlussfähigen Ideen wird nicht gearbeitet und diese Beiträge haben keinen Einfluss auf den Unterrichtsverlauf.

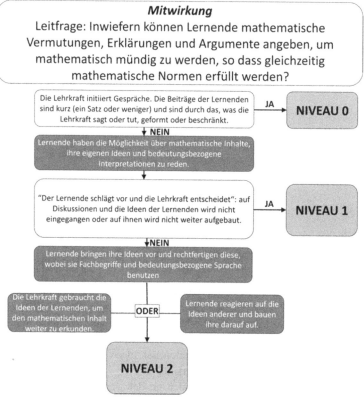

Abb. 7.5 Fließschema zur *Mitwirkung*

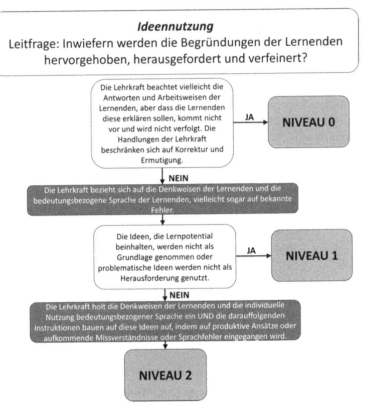

Abb. 7.6 Fließschema zur *Ideennutzung*

Wie auch dieses Beispiel zeigt, können *Mitwirkung* und *Ideennutzung* eng beieinanderliegen: Wenn Lernende die Möglichkeit haben ihre Position gemäß der *Mitwirkung* zu vertreten, können ihre Ideen im Unterricht auch inhaltlich genutzt werden für die weitere Wissensbildung, entsprechend einer *Ideennutzung*. Umgekehrt kann das inhaltliche Aufgreifen der Ideen auch die Identitäten der Lernenden im Sinne der *Mitwirkung* stärken.

Die konkreten Unterschiede lassen sich an den verwendeten Fließschemata (Abb. 7.5 zur *Mitwirkung* & Abb. 7.6 zur *Ideennutzung*) illustrieren. Die *Mitwirkung* erfasst zunächst, inwieweit die Lernenden die Möglichkeit erhalten etwas zur Mathematik beizutragen, oder ob die konzeptuell bedeutsamen Formulierungen der Lehrkraft obliegen. Im Fall von Frau Dellwisch erhält Luca zwar die Möglichkeit eigenes beizutragen, aber dies ist noch kein Sprechen über Mathematik, sondern nur die Vorstellung, dass andere Positionen bestehen. Um mindestens Niveau 1 zu erreichen, hätte die beigetragene Position zumindest von der Lehrkraft bewertet werden müssen, in der Szene 1 erfolgt Ordnung und Umgang mit den Beiträgen weder durch die Lernenden noch die Lehrkraft. Hätten die Lernenden nun die Möglichkeit, über Mathematik zu sprechen, wäre die Frage, wie mit diesen Beiträgen umgegangen wird. Das Beurteilen und Ordnen der Gedanken durch die Lehrkraft ist Indikator für Niveau 1, die Ordnung oder Beurteilung durch andere Lernenden ist Indikator für Niveau 2 (Jentsch et al. 2020; Schoenfeld 2018), ebenso die Rechtfertigung (Hasselhorn & Gold 2013).

Die *Ideennutzung* steigt hingegen ein mit der Frage, wieweit die Begründungen und Ideen der Lernenden im Unterricht aufgegriffen und hervorgehoben werden und entsprechend ihrem Niveau und ihrer Art herausgefordert oder verfeinert werden könnte. Die Dimension muss mit Niveau 0 eingeordnet werden, selbst wenn sie beachtet werden und positiv verstärkt werden, wenn sich die Handlungen der Lehrkräfte auf Ermutigungen oder Korrekturen beschränken, ohne dass die Lernendenäußerungen ein den weiteren Wissensbildungsprozess integriert werden. Bei der *Mitwirkung* wird erfasst, wer und wie mit den konzeptuell bedeutsamen Inhalten umgeht, dagegen in der *Ideennutzung*, wie die Beiträge der Lernenden integriert werden, um möglichst zu den konzeptuell bedeutsamen Beiträgen geformt zu werden (siehe Abschnitt 2.4 zum Prinzip Micro-Scaffolding).

Würde eine Idee oder ein Beitrag dann mehr als nur wahrgenommen werden, ist ein Indikator für Niveau 2 der *Ideennutzung*, ob die Ideen nur oberflächlich genutzt wurden, um auf diese zu verweisen oder als Grundlage für weitere Erkenntnisse und im Falle von Fehlern als produktive Fehler oder negatives Wissen (Brunner 2018; Heinze 2004; Jentsch et al. 2020).

Beide Dimensionen müssen bei Frau Dellwisch mit 0 eingeordnet werden, da die bedeutsamen Inhalte allein von ihr geordnet werden (*Mitwirkung*) und die Beiträge der Lernenden an sich zwar positiv herausgestellt werden, aber nicht inhaltlich genutzt werden (*Ideennutzung*).

Einschätzung der Diskursive Aktivierung im Fließschema
Für die *Diskursive Aktivierung* wurden die Niveaus aus Tabelle 5.1.6 mit dem Fließschema in Abb. 7.7 weiter operationalisiert.

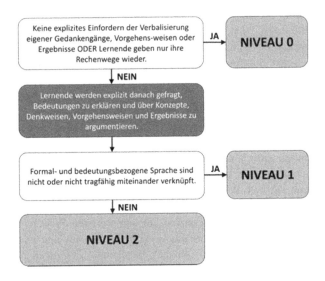

Abb. 7.7 Fließschema zur Diskursiven Aktivierung

Die *Diskursive Aktivierung* liegt in der Szene von Frau Dellwisch auf dem Niveau 0, da von den Lernenden in keiner Weise eine Erklärung für ihre vorgeschlagenen Begriffe oder ihre Erläuterung eingefordert wird. Frau Dellwisch hätte hier die Möglichkeit, statt die Aussage ungenau zu bewerten, Erklärungen über die Passung der angebotenen Begriffe selbst zu geben, diese von den Lernenden selbst oder den Mitlernenden einzufordern.

Das Fließschema zum Rating der *Diskursiven Aktivierung* erfasst auf der ersten Ebene, ob überhaupt Erklärungen in irgendeiner Form abgefragt oder eingefordert werden oder durch die Struktur des Unterrichts inhärent eingefordert wird oder Rechtfertigungen nur über erfolgreiche Rechnungen erfasst werden (Abb. 7.7). Hierbei wird noch nicht erfasst, was erklärt werden soll (siehe Wissensfacetten nach Prediger et al. 2011) oder auf welcher logischer Ebene oder mit welchem epistemischen Modus (siehe epistemische Matrix bei Erath 2016, erstmals veröffentlicht in Prediger & Erath 2014).

Frau Dellwisch fordert in der Szene keine Erklärung für die Zuordnung ein, was direkt zu Niveau 0 führt. Das Einfordern von Erklärungen ist in der Dimension *Diskursive Aktivierung* ein Indikator für mindestens Niveau 1. Als Indikator für Niveau 2 gilt, dass konzeptuelle oder metakognitive (Prediger et al. 2011) Erklärungen eingefordert und, falls nötig, unterstützt werden (siehe Abschnitt 2.3 zum Micro-Scaffolding), sofern sie gemäß dem epistemischen Modus konkretisierend, integrierend, vernetzend oder funktional bewertend sind und sich nicht auf Bezeichnungen, Nennungen und Ausformulierungen beschränken (Erath 2016; Prediger & Erath 2014). Wie auch schon bei Erath 2016 ist die logische Ebene der Metakognition zu vernachlässigen, da sie empirisch nicht in den Daten nachzuweisen ist. Eingeforderte oder gelieferte Erläuterungen auf der prozeduralen Ebene sind ein Negativ-Indikator gegen Niveau 2, wenn sie epistemisch integrierend, vernetzend oder funktional sind oder wenn sie sich auf Konkretisierungen oder Nennungen von handwerklichen Verfahren beschränken.

Durch die Operationalisierung, dass *Diskursive Aktivierung* erst durch die Erklärung von konzeptuellem Wissen mit dem höchsten Niveau eingeschätzt wird, legt nahe, dass hohe *Diskursive Aktivierung* für eine hohe *Kognitive Aktivierung* spricht (siehe *Prinzip der Verstehensorientierung* und der *Kognitiven Aktivierung in Abschnitt 2.2*), dieses gilt es in Abschnitt 8.2. empirisch zu überprüfen.

Einschätzung der Darstellungsvernetzung im Fließschema

Für die *Darstellungsvernetzung* wurden die Niveaus aus Tabelle 5.7 mit dem Fließschema in Abb. 7.8 weiter operationalisiert.

Zur Erfassung, inwiefern unterschiedliche Darstellungsebenen im Unterricht genutzt und vernetzt werden, wird im Fließschema zunächst erfasst, ob überhaupt mehr als nur eine Darstellung genutzt wird, denn ohne Lerngelegenheit mit Darstellungen können sie weder als Lernunterstützung noch Lerngegenstand (Wessel 2015) genutzt werden.

Tauchen unterschiedliche Darstellungsarten im Unterricht auf, muss zusätzlich erfasst werden, ob etwas mit den unterschiedlichen Darstellungen geschieht und wenn ja, was. Stehen die Darstellungen unvernetzt und ohne Tätigkeiten nebeneinander, ist dies ein Indikator für Niveau 0. Im konkreten Fall der Szene 1 von Frau Dellwisch stehen die Darstellungen zwar prinzipiell zur Verfügung, sie werden aber weder für mathematische noch für sprachliche Lernziele genutzt und somit das Potential der bildlichen Vorstellung komplett vernachlässigt wird (Wessel 2015).

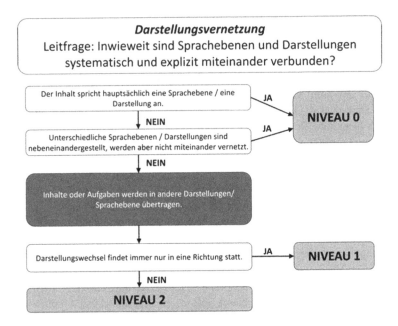

Abb. 7.8 Fließschema zur Darstellungsvernetzung

Indikatoren für ein höheres Niveau von Darstellungsvernetzung wären etwa die Unterscheidungen von Darstellungen, die Übersetzung unterschiedlicher Darstellungen, der Wechsel zwischen ihnen, die Zuordnung von Darstellungen zu anderen Darstellungen oder das in Beziehung setzen von unterschiedlichen Darstellungen (Wessel 2015). Diese Tätigkeiten wurden für die Operationalisierung und für das Fließschema aufgeteilt, so dass Bearbeitung, die nur in eine Richtung oder oberflächlich erfolgen dem Darstellungswechsel (Niveau 1) zugeordnet werden. Konkret werden Zuordnungen und Wechsel dem Konstrukt Darstellungswechsel zugeordnet.

Für Niveau 2 wird dann erfasst, ob die Darstellungen nicht nur ineinander übersetzt werden, sondern vernetzt werden und damit in Beziehung gesetzt werden, denn ohne Vernetzung können Leistungsschwächen nicht überwunden werden (Moser Opitz 2009, Wessel 2015). Als Indikatoren für eine Darstellungsvernetzung auf Niveau 2 werden die Tätigkeiten des Unterscheidens, des Übersetzten und des Inbeziehungsetzens unterschiedlicher Darstellungen erfasst. Die Tätigkeiten Zuordnen und Wechseln können hierbei auch den hier gestellten

Anspruch für Darstellungsvernetzung erfüllen, wenn sie wiederholt und flexibel in mehrere Richtungen erfolgen.

Die *Darstellungsvernetzung* wurde in Szene 1 auf Niveau 0 eingeschätzt, da zwar Begriffe gesammelt, diese aber nur dem „Kästchen" (Zeile 117) bzw. den „Freiflächen" (Zeile 121) zugeordnet werden, was dem Prozentstreifen als graphische Repräsentation nicht hinreichend gerecht wird, wenn keinerlei Tätigkeiten erfolgen, die die sprachliche mit der graphischen Darstellung vernetzt. Es werden zwar die Begriffe am Streifen angeordnet, ohne jedoch die mathematische Struktur in der graphischen Darstellung zu nutzen, lediglich als Beschriftung einer einzelnen Darstellung. Die sprachliche Ebene dient hier nicht als separate Darstellungsebene, sondern Sprache wird nur genutzt zur Beschriftung. Selbst ein Begriff wie „Preis mit Rabatt", der sich sehr gut am Streifen visualisieren lässt, wird nicht visualisiert, obwohl in dem Moment ein Streifen an der Tafel angeschlagen ist.

Diese Szene bei Frau Dellwisch zeigt, wie durch Variationen im Micro-Scaffolding hier eine Lerngelegenheit mit hoher *Darstellungsvernetzung* und auch hoher *Diskursiver Aktivierung* hätte geschaffen werden können, in dem die Zuordnung nicht nur genannt, sondern auch genutzt würde, um einen Aushandlungsprozess anzuregen. Der Schüler Luca liefert eine anschlussfähige Vorlage, doch die Lehrerin lässt lediglich die Zuordnungen der Begriffe in ihre Regelhefte übertragen.

Insgesamt zeugt die Durchführung und Nutzung der Aufgabe durch Frau Dellwisch von einer sicher geführten Unterrichtsstunde, die durch die konkrete Nutzung des Materials basale *Mathematische Reichhaltigkeit* und *Kognitive Aktivierung* gewährleisten konnte. Weitere Chancen, die durch die Reichhaltigkeit des sprachbildenden Materials, zur Integration der Lernenden und deren Ideen und die Anregung zur *Mitwirkung* werden in diesem Segment allerdings vernachlässigt (in anderen Segmenten der gleichen Lehrerin weniger, vgl. Abschnitt 7.5).

In Bezug auf die forschungsmethodischen Herausforderungen konnte die Anwendung der Fließschemata für die Niveaueinschätzungen einer Unterrichtsszene in den einzelnen Dimensionen zeigen, dass eine der Stärken des ursprünglichen TRU-Frameworks, der Identifizierung von Verbesserungspotentialen im Handeln der Lehrkräfte (Baldinger et al. 2016; Schoenfeld 2017b), auch für L-TRU gilt. Durch die Schematisierung der komplexen Bewertung in den Fließschema ist es zudem trotz der Erhöhung der Anzahl der Dimensionen möglich gewesen, die Bewertungszeit je Rater und Raterin zu reduzieren gegenüber den Zeiten, die von Schoenfeld et al. (2018) für das TRU-Framework veranschlagt wurden.

7.2   Analyse der Szenen 2 bis 4

Im Folgenden werden drei weitere Szenen zur gleichen Aufgabe analysiert, basierend auf der bereits (in Abschnitt 7.1) illustrierten Vorgehensweise nun in knapperer Form.

Szene 2: Frau Gerster und die Versuche, Argumentationen einzufordern
Die Lehrerin Frau Gerster schließt an eine individuelle Zuordnungsphase der Begriffe eine Sammelphase an, in der die Lernenden die Begriffe mit Erklärungen zuordnen. Wie Frau Dellwisch entscheidet sich auch Frau Gerster methodisch für eine Meldekette (Zeile 19) und schließt mit dem Notieren ins Regelheft ab (Zeile 51). Unterschiede liegen im Arbeitsauftrag, der bereits explizit das Erklären einfordert (Zeile 17). Mit dem Einfordern dieser Sprachhandlung geht auch eine erhöhte *Kognitive Aktivierung* einher. Auch wenn beide Lehrkräfte am Ende der Phase die Ergebnisse sichern, unterscheidet sich deutlich, was gesichert wird. Frau Dellwisch lässt ein vorgegebenes Produkt und eine Zuordnung sichern, wohingegen Frau Gerster das Lernendenprodukt sichern lässt, was den Lernenden Kompetenz und Verantwortung zuspricht (*Mitwirkung*). Die Nutzung der Darstellungen beschränkt sich bei Frau Gerster zwar auch auf den Wechsel, aber übersteigt damit die fehlende Nutzung bei Frau Dellwisch. Hauptunterschied liegen in der Einforderung und etablierten Durchführung durch Erklärungen, wodurch Frau Gerster hohe *Diskursive Aktivierung* und *Kognitive Aktivierung* fördert und erreicht (Tabelle 7.2).
Der Inhaltsaspekt geht es auch in dieser Szene primär um die Zuordnung der Fachsprache an die Darstellung, die korrekt erfolgt. Sie erzielt aber ein stärkeres konzeptuelles Verständnis der Zuordnungen. Frau Gerster geht nicht tiefer auf den eigentlichen Inhaltsaspekt ein, aber fokussiert eine mathematische Verknüpfung durch Erinnerung an die Bruchschreibweise (Zeile 45 – 50). Die *Mathematische Reichhaltigkeit* wird mit Niveau 2 eingestuft werden, da die präsentierten Inhalte nicht nur korrekt sind, sondern darüber hinaus an den Inhaltsbereich der Brüche bedeutungsbezogen angeknüpft werden.
Frau Gersters Szene illustriert die Nähe und inhaltliche Abhängigkeit der *Kognitiven* und *Diskursiven Aktivierung*, die beide mit 2 eingestuft werden. Die *Diskursive Aktivierung* ist hoch, da Erklärungen nicht nur eingefordert werden (Zeile 17), sondern auch weiter besprochen werden. Auch wenn kein weiterer Diskussionsbedarf seitens der Lernenden besteht, werden weitere Anregungen gegeben (Zeile 39 – 41). Darüber hinaus ist die durchgängige Angabe von Erklärungen so in den Lernenden internalisiert, dass sie selbstständig die Aktivierung

Tabelle 7.2 Transkript Frau Gerster zu Segment 5 und dessen Codierung durch L-TRU

Beginn: 22:04 min (Segment 5a: Plenumsgespräch über Aufgabe 7 nach Partnerarbeit)
Niveau 0: -
Niveau 1: *Zugang für Alle*; *Mitwirkung*; *Ideennutzung*; *Darstellungsvernetzung*
Niveau 2: *Mathematische Reichhaltigkeit*; *Kognitive Aktivierung*; *Diskursive Aktivierung*

17	Gerster	So, ich sehe schon, alle haben sich besprochen. [*6 Sek. Pause*] Dann wollen wir jetzt mal schauen, ob ihr euch auch in der gesamten Klasse einig seid. Wir wollen mal hier vorne auch versuchen, das zuzuordnen und auch immer erklären, warum ordnet ihr das dahin, wo ihr es hin ordnet. Wir fangen mal mit einem Begriff an. Also wer jetzt nach vorne kommt, sucht sich einen Begriff aus dieser Liste hier rechts und versucht mal, den da links anzubringen und erklärt auch mal warum. Und die anderen gucken mal, ob sie dann damit einverstanden sind. Ähm, Daria, fang doch mal an. Du darfst dir selber einen aussuchen.
18	Daria	[*steht auf und geht nach vorn an die Tafel und ordnet den Zettel „alter Preis" den 80€ zu*] Ähm, das ist der alte Preis, also das ist der, den man davor bezahlen musste und ja, das (war's).
19	Gerster	Nimmst du jemanden dran?
20	Daria	Beyza
21	Beyza	[*steht auf und geht nach vorn an die Tafel*] Ähm, darf ich die Tafel ein bisschen runterschieben?
22	Gerster	Klar.
23	Beyza	[*ordnet den Zettel „Rabatt" oberhalb des Prozentstreifens zwischen den 75% und den 100% zu*]
24	Gerster	Sagst du noch was dazu?
25	Beyza	Achso. Ähm, ja. Hier sind halt 25% dazwischen und das ist halt der Rabatt, weil, ähm, ja, irgendwas.
26	Klasse	[*lachen*]
27	Gerster	Marleen
28	Marleen	[*steht auf und geht nach vorn an die Tafel und ordnet den Zettel „neuer Preis" den 60€ zu*] 60€ ist der neue Preis, weil man vorher 80€ bezahlen musste und es jetzt 25% billiger geworden ist. Ähm, Natalia
29	Natalia	[*steht auf und geht nach vorn an die Tafel und ordnet den Zettel „Anteil, den man zahlen muss" den 75% zu*] Ähm, das ist ja der Anteil, den man zahlen muss, weil man ja 25% gespart hat und die 75% jetzt zahlen muss. Tim.
30	Tim	Danke. [*steht auf und geht nach vorn an die Tafel und ordnet den Zettel „Geld, das man zahlen muss" den 60€ und dem neuen Preis zu*]
31	Schüler	Du musst was dazu sagen.
32	Tim	Ja, ähm, das ist das Geld, das man zahlen muss, weil das war ja Rabatt und bei Rabatt, das ist ja# [wird lauter] Ja, das ist halt der Preis, den man zahlen muss, weil das halt der Preis ist von dem Rabatt. [*lacht*] Talip.
33	Talip	[*steht auf und geht nach vorn an die Tafel und ordnet den Zettel „Anteil, den man spart" oberhalb des Prozentstreifens zwischen 75% und 100% zu, auch oberhalb des Zettels „Rabatt"*] Anteil, den man spart, kommt über Rabatt, (denn das) ist der Anteil, den man spart. Lio.
34	Lio	[*steht auf und geht nach vorn an die Tafel und ordnet den Zettel „Geld, das man spart" unterhalb des Prozentstreifens zwischen 60€ und 80€ zu*] Ähm, hier ist der Geld, den man spart (…)
…	…	…

(Fortsetzung)

Tabelle 7.2 (Fortsetzung)

39	Gerster	[...] So, ich sehe keine Meldungen mehr. Heißt das, alle sind mit der Zuordnung einverstanden?
40	Klasse	Ja.
41	Gerster	Wie viel Geld spart man denn? [6 Sek. Pause] Merle.
42	Merle	20€.
43	Gerster	Genau. Und was ist das für ein Anteil, den man da gespart hat? .. Ole
44	Ole	25%.
45	Gerster	Gut. Wie könnte man den Anteil denn noch darstellen, wenn wir das nicht als Prozentzahl darstellen? .. Julian.
46	Julian	Als Bruch.
47	Gerster	Als Bruch, sehr gut. Was wäre das denn für ein Bruch? [6 Sek. Pause] Also dieser Rabatt. Was wäre das als Bruch? .. Nalan
48	Nalan	Ein Viertel
49	Gerster	Ein Viertel. Und was wäre dann der Anteil 75% als Bruch? Yasin.
50	Yasin	Drei Viertel.
51	Gerster	Genau. Okay. Man merkt, ihr habt das schon ziemlich gut zusammengestellt. Ich habe gerade gemerkt beim Rumgehen, da waren sich nicht alle so ganz einig, aber anscheinend haben die, die das hier vorne erklärt haben, euch überzeugt. Aber ihr merkt auch, es fällt manchmal schwer, zu beschreiben oder zu sagen, warum das jetzt genau an diese Stelle muss, ne? Also manchmal – alter Preis, ja, weil das eben der alte Preis ist. Also das ist schwierig, sowas zu begründen. Und das wollen wir auch weiterhin üben, ne? Also, dass wir auch lernen, sowas wirklich zu begründen und ein bisschen konkreter zu beschreiben. So, dann würde ich euch bitten, jetzt einmal dieses Schema in euer Regelheft abzuschreiben. Wer das Regelheft nicht dabei hat, schreibt es ins normale Heft ab.

„Du musst was dazu sagen." (Zeile 31) einbringen. Das Einfordern von Erklärungen und das Aufrechterhalten der *Diskursiven Aktivierung* sind Indikatoren für das Niveau 2 in diesem Segment. Auch die *Kognitive Aktivierung* wird in dem Segment mit 2 eingeschätzt. Die Dimension muss höher als Niveau 0 eingestuft werden, da die Thematisierung neuer Inhalte, die bisher nicht behandelt wurden, mit Passung zu den Lernenden konzeptuell vermittelt wird. Die weitere Aktivierung und Aufrechterhaltung wird hier erzeugt durch die Erklärungsaufforderungen. Es werden konzeptuell reichhaltige Diskussionspraktiken angeregt, wodurch eine hohe *Kognitive Aktivierung* erfolgt. Die Bewertung der *Kognitiven Aktivierung* und der *Diskursiven Aktivierung* mit 2 zeigt eine inhaltliche Wechselwirkung der Dimensionen, die dennoch unterschiedliche Schwerpunkte haben können (vgl. Kapitel 8).

Zugang für Alle, *Mitwirkung* und *Ideennutzung* werden jeweils mit 1 eingeschätzt. *Zugang für Alle* wird durch die methodische Entscheidung ermöglicht und übersteigt somit 0. Aber auch wenn einige Lernende Erklärungen liefern müssen,

werden Lernende, die sich nicht von sich aus bedeutsam beteiligen, nicht aktiviert, sich mit den Ideen auseinanderzusetzen. Lernende dürfen ihre eigenen Ideen
vorstellen, aber diese werden oberflächlich abgenickt, erfahren keine Nachfrage
und werden nicht aktiv in Unterrichtsgeschehen eingebunden, wodurch die *Ideennutzung* mit 1 eingestuft wird, da die Ideen vorstrukturiert sind. Die *Mitwirkung*
ist 1, da die Lernenden die Möglichkeit haben, ihre eigenen Ideen zu präsentieren und diese auch final in der Sicherung genutzt werden, allerdings bekommen
die Lernenden bekommen weder Verantwortung für die Ideen noch müssen sie
sie rechtfertigen, da es die Lehrerin ist, die die finale Ordnung übernimmt. Die
Abgrenzung zwischen *Mitwirkung* und *Ideennutzung* lässt sich auch mit Hilfe der
Fließschema (Abb. 7.4 & 7.5) verdeutlichen. Die Ideen sind nicht auf Beiträge
der Lernenden zurückzuführen (*Ideennutzung*: 1), aber sie bekommen trotzdem
die Möglichkeit, diese zu verbalisieren und zu ordnen (*Mitwirkung*: 1)

Die *Darstellungsvernetzung* ist auf Niveau 1 in diesem Segment, da zwar
eine Zuordnung der Sprache zum Streifen und eine Zuordnung des Preises in
einen Bruch erfolgt, aber eine Vernetzung erfolgt erst später in Übertragung
in den Speicher, noch nicht in diesem Segment. Zwar erfolgen Zuordnungen
der Darstellungsebenen zueinander, als potenzielle Tätigkeit für Darstellungsvernetzung, aber sie beschränken sich auf eine Zuordnung in eine Richtung ohne
Rückerklärungen, was diese Zuordnungen in beiden Darstellungen bedeuten.

Die Durchführung von Frau Gerster stellt somit eine kognitiv und diskur-
siv anregende und mathematisch reichhaltige Umsetzung der Einführung des
Streifens dar, wobei Schwächen in der Einbindung der Ideen und Beiträge der
Lernenden zu identifizieren sind.

Szene 3: Frau Otting und die flexible Begriffszuordnung am Streifen
Frau Otting thematisiert nach einer gemeinsamen Zuordnung der Begriffe an den
Streifen, inwiefern es Abweichungen in den Notationen der einzelnen Lernenden
gibt und inwieweit die Unterschiede relevant sind oder dasselbe ausdrücken. Sie
fordert neben kontinuierlichen Erklärungen auch Abgrenzungen ein und gibt den
Lernenden die Möglichkeit, ihre eigene Lösung abzugleichen und zu verstehen.
Durch die Thematisierung von noch so kleinen Abweichungen ermöglicht sie es
den Lernenden, ihr eigenes Produkt direkt als Sprachspeicher zu nutzen, ohne es
erneut abtragen zu müssen, wie es bei Frau Gerster oder Frau Dellwisch nötig
war. Das Segment ist über alle Dimensionen hinweg mit 2 eingestuft (Tabelle
7.3).

Frau Otting legt einen Schwerpunkt auf den flexiblen Umgang mit der bedeutungsbezogenen Sprache, dem Fachvokabular und der Zuordnung am Streifen
(Zeile 155). Sie lässt explizit thematisieren, inwiefern diese beiden Begriffe

austauschbar sind, was für eine hohe *Mathematische Reichhaltigkeit, Kognitive Aktivierung* und auch *Diskursive Aktivierung* (jeweils mit 2 eingestuft) spricht.

Tabelle 7.3   Transkript Frau Otting zu Segment 3 und dessen Codierung durch L-TRU

Beginn: 22:14 min (Segment 3b: Plenumsgespräch über Aufgabe 7 nach Erarbeitung)
Niveau 0: -
Niveau 1: -
Niveau 2: *Mathematische Reichhaltigkeit; Zugang für Alle; Mitwirkung; Ideennutzung; Kognitive Aktivierung; Diskursive Aktivierung; Darstellungsvernetzung*

113	Otting	[...] Das [*zeigt an den Prozentstreifen an der Tafel, welchem die Begriffe zugeordnet wurden*] ist ein Vorschlag. Ich habe eben gerade schon gesagt, es gibt mehrere Lösungen, die richtig sind. Mir geht es jetzt darum, zu klären, wo darf man etwas tauschen und wo darf man etwas nicht tauschen von den Begriffen. Und Dorian lasse ich gleich mal den Vortritt, weil er gleich meint, er hätte irgendetwas anders auf seinem Arbeitsblatt.
114	Dorian	Ja, das Rabatt(-zettelchen) muss zwischen der 75% und der 100%, weil man#
115	Otting	#Dazwischen, okay.
116	Dorian	Weil man spart ja keine 75%.
117	Otting	Sondern?
118	Dorian	25.
119	Otting	Genau. [*4 Sek. Pause*] Sonst ist alles so okay? Daniel?
120	Dorian	Ähm.
121	Otting	Joa, ne? Also, ihr hattet das ja besprochen. [an alle] Gibt es Änderungsvorschläge? Und wenn ja, warum? [*seufzt*] Ich kann mich immer nicht entscheiden. Ich nehme mal Fiona heute als Erste
122	Fiona	Ähm, Geld, das man spart, kann man auch zwischen 60 und 80€, weil, ähm, Geld, das man spart, ist ja nicht 80€, sondern dazwischen?
123	Otting	[*nickt*] War das auch so gemeint, Dorian? Dass das dazwischen war oder sollte das unter den 80€ stehen?
124	Dorian	Das sollte unter den 80 eigentlich.
125	Otting	Spart man 80€, wenn man die Schuhe kauft?#
126	Dorian	#Nee, also wir haben das unter die 80 gemacht, aber das, äh, ist falsch.
127	Otting	Wie ist es denn auf deinem Arbeitsblatt?
128	Dorian	Geld, das man spart, ist, ähm# Ach so, nee. Das habe ich, äh, zwischen der 80 und der 60.

(...)

(Fortsetzung)

Tabelle 7.3 (Fortsetzung)

131	Otting	Okay. Elisa?
132	Elisa	Anteil, den man spart, muss auch zu Rabatt hin.
133	Otting	[*geht zur Tafel und verschiebt die Zettel ein wenig*]
134	Elisa	(…). [*scheint ihre Aussage zu erklären, aber schwer zu verstehen*]
135	Otting	Ja, ich glaube, das sollte hier sein. Ja? Also das gehört zusammen. Gibt es noch Änderungsvorschläge? Habt ihr auf eurem Arbeitsblatt etwas anders als es vorne ist? [*5 Sek. Pause*] Ich kann mir nicht vorstellen, dass wirklich alle das so haben. Alle so, genau in der Reihenfolge?
136	Klasse	Ja.
137	Otting	[*zeigt auf Mandy*] Mandy?
138	Mandy	Ähm, Rabatt habe ich bei 75%. (…)
139	Otting	[*schiebt „Rabatt" zu den 75% am Prozentstreifen*] Hier.
140	Mandy	Ja.
141	Otting	Okay. Warum hast du Rabatt bei 75%? [*6 Sek. Pause*] Hast du gehört, was Fiona vorhin gesagt# Oder ich weiß gar nicht, wer es war, ähm, gesagt hat, warum der Rabatt, der wurde ja auch schon# Nee, von Daniel wurde der schon korrigiert, ich weiß gar nicht, wo er vorher stand.
142	Mandy	(…) (vorher da war).
143	Otting	Da. Okay. Also Daniel hatte ihn vorher hier und dann hat Daniel gesagt, warum er ihn hier haben möchte. Hast du das mitbekommen, Mandy?
144	Mandy	Ja, ähm, weil man 20€ spart? Also weil von 60 bis 80.
145	Otting	Ja. Und#
146	Mandy	Und nicht 60.
147	Otting	Okay, man spart 20€ und nicht 60€, aber du bist der Meinung, man spart 75% beziehungsweise 60€, richtig?
148	Mandy	(Ja).
149	Otting	Ja? … Du gehst in den Laden und sparst 60€ von den# von dem alten Preis. Wie viel# Wie viel musst du dann bezahlen für die Schuhe, wenn du 60€ sparst?
150	Mandy	20?
151	Otting	20€. Kosten die Schuhe 20€? Ist der neue Preis 20€?
152	Mandy	Nein.
153	Otting	Nein. Dann wäre das eine andere Aufgabe. Okay? Also hier ist es wirklich so, dass das [*zeigt auf die 60€*] der Preis ist, den man zahlen muss, und der Rabatt# ich weiß gar nicht, hatten jetzt schon zwei Schüler gesagt, ist das, was dazwischen ist [*zeigt auf den Bereich zwischen den 75% und den 100%*], das, was man spart. Diesen Anteil, den man spart [*schiebt „Rabatt" zurück zwischen 75% und 100%*]. Habt ihr genau das so [*zeigt an den Prozentstreifen an der Tafel*]?

(Fortsetzung)

Tabelle 7.3   (Fortsetzung)

154	Klasse	Ja.
155	Otting	Ich hab's anders. Ich hab's so [*vertauscht „Rabatt" und „Anteil, den man spart" oberhalb des Prozentstreifens miteinander*].
156	Elisa	Ja, ich auch, aber das ist ja doch so das Gleiche.
157	Otting	[*zeigt auf Rosa*]
158	Rosa	Also das ist das Gleiche, also weil, ähm, Anteil, den man spart, kann man auch, ähm, Rabatt nennen.
159	Otting	Okay. Also kann man austauschen
160	Rosa	Ja.
161	Otting	Was ist passiert, wenn ich das so [*vertauscht „Anteil, den man spart" mit „Geld, das man spart"*] mache? [*7 Sek. Pause*] Feray?
162	Feray	Äh, da ja oben die Prozente angegeben sind, muss man's ja (…), weil da die Geld (…) sind.
163	Otting	Weil da?
164	Feray	(…).
165	Otting	Die Geldbeträge sind. Also das darf ich nicht tauschen [*tauscht die Zettel wieder zurück*]. Okay. Darf ich [*hängt „Rabatt" unter „Geld, das man spart"*] das tauschen? [*12 Sek. Pause*] Ebru?
166	Ebru	Rabatt ist ja immer Prozent, nicht Geld.
167	Otting	Rabatt ist bei Prozent und nicht Geld?
168	Ebru	Ja.
169	Otting	Auf eurem Arbeitsblatt steht tatsächlich hinter Rabatt so klein ne Klammer glaub ich und das Prozentezeichen. Hier [*zeigt auf den Prozentstreifen an der Tafel*] steht das nicht… Kann Rabatt auch Geld sein? Elisa?
170	Elisa	Ja. Also ich kenne es so, es gibt einen Rabatt von 20€. Kenne ich aus Läden. Habt ihr das schon mal gesehen, dass der Rabatt nicht in# oder die Reduzierung, ähm, von 20€, dass der Rabatt nicht immer in Prozent angegeben ist.
171	Otting	#Auf eurem Arbeitsblatt war es eindeutig. Da war eine Klammer mit einem Prozentzeichen, aber Rabatt ist einfach bloß der Anteil [*zeigt auf die Fläche zwischen 75%/60€ und 100%/80€*], der weiß bleibt. Und den kann sowohl in Geld als auch in Prozenten angeben. [*räuspert sich*] Gut, das reicht mir schon dazu.

Die Zuordnung der Begriffe zum Streifen wird genau geprüft, wobei die Vorschläge der Lernenden genutzt werden, um sich an diesen abzuarbeiten (Zeile 138), was ein Indikator für *Ideennutzung* auf Niveau 2 ist.

Weiterhin nutzt sie diese Ideen der Lernenden zur Erzeugung von kognitiven Konflikten (Zeile 141 – 147), was die hohe Einschätzung in der *Kognitiven Aktivierung* rechtfertigt. Erklärungen werden den einzelnen Lernenden explizit zugewiesen und diese werden an den entsprechenden Stellen erneut angesprochen, ein Indikator für Niveau 2 bei *Mitwirkung* (Zeile 141 & 142).

Die Zuordnung zum Streifen erfolgt nicht nur zu den Kästen, sondern wird explizit thematisiert. Die Lehrkraft lässt den flexiblen Tausch der Begriffe am Streifen und den Wechsel in die Realsituation diskutieren. Insbesondere die Diskussion, was der visualisierte Rabatt dort bedeuten würde, ist insgesamt ein starker Indikator für Niveau 2 bei *Darstellungsvernetzung*. Der *Zugang für Alle* ist ebenfalls mit 2 eingestuft, da eine Vielzahl an Lernenden unterschiedlicher Leistungsniveaus am Klassengespräch teilnehmen, welche weitestgehend in der vorigen Unterrichtszeit nicht so oft geredet haben und durch individuelle Beiträge und Eingehen auf diese jeweils bedeutsame Einbindung erfahren.

Wie Frau Gerster nutzt auch Frau Otting hohe *Diskursive Aktivierung,* um die Lernenden gleichzeitig kognitiv zu aktivieren und folgt der erhöhten *Mathematischen Reichhaltigkeit,* die durch das Material vorgeben ist. Anders als Frau Gerster pflegt Frau Otting einen adaptiven Umgang mit den Ideen der Lernenden und weist ihnen Verantwortung zu. Die *Darstellungsvernetzung* erzeugt sie durch kognitive Anregungen und flexiblen Umgang mit den Begrifflichkeiten, und die Lernenden sind gefordert, erklärende Aussagen über die Funktionalität der Begriffe an der Darstellung zu treffen.

Diese Szene illustriert, wie eine Lehrerin die Prinzipien der Verstehensorientierung, Kognitiven Aktivierung und des Micro-Scaffolding (Kapitel 2) umsetzt und so die Qualitätsdimensionen nicht nur auf Niveau 1, sondern auf Niveau 2 realisiert, mit anspruchsvollen und bedeutsamen Tätigkeiten und Prozessen.

Szene 4: Herr Tremnitz und die Diskussion durch Kontraposition
Herr Tremnitz sammelt in einer Plenumsphase die Begriffe und ordnet sie auf Zuruf am Streifen zu, wobei er direkt mehrere Varianten vermerkt. Er moderiert eine Diskussionsphase an, in der er mit den Lernenden über die unterschiedlichen Entscheidungen redet, dazu lässt er die Lernenden Für- und Gegenrednerpositionen einnehmen. In der Diskussionsphase fordert Herr Tremnitz nach einer bestätigten Erklärung weiterhin Erklärungen ein, so dass die zu überzeugende Schülerin die Erklärung in ihren eigenen Worten wiedergeben muss (Tabelle 7.4).

Wie Frau Otting thematisiert Herr Tremnitz das genaue Eintragen der Begriffe am Streifen und versucht ganz klarzumachen, wo welcher Bereich abgedeckt wird (Zeile 91). Herr Tremnitz nimmt hierbei keinen erneuten Rückbezug auf die

Tabelle 7.4　Transkript Tremnitz zu Segment 3 und dessen Codierung durch L-TRU

Beginn: 14:09 min (Segment 3: Plenumsgespräch über Aufgabe 7 nach Erarbeitung)
Niveau 0: -
Niveau 1: *Ideennutzung; Darstellungsvernetzung*
Niveau 2: *Mathematische Reichhaltigkeit; Zugang für Alle; Mitwirkung; Kognitive Aktivierung; Diskursive Aktivierung*

46	Tremnitz	[*Uhr klingelt*] Ja gut, jetzt ist die Zeit auch vorbei. Als Zusatzaufgabe hatte ich einigen noch gestellt, schon Prozentwert, Prozentsatz einzuordnen. Gut. Wir stoppen an der Stelle. Es ist jetzt noch nicht ganz so wichtig, dass ihr das komplett ausgefüllt habt. Einige sind an bestimmten Fragen stehengeblieben. Die klären wir jetzt gemeinsam. Doruk. Auch eure Frage ist eine wichtige Frage, die wir mit allen besprechen müssen.
47	Doruk	(…) schon geklärt (…).
48	Tremnitz	Ja, wir greifen die trotzdem auf. Vielleicht ist die Frage, die ihr hattet, ja auch für die anderen wichtig. Ich schreibe jetzt erstmal mit Kreide drüber und drunter und am Ende übertragen wir das auf den Sprachspeicher. Ich hab nämlich# Das soll unser Sprachspeicher sein, der ersetzt dann unseren Sprachspeicher für den Graphverlauf [*zeigt an die Wand*]. Oder den können wir dazuhängen, dass wir einfach immer für jedes Thema einen weiteren Sprachspeicher haben, damit ihr die Begriffe auch parat habt. Okay? .. Wer ist sich denn bei einer Sache besonders sicher? Wo gab's keine Diskussion in eurer Gruppe? Justus.
49	Justus	Bei 80€ alter Preis.
50	Tremnitz	[*schreibt „alter Preis" unter die „80€" an die Tafel unter das Plakat*] Zynet.
51	Zynet	Und, ähm, wir haben bei 60€ neuer Preis?
52	Tremnitz	[*schreibt „neuer Preis" unter die „60€" an die Tafel unter das Plakat*] Mhm. Bei den beiden Punkten, gibt's da irgendwo andere Meinungen? .. Okay, das habe ich auch bei allen so gesehen. Dann gehen wir weiter vor. [*5 Sek. Pause*] Lena.
53	Lena	Äh, 75% Rabatt?
54	Tremnitz	Schreibe ich das hierhin [*zeigt genau über die „75%"*]? Dahin [*zeigt über den Bereich zwischen der „75%" und der „100%"*]? Also hier ist ja so ein Strich, so ein Strich. In das Kästchen [*zeigt wieder direkt über die „75%"*] Rabatt?
55	Lena	Ja.
56	Tremnitz	[*schreibt „Rabatt" über die „75%" an die Tafel über das Plakat*] Nina?
57	Nina	Bei dem anderen Strich hätte ich jetzt Rabatt.
58	Tremnitz	Okay, wir sammeln. [*schreibt an den Strich über dem Bereich zwischen der „75%" und der „100%" ebenfalls „Rabatt"*] Mhm. Doruk?
59	Doruk	Ähm, da, wo Nina gerade Rabatt gesagt hat, würde ich Anteil, den man spart, machen.
60	Klasse	[*Gemurmel*]
61	Tremnitz	[*schreibt „Anteil, den man spart" über „Rabatt"*] Wir sammeln mal weiter. Hazret.
62	Hazret	Bei 60€ Geld, das man zahlen muss.

(Fortsetzung)

Tabelle 7.4 (Fortsetzung)

63	Tremnitz	[*schreibt „ Geld, das man zahlen muss"* unter *„ neuer Preis"*] Das man <u>be</u>zahlen oder zahlen muss? Wie steht's hier? [*schaut in seine Unterlagen*]
64	?	Zahlen.
65	Tremnitz	Zahlen. Mhm. Tuğçe
66	Tuğçe	Ähm, bei 80€ Geld, das man spart?
67	Tremnitz	[*schreibt „ Geld, das man spart"* an die Tafel unter *„ alter Preis"*] Mhm. Maren?
68	Maren	Ähm, also zwischen 60 und 80€ diese Linie würde ich machen Geld, das man spart.
69	Tremnitz	[*schreibt „ Geld, das man spart"* an die entsprechende Linie] Mhm. Wir sammeln mal weiter und dann gucken wir. Es gibt ja ein paar Widersprüche, die müssen wir dann ausdiskutieren. Nina.
70	Nina	Bei 75% da kommt noch Anteil, den man zahlen muss.
71	Tremnitz	[*schreibt „ Anteil, den man zahlen muss"* über *„ Rabatt"*] Mhm. So, haben wir jetzt alle Kästchen verteilt? Gut, das wären ja dann eins, zwei, drei, vier, fünf, sechs, sieben, acht, neun [*zählt die Begriffe, die er an die Tafel geschrieben hat*], aber es waren ja nur sieben, ne? Also es gibt zwei Felder, die doppelt auffauchen. Gut, dann müssen wir das jetzt ausdiskutieren. Fangen wir mal mit dem Rabatt an, das kam ja als Erstes. Einige waren der Meinung, die 75%, da gehört der Rabatt hin [*zeigt am Prozentstreifen*]. Und einige waren der Meinung, dass der Rabatt dazwischen gehört [*zeigt am Prozentstreifen*]. Gibt es einen Fürsprecher für diese 75%-Angabe? Von dem kam das? [*zu Lena*] Mhm, was hast du dir oder was habt ihr euch überlegt?
72	Lena	Also, ähm, es (...) 75% halt die, ähm# Ja, also auf den wurd das ja reduziert, dass man (noch) so viel Prozent bezahlen muss.
73	Tremnitz	Mhm. Möchte jemand das unterstützen oder wärt ihr Gegenredner?
74	Klasse	Nein.
75	Tremnitz	Gegenredner. Okay. Wer kann den# Also es geht dann um den anderen Standpunkt [*zeigt auf „ Rabatt"* über dem Bereich zwischen den *„ 75% "* und den *„ 100% "*] hier. Wer kann den einmal vertreten? Mengü.
76	Mengü	Ähm, also da steht ja Rabatt, weil, ähm, das heißt ja auch Angebot. Das, äh, ist ja# 25% sind auch von den 100% weg. Also ist das# Man zahlt ja nicht 75%.
77	Tremnitz	Doruk?
78	Doruk	Äh, ich sag, das ist richtig, weil, äh, das ist ja der Anteil, den man spart, also Anteil, den man spart, und Rabatt zählt als gleich.
79	Tremnitz	Mhm.
80	Doruk	(...) beides (...).
81	Tremnitz	Tuğçe?
82	Tuğçe	Also, ähm, man soll ja 75%, also, zahlen und ähm, nicht sparen. Also ist das (...).
83	Tremnitz	Mhm. Bist du schon überzeugt, Lena? Oder kannst du noch einmal gegenhalten?
84	Lena	Ich bin überzeugt.
85	Tremnitz	Was hat dich denn überzeugt?

(Fortsetzung)

Tabelle 7.4 (Fortsetzung)

86	Lena	Ja, also, dass man ja halt 75% zahlen muss und das halt nicht (…).
87	Tremnitz	Mhm. Es ist auch schon die Zahl glaube ich gefallen. Wie viel Prozent spart man? Das hattest du glaube ich am Anfang sogar selber gesagt
88	Lena	25%.
89	Tremnitz	Genau. Und die 25% sind dieser Rabatt oder ist das, was man zahlen muss [*zeigt am Prozentstreifen*]?
90	Lena	Rabatt
91	Tremnitz	Genau. Und die kommen hier auf dem Streifen, das hatten wir ja in der letzten Stunde auch schon, an welche Stelle? Wo könnte man die 25% notieren? Das ist ja gar nicht vorgesehen bisher. [*nickt Justus zu*]
92	Justus	Also so eine insgesamt große Klammer machen [*deutet mit den Händen eine geschweifte Klammer an*].
93	Tremnitz	Mhm. Worum ne Klammer machen? [*zeigt mit dem Edding an verschiedene Stellen am Prozentstreifen*]
94	Justus	Von der 75 bis zur 100.
95	Tremnitz	Ich schreib das jetzt mal so [*macht eine geschweifte Klammer von den „75%" bis zu den „100%"*]. Okay?
96	Justus	Und da dann die 25%.
97	Tremnitz	[*schreibt „25%" an die geschweifte Klammer*] Gut. Nehmen wir die mal als Hilfe dazu. Und da bist du [*zu Lena*] jetzt auch überzeugt, dass das der Rabatt ist. [*wischt das „Rabatt" über den „75%" wieder weg*] Das meint ja auch dieser Strich hier zwischen, dass der Rabatt im Grunde das ist, was die Differenz hier bildet. Gut. Dann haben wir noch einen Widerspruch. Ähm, Geld, das man spart [*zeigt auf „Geld, das man spart" in dem Bereich zwischen den „60€" und den „80€"*], Geld, das man spart [*zeigt auf „Geld, das man spart" unter den „80€"*]. Von wem kam Geld, das man spart, hier an der Stelle [*zeigt auf „Geld, das man spart" unter den „80€"*]? Tuğçe? Erklär mal warum.
98	Tuğçe	Also man muss dann 80# Ach so, also ich merk das jetzt. Also meins ist falsch, weil, ähm, man muss nicht 80€ zahlen, aber man muss 60€ zahlen, aber man spart ja nur 20€. Wenn man (80€) sparen will, dann (…).
99	Tremnitz	Mhm. Wie hattest du das denn vorher verstanden?
100	Tuğçe	Dass man nicht 80€, sondern 60€ (zahlt).
101	Tremnitz	Genau, ich hatte dich jetzt gerade in der Erklärung auch so verstanden, man spart <u>an</u> den 80€. Das ist gar nicht das, was man voll zahlt, sondern <u>davon</u> spart man was. So hatte ich dich verstanden. Deshalb kam das [*zeigt auf „Geld, das man spart" unter den „80€"*] hier zustande. Aber das, was man spart, steht eigentlich hier zwischen [*zeigt auf „Geld, das man spart" zwischen den „60€" und den „80€"*]. Jetzt# Wo müssten wir das hinschreiben? Weil, du hast ja auch schon gesagt, wie viel man spart. Mengü.
102	Mengü	Also in der Mitte, wo dieser Strich ist. Zwischen 60 und 80€.
103	Tremnitz	Mhm. Wie könnte man das in das Bild reinbringen? Also welcher Betrag ist denn das, was man spart?
104	Mengü	20€.

(Fortsetzung)

Tabelle 7.4 (Fortsetzung)

105	Tremnitz	Wo würde ich die hinschreiben? Jetzt hier an den Strich [*zeigt auf den Strich, der in den leeren Bereich des Prozentstreifens zeigt*]?
106	Mengü	Joa.
107	Tremnitz	Damit's ins Bild passt könnte man's sogar noch ein bisschen anders machen.
108	Justus	Wieder eine Klammer?
109	Tremnitz	Genau, mit dieser geschweiften Klammer. Aber das entspricht ja hier diesem Strich. So, Tuğçe hat sich schon selber rausargumentiert. [*wischt „Geld, das man spart" unter den „80€" weg*] Ist ja gar nicht schlimm, ne? Also die Idee, dass man erstmal denkt, ja ich spar schon die 80€, weil die bezahl ich gar nicht, äh, die habe ich schon verstanden, aber das, was man wirklich konkret spart, diese 20€, die gehören dazwischen. Deswegen ist Tuğçes erste Idee gar nicht so weit hergeholt. Okay. [...]

konkrete Situation oder vernetzt darüber hinaus, dies ist ein Indikator für Darstellungswechsel daher wird die Dimension *Darstellungsvernetzung* auf Niveau 1
eingestuft.

Die *Diskursive Aktivierung* wird mit 2 eingestuft werden, da der Lehrer eine
explizite diskursive Struktur in die Moderation legt, durch das Beziehen von einer
Position als Fürsprecher oder Gegenredner (Zeile 73). Diese Struktur ist der Fortbildung entnommen, in der Herr Tremnitz explizit diese Methode kennenlernte,
Lernende Positionen beziehen zu lassen.

Darüber hinaus lässt er die in der Situation zu überzeugende Schülerin
anschließend in ihren eigenen Worten die Erklärung wiedergeben und hakt
wiederholt nach (Zeile 83 – 86). Analog zu Frau Otting ist auch hier die
Mathematische *Reichhaltigkeit* und *Kognitive Aktivierung* sehr hoch und mit 2
einzuschätzen, da die sprachlichen Elemente explizit neu sind und hoch diskursiv
thematisiert werden.

Die *Mitwirkung* ist durch die diskursive Struktur auch auf Niveau 2 zu
bewerten, denn das Einnehmen von Positionen und Kontrapositionen erfordert,
Verantwortung für diese Ideen zu übernehmen und sie zu rechtfertigen. Eigene
Ideen der Lernenden werden ausdrücklich eingefordert, dabei übersteigen die
mündlichen Arbeitsaufträge denen des Materials. Eigene Erklärungsmuster dürfen
zwar präsentiert werden, aber werden nicht explizit aufgegriffen, was zu einem
Niveau 1 bei der *Ideennutzung* führt.

Der *Zugang für Alle* ist hier wiederrum hoch, da eine Vielzahl an Lernenden
sich beteiligen, die im bisherigen Verlauf der Stunde noch nicht häufig beteiligt
haben.

7.3　Zusammenfassender Vergleich der vier Szenen

7.3.1　Bewertungsspektrum der einzelnen Dimensionen

Für einen direkteren Vergleich der Bewertungen der vier vorgestellten Szenen, werden diese kompakt in Tabelle 7.5 zusammengefasst. Zunächst wird vorgestellt, wie die Dimensionen unterschiedlich eingeordnet werden können und wie zusammenfassend die Bewertung qualitativ zu deuten ist.

- *Mathematische Reichhaltigkeit:* Die Dimension *Mathematische Reichhaltigkeit* wurde in den präsentierten Szenen mit 1 oder 2 bewertet. Niveau 0 taucht empirisch im Gesamtdatensatz nur selten auf (siehe Kapitel 8) und ist als Unterrichtsstunde mit fehlerhaften mathematischen Ideen vorstellbar. Frau Dellwisch leistet mit ihrer Umsetzung im Unterricht eine mathematisch handwerkliche korrekte Präsentation der Begriffe im Kontext Prozente, aber beschränkt sich mathematisch und sprachlich auf diesen Rahmen (Niveau 1). Die anderen Lehrkräfte leisten hier mehr Anknüpfung an die Mathematik als Ganzes (alle drei Niveau 2): Frau Gerster knüpft die Prozente mathematisch konzeptuell an die Brüche an und sowohl Frau Otting und Herr Gerster fordern erhöhte sprachliche Vernetzung der Begriffe an, wodurch sprachbildende Reichhaltigkeit erzeugt wird.
- *Kognitive Aktivierung:* Die Dimension *Kognitive Aktivierung* wurde in den präsentierten Szenen auch mit 1 und 2 bewertet, wobei Szenen mit 0 selten sind und routinierte Aufgaben oder Abschreibaufträge beinhalten. Frau Dellwisch lässt sich in ihrer Szene Chancen für hohe *Kognitive Aktivierung* entgehen, regt die Lernenden an, aber hält diese dann nicht aufrecht, weil ungenaue oder nichtvorgegebene Lösungen nicht ausgehalten werden (Niveau 1). Frau Gerster und Herr Tremnitz halten unterschiedliche Argumentationen und Diskussionspositionen aus, fördern diese und erzeugen durch hohe *Diskursive Aktivierung* hohe *Kognitive Aktivierung*. Hingegen Frau Otting fördert hohe *Kognitive Aktivierung* durch die Erzeugung von kognitiven Konflikten und nutzt diese wiederrum zur Anregung von erhöhter *Diskursiver Aktivierung* (alle drei Niveau 2).
- *Zugang für Alle:* Die Dimension *Zugang für Alle* hätte mit 0 bewerten werden müssen, wenn Unterrichtsstörungen den Unterricht kaum möglich gemacht hätten oder Lernende offensichtlich unbeteiligt oder verweigernd gewesen wären, was hier nicht der Fall ist. Frau Dellwisch und Frau Gerster erzielen jeweils Niveau 1 in der Dimension, da sie zwar Beteiligung in der Breite

Tabelle 7.5 Übersicht der Ratings der vier Szenen

Dimensionen	Frau Dellwisch	Frau Gerster	Frau Otting	Herr Tremnitz
Mathematische Reichhaltigkeit	1: Kernidee nicht adressiert oder am Streifen gezeigt	2: Korrekte Mathematik angeknüpft an Themenfeld Brüche	2: Hohe inhaltliche Reichhaltigkeit durch die kritische Zuordnung der Begriffe	2: Inhaltlich anspruchsvolles wird vernetzt diskursiv vermittelt
Kognitive Aktivierung	1: Nicht aufrechterhalten oder genutzt	2: Hoher diskursiver Anspruch	2: Erzeugung von kognitiven Konflikten auf Grundlage der Beiträge	2: Diskursive Auseinandersetzung mit neuen Inhalten
Zugang für Alle	1: Bedeutsame Beteiligung nicht breit genutzt	1: Breite Beteiligung durch Methodik, aber bedeutsame Erklärungen auf wenige beschränkt	2: Individueller Umgang mit einer Vielzahl heterogener Lernender sorgt für breite bedeutsame Beteiligung	2: Breite diskursiv bedeutsame Beteiligung
Mitwirkung	0: Keine Verantwortung der Idee zugeschrieben	1: Verantwortung gegeben, aber beschränkt sich auf externe Ideen	2: Explizite Zuordnung einzelner Ideen zu Lernenden, die wiederholt in die Verantwortung gezogen werden	2: Zuschreibung von Ideen durch Positionen
Ideennutzung	0: Idee bleibt ungenutzt	1: Ideen nur beschränkt eingefordert und nicht genutzt	2: Nutzen der Ideen der Lernenden zur Weiterarbeit und Erzeugung von kognitiven Konflikten	1: Ideen werden vorgestellt, aber es wird mit gegebenen Ideen gearbeitet

(Fortsetzung)

Tabelle 7.5 (Fortsetzung)

Dimensionen	Frau Dellwisch	Frau Gerster	Frau Otting	Herr Tremnitz
Diskursive Aktivierung	0: Keine Aufforderung zu Erklärungen trotz Gelegenheit	2: Erklärungen durchgängig eingefordert durch Lehrkraft und Lernende	2: Elaborierte Aushandlungsprozesses zur flexiblen Zuordnung der Begriffe.	2: Elaborierte diskursive Anmoderation
Darstellungsvernetzung	0: Keine Nutzung von Visualisie-rung trotz Gelegenheit	1: Zuordnung der Begriffe ohne Vernetzung	2: Vernetzung der Begriffe am Prozentstreifen inklusiver Anregung kognitiven Konflikten.	1: Zuordnung ohne Vernetzung

anregen und erreichen, entweder in dem sie bisher inaktive Lernende aktivieren oder durch methodische Vielfalt. Allerdings gelingt es ihnen nicht, dass die Beteiligung in der Breite bedeutungsvoll wird. Frau Dellwisch behält die bedeutsame Beteiligung einem Lernenden vor, die sie dann nicht in die Breite nutzt. und Frau Gerster lässt die Erklärungen auf wenige beschränken. Frau Otting und Herr Tremnitz erreichen hingegen eine breite bedeutsame Beteiligung (Niveau 2), erstere durch die Einbindung unterschiedlicher Lernender mit individuellen Rückmeldungen und Unterstützungen passend zum jeweiligen Lernstand und zweiterer durch eine elaborierte Diskussionsmethodik, die die Lernenden zwingt, sich jeweils bedeutsam einzubringen und erzeugt hier die breite Beteiligung durch die hohe *Diskursive Aktivierung* für viele Lernende.

- *Mitwirkung:* Die Dimension Mitwirkung ist bei Frau Dellwisch mit Niveau 0 zu bewerten, da sie den Lernenden keine Verantwortung für die Gestaltung der Lerninhalte gibt. Die Lernenden sichern nicht ihr Produkt, sondern eine vorgegebene Lösung. Die Chance, einem Lernenden das Gefühl zu geben, die Mathematik selbstständig mit eigenen Begriffen und Vorstellungen erfassen zu können, nutzt sie nicht und verunsichert nur den Schüler, so dass er nicht sicher sein kann, ob seine Begriffe zulässig sind. Frau Gerster gibt den Lernenden zwar Verantwortung über die genutzten Ideen, diese beschränken sich aber auf externe, wodurch nicht-eigene Ideen geordnet werden, dies wird auf Niveau 1 eingestuft. Frau Otting und Herr Gerster gelingen jeweils eine hohe Mitwirkung auf Niveau 2, da die Lernenden unabhängig von ihrem Leistungsstand Inhalte beitragen und verteidigen können. Die Lernenden haben hier Einfluss auf den Verlauf der Diskussion und erfahren sich selbst als aktive Mathematiktreibende und Sprachbildende.
- *Ideennutzung:* Frau Dellwisch nutzt die präsentierte Idee des Lernenden nicht, wodurch die Dimension mit 0 einzustufen ist. Frau Gerster und Herr Tremnitz lassen die Lernenden Ideen vorstellen, aber wählen sehr gezielt aus diesen jene hinaus, die der Unterrichtsstunde entsprechen und lassen diese besprechen, was mit Niveau 1 bewertet wird. Frau Otting geht einen Schritt weiter und lässt alle Ideen zu, bevor die Ordnung (*Mitwirkung*) durch die Lernenden erfolgt. Bei ihr werden die Ideen von den Lernenden erzeugt und auch selbst genutzt für den weiteren Wissensbildungsprozess.
- *Diskursive Aktivierung:* Die Dimension *Diskursive Aktivierung* auf Niveau 0, wie bei Frau Dellwisch, tritt auf, wenn keine Erklärungen eingefordert werden. Niveau 1 ist erreicht, wenn zwar Erklärungen eingefordert würden, diese aber dann nicht weitergeführt werden oder nur niedrigere diskursive Praktiken

abdecken würden. Frau Gerster und Herr Tremnitz erzeugen mit Hilfe von *Diskursiver Aktivierung* eine hohe *Kognitive Aktivierung*, wohingegen Frau Otting durch *Kognitive Aktivierung Diskursive Aktivierung* erzeugt (siehe *Kognitive Aktivierung*), da anspruchsvolle Diskursive Praktiken vollzogen werden.

• *Darstellungsvernetzung:* Die Dimension *Darstellungsvernetzung* ist auf Niveau 0, wenn keinerlei Darstellungen genutzt werden, wie bei Frau Dellwisch, besonders da hier sowohl die Darstellung zur Verfügung stand und das Potential einer Visualisierung gegeben war. Frau Gerster und Frau Tremnitz lassen jeweils die Darstellung der Sprache und die des Streifens erklären, beschränken sich hierbei auf eine Richtung, wie die Begriffe dem Streifen zuzuordnen sind, dies wird auf Niveau 1 eingestuft. Frau Otting vernetzt hingegen wechselseitig und führt Veränderungen am Streifen durch, die wieder in die Realsituation und auf die Sprachebene rückübersetzt werden müssen, was eine Vernetzung der beiden Ebenen darstellt und daher mit Niveau 2 eingeschätzt wird.

7.4   Einbettung der Szenen in die Gesamtstunden

Die Illustration der L-TRU-Dimensionen an vier Szenen zu derselben Aufgabe zeigt, dass die konkrete Umsetzung durch das Handeln der Lehrkräfte im Unterricht stark variieren kann. Diese Variation findet nicht nur zwischen den Lehrkräften bei derselben Aufgabe statt, sondern auch bei derselben Lehrkraft im Verlauf der Unterrichtsstunde, bei unterschiedlichen Aufgaben und unterschiedlichen Segmenten.

Im Laufe einer Unterrichtsstunde variieren die Dimensionen mit Ausnahme von *Zugang für Alle*, was weitestgehend konstant zu sein scheint. Die gezielt als kontrastierend ausgewählten Szenen von Frau Dellwisch und Frau Otting bilden dabei extreme Pole, beide Lehrerinnen haben auch Segmente mit eher mittleren Niveaueinstufungen.

Zur breiteren Einbettung wird in den Stundenprofilen in Abb. 7.9 daher aufgezeigt, wie sich die einzelnen Szenen in den Gesamtverlauf der gesamten jeweiligen Unterrichtsstunde einordnen. Für jede Unterrichtsstunde werden im Stundenprofil alle maximal fünfminütigen Segmente horizontal abgetragen, In der oberen Zeile stehen die Sozialformen (Pl = Plenumsarbeit; G = Gruppenarbeit; Pr = Präsentationen durch Lernende; E = Einzelarbeit) und die bearbeiteten Aufgaben. Das Rechteck markiert die in den Abschnitten 7.1–7.3 analysierten

Szenen. Für jede Dimension zeigt eine Verlaufslinie darunter die Niveaueinschätzungen jedes Segments, je dunkler die Farbmarkierung desto höher das
Niveau.

Die Einbettung der vier Szenen in die Stundenprofile zeigt, dass die einzelnen Segmente zwar Tendenzen aufzeigen, sich jedoch allein aus einem maximal
fünfminütigen Segment nicht zuverlässig auf ganze Stunden schließen lässt.

Die Stundeneinbettung ermöglicht darüber hinaus die Relevanz und Verläufe
einzelner Dimensionen zu illustrieren und ermöglichen die Rekonstruktion von
Hürden im Ablauf der Stunde an sich. Die vier Fokuslehrkräfte werden in
Abb. 7.10 mit vier weiteren Lehrkräften verglichen. Deren Stundenprofile sollen
kurz präsentiert werden, um auch Niveaueinschätzungen zu illustrieren, die in
den Fokusszenen nicht vorkamen (*Mathematische Reichhaltigkeit* = 0; *Kognitive
Aktivierung* = 0; *Zugang für alle* = 0; *Diskursive Aktivierung* = 1).

Der Stundenverlauf von Herr Diem illustriert prägnant die Notwendigkeit,
die Segmente getrennt einzuschätzen (Abschnitt 6.4.1). Die Unterrichtsstunde
beinhaltet zwei hoch eingestufte Segmente. Im ersten hervorgehobenen Segment
unterbricht eine Schülerin selbst initiiert die Plenumsdiskussion und präsentiert
ihre Vorstellung vom Inhalt mit sehr hoher Vernetzung (*Mathematische Reichhaltigkeit, Kognitive Aktivierung, Mitwirkung* und *Diskursive Aktivierung* auf Niveau
2). Es kommt danach zunächst zu einer unstrukturierten Plenumsphase, dann folgt
das zweite hoch eingeschätzte Segment, in der sehr elaborierten Diskussion über
das Produkt der Schülerin aus dem ersten hervorgehobenen Segment (zusätzlich
Ideennutzung auf Niveau 2). Zwischen der Präsentation der Schülerin und der
Diskussion über ihre Vorstellung wird zehn Minuten lang sprachlich ungenau bis
fehlerhaft über Begriffe im Einkaufskontext gesprochen, ohne dass der Lehrer
korrigiert oder unterstützt. In diesen Zwischensequenzen wird trotz sprachbildendem Material und hoher Leistungsfähigkeit der Lerngruppe durch zeitweise nicht
treffsichere Moderation nur eine *Mathematische Reichhaltigkeit* und *Diskursive
Aktivierung* auf Niveau 0 realisiert.

Der Stundenverlauf von Herr Nuesken illustriert, wie sich ein *Zugang für Alle*
auf Niveau 0 unterschiedlich ausprägen kann. Im ersten hervorgehobenen Segment befindet sich der Unterricht in einer auslaufenden Gruppenphase, viele
Lernenden beschäftigen sich nicht mit den mathematischen Inhalten und der
Lärmpegel ist hoch, während der Lehrer die Zeit nutzt, um mit einer einzelnen
Schülerin explizit an ihrer eigenen Vorstellung zu arbeiten und ihr dadurch eine
intensive Auseinandersetzung und Weiterentwicklung ihrer eigenen Idee ermöglicht. In dem ersten hervorgehobenen Segment ist die *Kognitive Aktivierung* und
die *Ideennutzung* (für eine Schülerin) auf Niveau 2, während das Niveau 0 für
den *Zugang für alle* markiert, dass alle anderen nicht beteiligt sind. Herr Nuesken

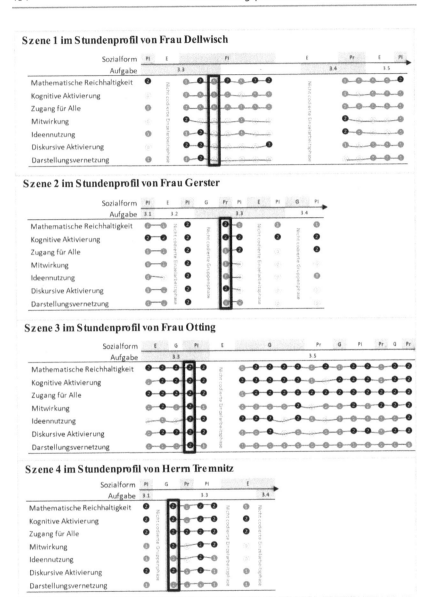

Abb. 7.9 Stundenprofile zum Verlauf der Niveaueinstufungen der vier Lehrkräfte (schwarzes Rechteck markiert analysierte Szenen 1-4)

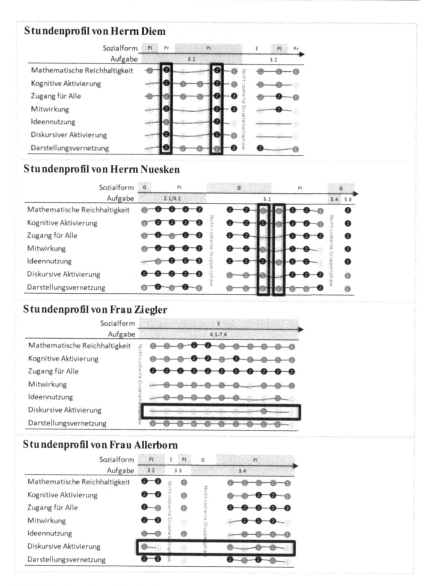

Abb. 7.10 Stundenprofile für vier weitere Lehrkräfte (im Text angesprochene Segmente sind jeweils mit einem Rechteck hervorgehoben)

wechselt danach in den Plenumsunterricht, ohne dass die Klasse sich neu auf das Plenum konzentriert, wodurch er nun korrekte Inhalte (*Mathematische Reichhaltigkeit* und *Darstellungsvernetzung* auf Niveau 1) vor einer nicht beteiligten oder nicht sich einbringen Lerngruppe präsentiert (*Zugang für alle* auf Niveau 0).

Die Stunden von Frau Ziegler und Frau Allerborn veranschaulichen, wie *Diskursive Aktivierung* auf Niveau 1 und 0 in einer Unterrichtsstunde realisiert wird. Frau Ziegler stellt gelegentlich ‚Warum'-Fragen, aber gibt sich mit Verweisen auf die jeweilige Rechnung zufrieden. Frau Allerborn setzt die Lernumgebung als reine Einzelarbeit um und fordert nur ein einziges Mal eine Erklärung in einem Einzelgespräch ein, aber gibt sich auch mit einem Verweis auf eine Rechnung zufrieden. Beide Lehrkräfte geben sich mit oberflächlichen Erklärungen zufrieden, so dass keine *Diskursive Aktivierung* auf Niveau 2 und selten eine entsprechende *Mathematische Reichhaltigkeit* erreicht wird.

Diese kurze Vorstellung der Unterrichtsverläufe mit teilweise niedrigen Einordnungen zeigt, dass auch wenn die Dimensionen *Mathematische Reichhaltigkeit*, *Kognitive Aktivierung* und *Zugang für Alle* teilweise sehr hoch eingeordnet werden, ihre Erfassung nicht redundant ist.

Insgesamt zeigen sich in den Stundenprofilen aber auch viele tendenzielle Kohärenzen zwischen den Dimensionen, d. h. wenn ein Segment in einer Dimension hoch eingestuft wird, dann in der Tendenz auch in anderen Dimensionen. Diese Zusammenhänge werden in Kapitel 8 genauer untersucht, genauer werden die empirischen Zusammenhänge und Wechselwirkungen zwischen den einzelnen Dimensionen über die gefilmten Klassen hinweg untersucht, um zu zeigen, inwiefern die Dimensionen unabhängige und valide Aussagen über Unterrichtsgeschehen liefern können.

Um die Qualität einer Unterrichtsstunde über die verschiedenen Segmente hinweg zusammenzufassen, wurde der Qualitätsgrad als das Maß eingeführt, wie hoch die Anzahl der Segmente einer jeden Lehrkraft ist, die auf 0/1 oder 2 bzw. 0 oder 1/2 liegen (vgl. Abschnitt 6.4.1). Von diesen zusammenfassenden Qualitätsgrad wird angenommen, dass er in der Regel dem Unterricht entspricht, den die entsprechenden Lernenden erfahren. Sie gehen in Kapitel 9 in die Modellierungen ein.

Für den hier zugrunde liegenden Datensatz verteilen sich die Unterrichtsqualitätsdimensionen wie in Tabelle 7.6 aufgeführt. Sie bildet die Basis für die Dichotomisierten Niveaueinschätzungen für die Qualitätsdimensionen, die bereits in Abschnitt 6.4.1 vorgenommen und erläutert wurde.

Der vorliegende Datensatz wird in Kapitel 8 je Unterrichtsqualitätsdimension paarweise auf ihre Wechselwirkung mit Hilfe von Rangkorrelation und Kontingenztabellen betrachtet, um im nächsten Kapitel Forschungsfrage 2 zu bearbeiten

Tabelle 7.6 Absolute und relative Verteilung der Unterrichtsqualitätsdimensionen des Datensatzes

	Anzahl der Segmente auf ...			Prozentuale Verteilung der Segmente auf ...		
Dimensionen	**Niveau 0**	**Niveau 1**	**Niveau 2**	**Niveau 0**	**Niveau 1**	**Niveau 2**
Mathematische Reichhaltigkeit	17	84	355	4 %	18 %	78 %
Kognitive Aktivierung	26	77	353	6 %	17 %	77 %
Zugang für Alle	13	39	404	3 %	09 %	89 %
Mitwirkung	64	165	227	14 %	36 %	50 %
Ideennutzung	82	187	187	18 %	41 %	41 %
Diskursive Aktivierung	74	94	288	16 %	21 %	63 %
Darstellungsvernetzung	34	316	106	7 %	69 %	23 %

und zu erfassen, ob ähnlich verteile Dimensionen sich wechselseitig beeinflussen und welche Informationen über Unterrichtsqualitätsdimensionen durch diese bestimmt werden können.

7.5 Prüfung der Interraterreliabilität

Wie bereits in Abschnitt 6.4.1 erläutert, muss für die Interraterreliabilität sichergestellt werden, dass die Raterinnen und Rater vergleichbare Werte vergeben. Um dies sicherzustellen, wurden Fließschemata für jede Dimension erarbeitet und in Abschnitt 7.1 vorgestellt. Für eine formale Reliabilitätsprüfung wurde ein Drittel des Datensatzes unabhängig doppelt analysiert und auf dieser Basis die Interrater-Reliabilität bestimmt.

Tabelle 7.7 zeigt die (bereits in Prediger & Neugebauer 2021b berichteten) Werte für die Interraterreliabilitäten. Cohens κ ist das Maß für die Übereinstimmung, dass die Zahl der Möglichkeiten einbezieht. Kappas zwischen 0,41 und 0,60 gelten als moderate Übereinstimmung, zwischen 0,61 und 0,80 als gute Übereinstimmung und zwischen 0,81 und 1,00 als hervorragende Übereinstimmung. Das bedeutet, dass die erreichten Werte gut bis hervorragend sind.

Tabelle 7.7
Interraterreliabilität des
adaptierten L-TRU aus
Prediger und Neugebauer
(2021b)

	Cohens κ
Mathematische Reichhaltigkeit	0,86
Kognitive Aktivierung	0,81
Zugang für Alle	0,88
Mitwirkung	0,73
Ideennutzung	0,69
Diskursive Aktivierung	0,75
Darstellungsvernetzung	0,79
Durchschnittliche Übereinstimmung	**0,78**

Nach Bestimmung der Interraterreliabilitäten wurden alle Nicht-Übereinstimmungen im Konsens geklärt, so dass die weitere Analyse auf Basis 100 %iger Übereinstimmung erfolgte.

Diese Arbeit nutzt somit nicht nur das TRU-Framework als Grundlage zur Adaption, sondern liefert auch den noch ausstehenden Nachweis der Reliabilität (Schoenfeld 2018) in der Breite, zumindest für die vorgenommene Adaption zu L-TRU. Eine Übertragbarkeit auf das ursprüngliche TRU-Framework wäre noch zu überprüfen.

Wechselwirkungen der Dimensionen von L-TRU

Die Sprechweise von TRU- und L-TRU-Qualitätsdimensionen darf nicht missverstanden werden als Anspruch, vollständig unabhängige Phänomene von Unterrichtsqualität im sprachbildenden Fachunterricht zu erfassen. In Bezug auf die Effizienz betont Schoenfeld (2018), dass die Dimensionen des TRU-Frameworks ein System darstellen, dessen Subdimensionen jeweils unterschiedliche Teilaspekte erfasst, diese jedoch aus theoretischen Gründen Überschneidungen haben und die Dimensionalität nicht als vollkommene Unabhängigkeit missverstanden werden sollte. Auch die Fallbeispiele aus Kapitel 7 weisen darauf hin, dass einige Dimensionen sich inhaltlich überschneiden, so dass sie jeweils ähnlich eingestuft werden.

Daher sollen die Wechselwirkungen der Dimensionen in diesem Kapitel genauer untersucht werden. Dies ermöglicht die Beantwortung der zweiten Forschungsfrage:

F2:   Wie lassen sich durch Rangkorrelationen und Kontingenztabellen die Zusammenhänge der Qualitätsdimensionen des L-TRU beschreiben?

Es wird jeweils geprüft, inwiefern die Zusammenhänge zweier Dimensionen auf (ggf. Unnötige) inhaltliche Überschneidungen, invalides Rating oder theoretisch relevante Wechselwirkungen zurückzuführen sind.

Für eine erste deskriptive Annäherung werden die Rangkorrelationen bestimmt (Abschnitt 8.1). In den Abschnitten 8.2 bis 8.7 werden die Wechselwirkungen in Kontingenztabellen genauer betrachtet und inhaltlich diskutiert, auch unter Rückgriff auf die Fallbeispiele aus Kapitel 7.

© Der/die Autor(en), exklusiv lizenziert durch Springer Fachmedien Wiesbaden GmbH, ein Teil von Springer Nature 2022
P. Neugebauer, *Unterrichtsqualität im sprachbildenden Mathematikunterricht*, Dortmunder Beiträge zur Entwicklung und Erforschung des Mathematikunterrichts 48, https://doi.org/10.1007/978-3-658-36899-9_8

8.1 Rangkorrelationen zwischen den L-TRU-Dimensionen

Im Rahmen der 26 gefilmten Unterrichtsstunden wurden insgesamt 565 maximal fünfminütige Segmente gebildet. Insgesamt ließen sich 497 Segmente von Klassen mit erhobenen Testdaten erfassen, von denen konnten wiederum 456 Segmente in den sieben Dimensionen des L-TRU-Instrument eingestuft werden. Segmente, die als Unterbrechungen eingeordnet wurden oder auf Grund von unklarem oder beschädigtem Material mit NA (nicht auswertbar) eingestuft wurden, wurden ausgenommen.

Tabelle 8.1 dokumentiert für alle auswertbaren 565 Segmente die Rangkorrelationen aller Paare von L-TRU-Dimensionen. Aufgrund der ordinalen Skalenqualität der Niveaustufen (Schoenfeld et al. 2018) wurde jeweils Spearmans Rangkoeffizient ρ bestimmt.

Tabelle 8.1 Rangkorrelationen zwischen den Dimensionen in 565 Segmenten

Spearman's ρ	MR	KA	ZFA	MW	IN	DA	DV
MR Mathematische Reichhaltigkeit	1	0.63***	0.30***	0.39***	0.34***	0.53***	0.27***
KA Kognitive Aktivierung		1	0.26***	0.43***	0.43***	0.47***	0.25***
ZFA Zugang für alle			1	0.13***	0.03	0.21***	0.1*
MW Mitwirkung				1	0.47***	0.47***	0.30***
IN Ideennutzung					1	0.33***	0.19***
DA Diskursive Aktivierung						1	0.29***
DV Darstellungsvernetzung							1

*** = unter 0.1 % Signifikanzintervall; * = unter 5 % Signifikanzintervall

Die Betrachtung der Rangkorrelationen zwischen den Dimensionen zeigt, dass abgesehen vom *Zugang für alle* und der *Darstellungsvernetzung* die meisten Zusammenhänge einen mittleren Effekt haben und signifikant sind. Diese müssen jedoch mit Vorsicht interpretiert werden, denn die Rangkorrelationen und ihre Signifikanzen sind auch auf das vereinfachte Erfassungsinstrument mit nur jeweils drei Niveaus zurückzuführen, durch das sich jeweils nur neun theoretisch mögliche Kombinationsmöglichkeiten ergeben.

Für eine genauere Analyse werden daher die einzelnen Wechselwirkungen, die in Tabelle 8.1 zusammengefasst sind, zeilenweise in den folgenden Abschnitten genauer untersucht. Dabei wird auch geprüft, inwiefern es eine Richtung der Abhängigkeit gibt, in der hohe Niveaus der Dimension die andere begünstigt, aber nicht umgekehrt.

8.2 Wechselwirkungen zur *Mathematische Reichhaltigkeit*

Mathematische Reichhaltigkeit und Kognitive Aktivierung
In anderen Studien zeigte sich, dass hohe *Kognitive Aktivierung* sich nur bei fachlicher Korrektheit entfaltet (Brunner 2018). Ohne Korrektheit und Kohärenz der Inhalte, also Mindestniveaus von *Fachlicher Reichhaltigkeit* ist *Kognitive Aktivierung* demnach unwahrscheinlich. Umgekehrt ist jedoch theoretisch denkbar, dass hohe *Mathematische Reichhaltigkeit* gegeben ist in Form von Überkomplexität (Schoenfeld 2017b), dann ist zwar der Inhalt reichhaltig, weist jedoch keine Passung zu den Lernenden auf, so dass der Unterricht die Lernenden (durch fehlende Berücksichtigung der Lernstände) nicht aktiviert (Hiebert & Grouws 2007).

Die beiden Dimensionen haben mit $\rho = 0.63$ die höchste Rangkorrelation. Die Kontingenztabelle in Tabelle 8.2 spiegelt ebenfalls den starken Zusammenhang, denn 80 % der Segmente (365 von 465 Einstufungen) wurden bzgl. *Mathematischer Reichhaltigkeit* und *Kognitiver Aktivierung* gleich eingestuft.

Tabelle 8.2 Kontingenztabelle für Mathematische Reichhaltigkeit und Kognitive Aktivierung durch Anzahl der auf den jeweiligen Niveaus eingestuften Segmente

	Niveaus	Kognitive Aktivierung		
		0	1	2
Mathematische Reichhaltigkeit	0	3	11	3
	1	20	38	26
	2	3	28	324

Damit bestätigt die Kontingenztabelle die Ergebnisse anderer Studien (Brunner 2018) und die qualitativ in den Fallbeispielen in Kapitel 7 beschriebenen Wechselwirkungen, bei denen alle vier Szenen in *Mathematische Reichhaltigkeit und Kognitive Aktivierung* jeweils gleich eingestuft wurden.

Nicht belegt wurde im vorliegenden Videodatenkorpus dagegen die Vermutung einer möglichen Asymmetrie, dass hohe mathematische Reichhaltigkeit eher mit niedriger kognitiver Aktivierung einhergehen kann als umgekehrt.

Mathematische Reichhaltigkeit und Zugang für Alle
Die Kontingenztabelle 8.3 zeigt den Zusammenhang des zweiten Dimensions-paars, *Mathematische Reichhaltigkeit* und *Zugang für Alle*. Auch für diese beiden Dimensionen sind 332 von 456 Segmente auf Niveau 2 eingestuft.

Tabelle 8.3 Kontingenztabelle für Mathematische Reichhaltigkeit und Zugang für Alle durch Anzahl der auf den jeweiligen Niveaus eingestuften Segmente

		Zugang für Alle		
	Niveaus	0	1	2
Mathematische Reichhaltigkeit	0	0	8	9
	1	8	13	63
	2	5	18	332

Somit korrelieren *Mathematische Reichhaltigkeit* und *Zugang für Alle* recht schwach mit 0.3. Die *Mathematische Reichhaltigkeit* wird nur in 17 Segmenten auf Niveau 0 eingestuft. In den Segmenten auf Niveau 1, in denen die Mathe-matik also korrekt, aber nicht an größere Ideen angebunden ist, sind dennoch die meisten Segmenten (63 von 72) für *Zugang für alle* auf Niveau 2 ausgeprägt. Da das Niveau 2 für den *Zugang für alle* eine bedeutungsvolle Beteiligung voraus-setzt, gibt es nur 9 Segmente, die gleichzeitig das Niveau 0 für die *mathematische Reichhaltigkeit* aufweisen.

Gleichwohl zeigen beide Dimensionen nicht dasselbe, die relevanten Diffe-renzen in den Fallbeispielen der Szenen von Herrn Gerster (Abschnitt 7.2) und Herrn Nuesken (Abschnitt 7.5) zeigen sich hier in den Abweichungen der Werte von der Hauptdiagonale der Kontingenztabelle.

Mathematische Reichhaltigkeit und Mitwirkung
Mathematische Reichhaltigkeit und *Mitwirkung* korrelieren mit 0.38.

Tabelle 8.4 Kontingenztabelle für Mathematische Reichhaltigkeit und Mitwirkung durch Anzahl der auf den jeweiligen Niveaus eingestuften Segmente

		Mitwirkung		
	Niveaus	0	1	2
Mathematische Reichhaltigkeit	0	4	10	3
	1	39	27	18
	2	21	128	206

Die *Mathematische Reichhaltigkeit* liegt meist oberhalb der *Mitwirkung:* nur in 31 von 456 Segmenten ist die *Mitwirkung* höher, in 188 von 456 Segmenten dagegen wird die *Mathematische Reichhaltigkeit* höher eingestuft als die *Mitwirkung*. Damit deutet sich an, dass sich ein mathematisch reichhaltiges Angebot im Unterricht nicht automatisch dazu führt, dass die Lernenden sich mit diesen Inhalten identifizieren, sie eigenständig mitgestalten oder ein positives Selbstbild zur Mathematik entwickeln.

Diese geringere und eher asymmetrische Kontingenz passt zu den qualitativen Beobachtungen bei den vorgestellten Szenen in Kapitel 7: Die Szenen von Frau Dellwisch (Abschnitt 7.1) und Frau Gerster (Abschnitt 7.2) zeigten mathematische Korrektheit, also *Reichhaltigkeit* auf Niveau 1, jedoch ohne Möglichkeit zur aktiven *Mitwirkung* der Lernenden zu schaffen. Umgekehrt scheint die Möglichkeit, eine stabile Identität gegenüber Mathematik zu entwickeln, deutlich stärker ausgeprägt, wenn die Mathematik in einer hinreichend korrekten und anschlussfähigen Weise präsentiert wird.

Mathematische Reichhaltigkeit und Ideennutzung

Die Dimensionen *Mathematische Reichhaltigkeit* und *Ideennutzung* korrelieren mit 0.33, auch für diese zwei Dimensionen zeigt die Tabelle 8.5 eine asymmetrische Verteilung: Bei den 187 Sequenzen, in denen es den Lehrkräften gelingt, adaptiv mit den Aussagen der Lernenden umzugehen und sie im Unterricht zu integrieren (also *Ideennutzung* auf Niveau 2), ist auch die *Mathematische Reichhaltigkeit* stark ausgeprägt (in 167 von 187 Segmenten).

Vergleicht man die wenigen Segmente, in denen die *Ideennutzung* echt höher als die *mathematische Reichhaltigkeit* eingestuft ist (24 von 456 Segmenten) mit den Segmenten, in denen letztere höher ausgeprägt ist (226 von 448 Segmenten) wird klar, dass die Mathematik wohlgeformt sein kann, ohne dass die Ideen der Lernenden eingebunden sind. Dies illustriert eine Herausforderung, die Schoenfeld so beschrieben hat: "However, the quality of the mathematics is a necessary but not sufficient condition for powerful mathematics learning: we have all been in lectures or classrooms where the mathematics presented was beautiful and elegant, but precious few of those listening could understand it! What counts is what the students learn." (Schoenfeld 2017b, S. 419).

Diese asymmetrischen Zusammenhänge werden auch durch die Szenen der Lehrkräfte Frau Gerster und Herr Tremnitz illustriert (Abschnitt 7.2), in denen die Mathematik komplex ist, an mathematische Konzepte anknüpft oder diskursiv anspruchsvoll vernetzt, aber die Ideen der Lernenden relativ wenig einbezogen werden in den weiteren Wissensaufbau.

Tabelle 8.5 Kontingenztabelle für Mathematische Reichhaltigkeit und Ideennutzung durch Anzahl der auf den jeweiligen Niveaus eingestuften Segmente

		Ideennutzung		
	Niveaus	0	1	2
Mathematische Reichhaltigkeit	0	9	4	4
	1	38	30	16
	2	35	153	167

Mathematische Reichhaltigkeit und Diskursive Aktivierung

Tabelle 8.6 Kontingenztabelle für Mathematische Reichhaltigkeit und Diskursive Aktivierung durch Anzahl der auf den jeweiligen Niveaus eingestuften Segmente

		Diskursive Aktivierung		
	Niveaus	0	1	2
Mathematische Reichhaltigkeit	0	13	2	2
	1	40	25	19
	2	21	67	267

Analog zur Ideennutzung ist auch die Kontingenztabelle 8.6 der *Mathematischen Reichhaltigkeit* zur *Diskursive Aktivierung* asymmetrisch strukturiert: Nur in wenigen Segmenten ist die Diskursive Aktivierung geringer gestuft als die *Mathematische Reichhaltigkeit* (23 von 456 Segmente), umgekehrt deutlich mehr (128 von 456 Segmente). Die Mathematik und der sprachliche Inhalt scheinen also eine geeignete Diskussionsgrundlage zu geben, sonst bleibt der Diskurs inhaltsleer.

In den 288 Segmenten mit *Diskursiver Aktivierung* auf Niveau 2 ist meist auch die *Mathematische Reichhaltigkeit* hoch (267 von 288 Segmenten). Diese hohe Quote weist darauf hin, dass das Einbinden der Lernenden in reichhaltige Sprachhandlungen tatsächlich die Anknüpfung an mathematische Ideen sehr gut ermöglicht, umgekehrt ist das mathematisch reichhaltige Angebot noch nicht zwangsläufig mit diskursiver Beteiligung der Lernenden verbunden.

Diese Beobachtung, dass die *Mathematische Reichhaltigkeit* zumeist höher als die *Diskursive Aktivierung* ist, zeigt sich auch bei den Lehrkräften Herr Gerster, Frau Otting und Herr Tremnitz (Abschnitt 7.2) in Abgrenzung zu Frau Ziegler und Frau Allerborn (Abschnitt 7.5). Das Trio nutzt das mathematisch reichhaltige Material als Anregung zur diskursiven Auseinandersetzung, wohingegen letztere das Potential der reichhaltigen Materialen nicht diskursiv nutzen.

Mathematische Reichhaltigkeit und Darstellungsvernetzung
Wie die Szene von Frau Otting zeigt (Abschnitt 7.2), sind *Mathematische Reichhaltigkeit und Darstellungsvernetzung* durch die Durchführung konzeptuell bedeutsamer Tätigkeiten im Zusammenhang mit mehreren Darstellungen eng verknüpft. Es ist davon auszugehen, dass dann auch die *Mathematische Reichhaltigkeit* gegeben ist. Andere Szenen zeigen, dass auch mit Darstellungswechseln ohne *Darstellungsvernetzung* (also mit Niveau 1) mathematisch reichhaltiges Arbeiten möglich ist (z. B. der übrige Stundenverlauf von Frau Otting in Abb. 7.9 oder viele weitere Segmente von Herrn Nuesken in Abb. 7.10).

Die schwache Rangkorrelation von 0.27 zwischen *Mathematischer Reichhaltigkeit* und *Darstellungsvernetzung* irritiert im ersten Zugriff angesichts der Möglichkeiten, die das Unterrichtsmaterial mit dem Prozentstreifens bietet, um an übergeordnete mathematische Ideen anzuknüpfen. Diese Möglichkeit der Anknüpfung lässt sich auch an der Kontingenztabelle 8.7 sehen.

Tabelle 8.7 Kontingenztabelle für Mathematische Reichhaltigkeit und Darstellungsvernetzung durch Anzahl der auf den jeweiligen Niveaus eingestuften Segmente

	Niveaus	Darstellungsvernetzung		
		0	1	2
Mathematische Reichhaltigkeit	0	1	15	1
	1	18	60	6
	2	15	241	99

In den 106 Segmenten, in denen es den Lehrkräften gelungen ist, explizite *Darstellungsvernetzungen* und nicht nur Darstellungswechsel anzuregen, ist die *Mathematische Reichhaltigkeit* in 99 Segmenten auf Niveau 2 eingestuft. Im Falle, dass die *Mathematische Reichhaltigkeit* hoch ist, findet sich meistens (256 von 355 Segmenten) maximal Darstellungswechsel. Dies bedeutet, dass Lehrkräfte, die mathematisch stimmige Unterrichtssequenzen präsentieren, diesen zwar durch Darstellungswechsel und gelegentlichen Transfer unterstützen, aber dass die Momente, die gezielt die Darstellungsvernetzung anregen, nahezu durchgängig eine hohe *Mathematische Reichhaltigkeit* haben.

Die Ausprägung der Rangkorrelation, sowie der Verteilung der Kontingenztabelle lässt sich auf die anspruchsvolle Operationalisierung der Darstellungsvernetzung zurückführen (Abschnitt 5.2): Das höchste Niveau wird erst vergeben, wenn wirklich vernetzend gearbeitet wird. Die explizite Vernetzung ist nicht zwangsläufig nötig für gelungenen Unterricht und inhaltlich nicht durchgängig notwendig, sondern eher punktuell.

Dies lässt sich auch an den Szenen von Frau Gerster und Herr Tremnitz (Abschnitt 7.5) illustrieren, beide demonstrieren reichhaltigen und anregenden Unterricht, bei dem man davon ausgeht, dass er einen positiven Einfluss auf den Lernzuwachs hat, aber trotzdem führen sie in den konkreten Segmenten nur Darstellungswechsel durch, während die explizite Vernetzung in anderen Momenten erfolgt.

8.3   Wechselwirkungen zur *Kognitiven Aktivierung*

Kognitive Aktivierung und Zugang für Alle
Kognitive Aktivierung ist das Ausmaß, in dem Lernende in intellektuell herausfordernden Aktivitäten eingebunden werden, dabei müssen aber nicht zwangsläufig viele verschiedene Lernenden eingebunden sein. Ein Beispiel dafür lieferte die Szene von Frau Gerster (*Abschnitt 7.2*), in der die *Kognitive Aktivierung* durch die eingeforderten Erklärungen hoch ist, jedoch nur wenige Lernende beteiligt sind.

Das Niveau 2 der Dimension *Zugangs für Alle* erfordert eine breite Beteiligung an bedeutungsvoller Mathematik, wenn auch ggf. mit deutlicher Unterstützung, die die kognitive Aktivierung ggf. nicht aufrecht erhält. Zwei Fallbeispiele für ein solches „Weg-Scaffolden" des Anspruchs wurde in den Szenen von Frau Otting und Herrn Tremnitz gezeigt (in Abschnitt 7.2).

Inwiefern diese Fallbeispiele typisch sind, zeigt die Kontingenztabelle 8.8.

Tabelle 8.8 Kontingenztabelle für Kognitive Aktivierung und Zugang für Alle durch Anzahl der auf den jeweiligen Niveaus eingestuften Segmente

		Zugang für Alle		
	Niveaus	0	1	2
Kognitive Aktivierung	0	0	7	19
	1	6	15	56
	2	7	17	329

Kein einziges Segment wurde bzgl. beider Dimensionen auf Niveau 0 eingestuft, d. h. es wurden stets angemessene Impulse oder zumindest Einbezug aller Lernender erreicht, dies deckt sich mit den Fallbeispielen.

Nur in wenigen Segmenten ist die *Kognitive Aktivierung* niedriger eingestuft als der *Zugang für Alle* (30 von 456 Segmente). Dies zeigt, dass (trotz theoretisch anderer Möglichkeiten) die Lehrkräfte in unserem Datenkorpus fast immer, wenn sie *Kognitive Aktivierung* anregen, diese auch in gewisse Breite führen. Die Szene von Frau Gerster bildet also eher eine Ausnahme.

In 82 Segmenten wird der *Zugang für alle* höher eingestuft als die *Kognitive Aktivierung*, insbesondere die 56 Segmente mit *Zugang für alle* auf Niveau 2 und *Kognitiver Aktivierung* auf Niveau 1 sind Beispiele, in denen zwar viele Lernenden bedeutungsbezogen einbezogen wurden, der kognitive Anspruch jedoch durch zu enge Scaffolds oder defensive Strategien nicht aufrechterhalten wurde. Hier wiederholt sich das Muster aus den Fallbeispielen von Frau Otting und Herrn Tremnitz.

Kognitive Aktivierung und Mitwirkung

Kognitive Aktivierung und *Mitwirkung* korrelieren mit 0.43, allerdings zeigt die Kontingenztabelle 8.9 wieder ein asymmetrisches Zusammenhangsmuster:

Wenn es der Lehrkraft gelingt, im Unterricht *Mitwirkung* anzuregen, kommt es weitestgehend zur *Kognitiven Aktivierung* (nur in 24 von 456 Segmenten ist die *Mitwirkung* geringer als die *Kognitive Aktivierung*), denn Situationen, in der die Lernenden die Möglichkeit haben, *Mitwirkung* zu erfahren, sind in der Regel kognitiv aktivierend.

Aber nicht jede kognitiv aktivierende Handlung fördert *Mitwirkung:* Häufiger sind Segmente, in der die *Kognitive Aktivierung* stark ausgeprägt ist, aber nicht die *Mitwirkung* (172 von 456 Segmenten).

Dies zeigt, dass die Stärkung der Handlungsfähigkeit der Lernenden eine Möglichkeit bildet, sie kognitiv zu aktivieren. Wer eigene Ideen oder Fragen einbringt, ist dabei in produktiver Auseinandersetzung mit der Mathematik. Umgekehrt erfolgt durch die Aktivierung an sich jedoch noch keine Handlungsbefähigung im Sinne der *Mitwirkung.*

Tabelle 8.9 Kontingenztabelle für Kognitive Aktivierung und Mitwirkung durch Anzahl der auf den jeweiligen Niveaus eingestuften Segmente

		Mitwirkung		
	Niveaus	0	1	2
Kognitive	0	15	6	5
Aktivierung	1	28	36	13
	2	21	123	209

Kognitive Aktivierung und Ideennutzung

Die Dimensionen *Kognitive Aktivierung* und der *Ideennutzung* korrelieren ebenfalls mit 0.43, und analog zum vorigen Dimensionspaar zeigt sich auch hier ein asymmetrisches Zusammenhangsmuster in der Kontingenztabelle:

Wenn die *Ideennutzung* hoch eingestuft wird, ist auch die *Kognitive Aktivierung* hoch (177 von 187 Segmenten), aber wenn *Kognitive Aktivierung* hoch ist, ist nur in der Hälfte der Segmente auch die *Ideennutzung* hoch (177 von 353 Segmenten). Auch eine mittlere *Ideennutzung* gewährleistet *Kognitive Aktivierung* (178 von 187 Segmenten) und in den meisten Segmenten (143 vom 178 Segmenten) wird diese auch aufrechterhalten, wie die beiden Szenen von Frau Gerster und Herr Tremnitz (Abschnitt 7.2) veranschaulichen.

Der Unterricht ist also fast immer kognitiv aktivierend, wenn der *Ideennutzung* gelungen ist. Wenn es der Lehrkraft gelingt, durch adaptives Handeln die Aussagen der Lernenden im Unterricht einzubinden, werden sie kognitiv aktiviert. Umgekehrt kann *Kognitive Aktivierung* jedoch auch ohne Ideennutzung auskommen.

Tabelle 8.10 Kontingenztabelle für Kognitive Aktivierung und Ideennutzung durch Anzahl der auf den jeweiligen Niveaus eingestuften Segmente

		Ideennutzung		
	Niveaus	0	1	2
Kognitive	0	14	9	3
Aktivierung	1	35	35	7
	2	33	143	177

Sowohl *Ideennutzung* als auch *Mitwirkung* sind also Katalysatoren für eine erhöhte *Kognitive Aktivierung*, aber die *Kognitive Aktivierung* kann auch ohne diese Dimensionen hoch sein.

Kognitive Aktivierung und Diskursive Aktivierung
Kognitive Aktivierung verhält sich von allen Dimensionen am ähnlichsten zur *Diskursiven Aktivierung*, sie korrelieren mit 0.47. Dieser Zusammenhang ist sowohl theoretisch als auch methodisch durch Konstruktion des Ratingsystems zu erklären. Das konsequente Einfordern von Erklärungen von den Lernenden ist, richtig moderiert, häufig kognitiv aktivierend, da es vernetzendes und argumentierendes Wissen einfordert. So ist davon auszugehen, dass wenn die *Diskursive Aktivierung* hoch ist, auch die *Kognitive Aktivierung* gelingt.

Tabelle 8.11 Kontingenztabelle für Kognitive Aktivierung und Diskursive Aktivierung durch Anzahl der auf den jeweiligen Niveaus eingestuften Segmente

	Niveaus	Diskursive Aktivierung		
		0	1	2
Kognitive Aktivierung	0	16	4	6
	1	33	23	21
	2	25	67	261

Die Szenen von Frau Gerster, Frau Otting und Herrn Tremnitz (Abschnitt 7.2) legen nahe, dass *Kognitive Aktivierung* und *Diskursive Aktivierung* oft gleich zu werten sind. Dies gilt allerdings nur für eine Umsetzung auf Niveau 2. Hochwertige Sprachhandlungen wie das Erklären und Argumentieren, sind hoch kognitiv anregend (Hasselhorn & Gold 2013; Ing et al. 2015; Leuders & Holzäpfel 2011) und bieten sich daher als Mittel zur *Kognitiven Aktivierung* an. Szenen wie mit Frau Dellwisch (*Abschnitt 7.1*) zeigen aber auch, dass keine *Diskursive Aktivierung* notwendig ist, um auf Niveau 1 kognitiv aktivierend sein zu können. Diese Zusammenhänge finden sich auch in der Kontingenztabelle 8.11 wieder.
Es gibt nur wenige Segmente, in denen die *Diskursive Aktivierung* höher als die *Kognitive Aktivierung* eingestuft wurde (31 von 456). Hingegen wurden viermal so viele Segmente mit höherer *Kognitiver Aktivierung* als *Diskursiver Aktivierung* eingestuft (125 von 456).
Diese Zahlen verdeutlichen, dass *Diskursive Aktivierung* zwar ein möglicher Zugang zu einer *Kognitiven Aktivierung* ist und in vielen Segmenten mit dieser einhergeht, aber *Kognitive Aktivierung* auch außerhalb eines diskursiven Settings erreicht werden kann. In den 103 Segmenten, in denen *Kognitive Aktivierung* auf niedrigem oder mittlerem Niveau ist, hat fast die Hälfte keine *Diskursive Aktivierung* (Niveau 0 in 49 von 103 Segmenten).

Damit bestätigt sich für diesen Datenkorpus der in den Fallbeispielen auf-
gezeigte asymmetrische Zusammenhang: Hohe *Diskursive Aktivierung* kann
einen Katalysator für verstehensorientierten und anhaltend kognitiv aktivierenden
Unterricht bilden, aber nicht zwangsläufig umgekehrt.

Kognitive Aktivierung und Darstellungsvernetzung
Das Verhältnis zwischen *Kognitiver Aktivierung* und *Darstellungsvernetzung*
weist nur eine geringe Rangkorrelation von 0.24 auf, was mit der Dominanz
des Niveau 1 für den Darstellungswechsel zusammenhängt.

Das Fallbeispiel der Szene mit Frau Otting zeigte das Potential, durch Diskussionen von Darstellungen und Darstellungswechseln kognitive Konflikte und
somit hohe *Kognitive Aktivierung* zu erzeugen (Abschnitt 7.2). Die anderen
Szenen zeigten jedoch auch, dass kognitive Aktivierung auch ohne Darstellungswechsel und -vernetzungen erzeugt werden kann (Abschnitt 7.4). Theoretisch
begründen lässt sich die Vermutung, dass im Falle einer expliziten *Darstellungsvernetzung* auf Niveau 2 kognitiv anspruchsvolle hochwertige konzeptuelle
Aktivitäten erfolgen (Wessel 2015).

Die Kontingenztabelle 8.12 zeigt diese Zusammenhänge in der Tat empirisch
auf: In den 353 Segmenten mit hoher *Kognitive Aktivierung* wurde nur in 16
von 353 bzgl. Darstellungen auf Niveau 0 gearbeitet, also ohne Darstellung oder
ohne Darstellungswechsel, während die meisten Segmente auf Niveau 1 eingestuft wurden, also mit Darstellungswechseln arbeiteten (240 von 353 Segmente).
Das Niveau 2 der expliziten *Darstellungsvernetzung* dagegen erreichten nur 97
der kognitiv hoch aktivierenden Segmente. *Kognitive Aktivierung* wird also durch
Darstellungswechsel (Niveau 1) sehr maßgeblich befördert, während die explizite Darstellungsvernetzung nicht zwangsläufig nötig ist. Umgekehrt geht eine
explizite *Darstellungsvernetzung* auf Niveau 2 fast immer mit hoher kognitiver
Aktivierung einher (97 von 106 Segmenten). So bestätigt die Kontingenztabelle,
dass die ausgewählten Fallbeispiele typische Zusammenhänge zeigen.

Tabelle 8.12 Kontingenztabelle für Kognitive Aktivierung und Darstellungsvernetzung
durch Anzahl der auf den jeweiligen Niveaus eingestuften Segmente

		Darstellungsvernetzung		
	Niveaus	0	1	2
Kognitive Aktivierung	0	7	17	2
	1	11	59	7
	2	16	240	97

Insgesamt zeigt sich auch, wie die Hinzunahme der Dimension *Darstellungsvernetzung* in L-TRU eine sehr interessante Ausdifferenzierung für eine Unterrichtsqualitätsdimension ermöglicht, das in anderen Instrumenten der *Kognitiven Aktivierung* oft unmittelbar zugeordnet ist.

8.4 Wechselwirkungen zum *Zugang für Alle*

Zugang für Alle und Mitwirkung
Der *Zugang für Alle* und *Mitwirkung* korrelieren nur schwach mit 0.13. Theoretische Überlegungen sprechen für einen Zusammenhang, da eine starke Identität gegenüber der Mathematik nur wirklich entwickelt werden kann, wenn die Lernenden die Möglichkeit haben, sich selbst zu positionieren. Diesen Zusammenhang hat Schoenfeld bereits als theoretisch mögliche Schnittmenge identifiziert (Schoenfeld 2018).

Nach entsprechend trennscharfer Operationalisierung ist in der Tat das Fallbeispiel der Szene von Herrn Nuesken eines, dass beide Dimensionen klar trennt, denn in der Szene fokussiert der Lehrer einzelne Lernende und gibt ihnen Raum für hohe *Mitwirkung*, ohne die Gesamtklasse in der Szene zu berücksichtigen, so dass der *Zugang für Alle* niedrig ist (Abschnitt 7.3).

Tabelle 8.13 Kontingenztabelle für Zugang für Alle und Mitwirkung durch Anzahl der auf den jeweiligen Niveaus eingestuften Segmente

		Mitwirkung		
	Niveaus	0	1	2
Zugang für Alle	0	3	8	2
	1	5	21	13
	2	56	136	212

Die Kontingenztabelle 8.13 zeigt allerdings, dass trotz möglichst trennscharfer Operationalisierung im gegebenen Videodatenkorpus die Szene von Herrn Nuesken eher die Ausnahme bildet: Nur in 23 von 456 Segmenten wurde die *Mitwirkung* höher als der *Zugang für Alle* eingestuft. In den meisten Segmenten (197 von 456) ist das Niveau des *Zugangs für Alle* höher als der *Mitwirkung*. Somit sind die theoretischen Überlegungen eher bestätigt, und der *Zugang für alle* erweist sich als obere Schranke für die *Mitwirkung*, indem breite bedeutungsvolle Beteiligung als Kontextbedingung für *Mitwirkung* erscheint.

Zugang für Alle und Ideennutzung

Zugang für Alle und die *Ideennutzung* haben mit 0.03 die niedrigste Rangkorrelation aller Dimensionspaare. Dieser Wert legt nahezu Unabhängigkeit nahe, dass es also keinen Zusammenhang gibt, wie eine Lehrkraft viele verschiedene Lernende beteiligt und wie sie mit den Antworten der Lernenden inhaltlich umgeht.

Tabelle 8.14 Kontingenztabelle für Zugang für Alle und Ideennutzung durch Anzahl der auf den jeweiligen Niveaus eingestuften Segmente

		Ideennutzung		
	Niveaus	0	1	2
Zugang für Alle	0	2	5	6
	1	8	18	13
	2	72	164	168

Die Kontingenztabelle zeigt, dass der *Zugang für Alle* häufig hoch eingestuft wurde (404 von 456 Segmente).

Nur in 24 Segmenten wird *Ideennutzung* höher eingestuft als *Zugang für Alle*. Dies ist insofern plausibel, als Lehrkräfte weniger produktiven Umgang mit Lernendenideen zeigen können, wenn sie eine weniger breite Beteiligung überhaupt erst einfordern. Eine hohe Einstufung der *Ideennutzung* geht in 168 von 187 Segmenten mit hohem *Zugang für Alle* einher. Hingegen ist ein hoher *Zugang für Alle* kein Garant für hohe *Ideennutzung* (nur 168 von 404 Segmenten).

Ein Beispiel für hohen *Zugang für alle* ohne hohe *Ideennutzung* gab die Szene mit Herrn Tremnitz (Abschnitt 7.2), in der die Lernenden sich zwar breit und bedeutsam mit den Inhalten auseinandersetzten und auch eigenen Ideen präsentieren, aber auf diese nicht eingegangen wird.

Zugang für Alle und Diskursive Aktivierung

Zugang für Alle und *Diskursive Aktivierung* korrelieren mit 0.21 nur schwach miteinander. Die Dimensionen erfassen unterschiedliche Aspekte der Einforderung der Beiträge der Lernenden: *Zugang für Alle* erfasst, inwieweit alle Lernenden bedeutsam involviert sind; *Diskursiver Aktivierung* dagegen, inwiefern mit Nachdruck Erklärungen und eigene Vorstellungen eingefordert werden.

Der *Zugang für Alle* ist eine Dimension, die im Datenkorpus insgesamt hoch eingestuft ist. Falls es Lehrkräften gelingt, die *Diskursiver Aktivierung* hochzuhalten, ist der *Zugang für Alle* auch hoch (268 von 288 Segmenten). Ein hoher

Tabelle 8.15 Kontingenztabelle für Zugang für Alle und Diskursive Aktivierung durch Anzahl der auf den jeweiligen Niveaus eingestuften Segmente

	Niveaus	Diskursive Aktivierung		
		0	1	2
Zugang für Alle	0	5	6	2
	1	15	6	18
	2	54	82	268

Wert in beiden Dimensionen beschreibt somit ein Segment, in dem viele Lernenden sich bedeutsam und diskursiv reichhaltig beteiligen konnten. Umgekehrt ist ein *Zugang für alle* auf Niveau 2 in allen Niveaus der *Diskursiven Aktivierung* zu verzeichnen.

Der eher lose Zusammenhang zwischen *Zugang für Alle* und *Diskursiver Aktivierung* lässt sich durch die Kontrastierung des Verlaufs von Herr Nuesken und denen von Frau Ziegler und Frau Allerborn illustrieren. Bei Herr Nuesken hat kurzzeitig ein einzelner Schüler die Möglichkeit der intensiven Beteiligung und der diskursiven Aktivierung, während bei den zwei Lehrerinnen die ganze Klasse zwar durchgehend bedeutsam beteiligt ist, aber keine hohe *Diskursive Aktivierung* erfährt (Abschnitt 7.3).

Zugang für Alle und Darstellungsvernetzung
Der *Zugang für Alle* ist die Dimension, die mit 0.1 am geringsten mit der Darstellungsvernetzung korreliert (Tabelle 8.16).

Tabelle 8.16 Kontingenztabelle für Zugang für Alle und Darstellungsvernetzung durch Anzahl der auf den jeweiligen Niveaus eingestuften Segmente

	Niveaus	Darstellungsvernetzung		
		0	1	2
Zugang für Alle	0	2	10	1
	1	6	26	7
	2	26	280	98

Wenn im Unterricht explizite *Darstellungsvernetzung* auf Niveau 2 erfolgt, ist der *Zugang für Alle* ebenso hoch (in 98 von 106 Segmenten). Dies spricht dafür, dass in den Momenten, in der die Lehrkräfte vernetzend arbeiten, sie dies auch in die Breite tragen. Umgekehrt erfolgt in den 404 Segmenten mit hohem *Zugang für Alle* meist nur Darstellungswechsel auf Niveau 1 (280 von 404 Segmenten). Inhaltlich ist beides als relativ unabhängig zu betrachten. Der *Zugang für Alle* ist eine über den Datenkorpus hinweg insgesamt sehr hoch eingeschätzte Dimension, was für die pädagogische Stärke der teilnehmenden Lehrkräfte spricht. Die Zugangsmöglichkeit zum Lerninhalt ist eine notwendige Bedingung (Grundfundierung bei Brunner 2018), und starke Ausprägungen andere Unterrichtsqualitätsdimensionen zu begünstigen. Diese Dimension stellt somit eine Schranke für die anderen Dimensionen dar, andere Dimensionen kaum höher sein können als diese. *Diskursive Aktivierung* scheint eine komplementäre Dimension zu dieser darzustellen. Es ist zwar möglich, in der Breite *Diskursive Aktivierung* auf Niveau 2 einzuschätzen, aber es ist die einzige Dimension, die hoch sein kann, auch, wenn der *Zugang* aller Lernenden nicht gewährleistet ist.

8.5   Wechselwirkungen zur *Mitwirkung*

Mitwirkung und Ideennutzung

Im Gesamtdatenkorpus korrelieren *Ideennutzung* und *Mitwirkung* mit 0.47 höher miteinander als jeweils mit den anderen Dimensionen. *Mitwirkung* erfasst, inwiefern die Lernenden Verantwortung für die Mathematik erfahren und die *Ideennutzung,* inwieweit die Aussagen den Unterricht inhaltlich mitgestalten. Beides erfordert adaptive Moderationstechniken der Lehrkraft.

Die Dimensionen der *Mitwirkung* und *Ideennutzung* sind in den Fallbeispielen eng verknüpft. Wenn die Beiträge der Lernenden adaptiv im Unterricht eingebunden werden, fühlen sich die Lernenden dadurch relevant und erfahren ihre Handlungs- und Einflussfähigkeit. Wenn umgekehrt die Handlungen der Lernenden mit Wertschätzung moderiert werden und den Lernenden Einfluss ermöglichen, können Lehrkräfte die Beiträge auch inhaltlich oft in den Unterrichtsverlauf integrieren. In den Fallbeispielen waren sie daher jeweils gleich stark ausgeprägt: In der Szene mit Frau Dellwisch (Abschnitt 7.1) hatten die Lernenden keine Möglichkeit, mathematische Positionen zu beziehen, so dass auch keine Ideen aufgegriffen wurden. Die Szene mit Frau Otting zeigt, wie einer Lehrerin gelingt, die Ideen und Beiträge der Lernenden aktiv in den Unterricht einzubinden und den Lernenden auch die Verantwortung für diese Ideen und ihre Systematisierung zu überlassen (Abschnitt 7.1).

Dass die Dimensionen dennoch unterschiedliche Konstrukte erfassen, zeigt die Szene von Herrn Tremnitz, der den Lernenden durchaus Verantwortung über die Lerngegenstände und *Mitwirkung* gibt, ohne die Ideen konkret aufzugreifen.

Analog ist es auch möglich die Ideen der Lernenden aufzugreifen, aber sie durch die Lehrkraft ordnen und zu verteidigen zu lassen.

Tabelle 8.17 Kontingenztabelle für Mitwirkung und Ideennutzung durch Anzahl der auf den jeweiligen Niveaus eingestuften Segmente

	Niveaus	Ideennutzung		
		0	1	2
Mitwirkung	0	42	18	4
	1	34	76	55
	2	6	93	128

Die Kontingenztabelle 8.17 zeigt keinen asymmetrischen Zusammenhang wie einige andere Dimensionspaare. Auch ist es möglich, dass die Lehrkraft die Aussagen der Lernenden aufgreift und inhaltlich nutzt (187 von 456 Segmenten), ohne explizit eine stabile Identität zu fördern (59 von 187 Segmente). In über der Hälfte der Segmente (246 von 456 Segmenten) stimmen die Ratings überein. Die relativ große Anzahl von Segmenten, die in beiden Dimensionen mit 0 eingestuft wurden (42 von 456 Segmenten), verweisen auf Unterrichtsszenarios, in denen die Beiträge der Lernenden nicht erfasst werden oder nicht produktiv wertschätzend eingebunden werden.

Mitwirkung und Diskursive Aktivierung
Mitwirkung und *Diskursive Aktivierung* korrelieren mit 0.47 ebenfalls hoch.

Tabelle 8.18 Kontingenztabelle für Mitwirkung und Aktivierung durch Anzahl der auf den jeweiligen Niveaus eingestuften Segmente

	Niveaus	Diskursive Aktivierung		
		0	1	2
Mitwirkung	0	39	11	14
	1	25	52	88
	2	10	31	186

Eine hohe *Mitwirkung* bietet eine Tendenz für hohe *Diskursive Aktivierung* (186 von 227 Segmenten), wohingegen hohe *Diskursive Aktivierung* oft auch mit einem mittleren Niveau von *Mitwirkung* einhergeht (88 von 288 Segmenten). Dies

ist zum Beispiel der Fall, wenn Lehrkräfte die anspruchsvollen Sprachhandlungen
explizit einfordern und diese nicht selbstläufig erfolgen.

Mitwirkung und Darstellungsvernetzung
Die *Mitwirkung* ist die Dimension, die mit 0.3 am stärksten mit der Darstellungsvernetzung korreliert. Die Fallbeispiele zeigen auf, dass die Lehrkräfte im
Unterricht, gemäß Fortbildung und Material, den Lernenden den Prozentstreifen
an die Hand geben, um dort ihre eigenen Sprachmittel zu entwickeln. Die mittlere
Rangkorrelation weist darauf hin, dass nicht immer, wenn Lernende Verantwortung für ein Konzept oder eine Idee entwickeln, diese auch visualisiert wird
und, dass Darstellungen und deren Vernetzung nicht zwangsläufig den Lernenden
überlassen werden.

Tabelle 8.19 Kontingenztabelle für Mitwirkung und Darstellungsvernetzung durch Anzahl
der auf den jeweiligen Niveaus eingestuften Segmente

		Darstellungsvernetzung		
	Niveaus	0	1	2
Mitwirkung	0	17	42	5
	1	6	137	22
	2	11	137	79

Die Kontingenztabelle 8.19 zeigt, dass sobald *Darstellungswechsel* auf Niveau
1 erfolgen, Lernende tendenziell zu *Mitwirkung* auf mittlerem und hohem Niveau,
etwa gleichverteilt, angeregt werden. Wenn es der Lehrkraft hingegen gelingt,
explizite *Darstellungsvernetzung* auf Niveau 2 zu erreichen, geht dies mehr als
dreimal so oft mit hoher statt mittlerer *Mitwirkung* (79 zu 22 Segmente) einher.
Der Vergleich der Segmente, in denen *Mitwirkung* nicht mit 0 eingestuft wird,
zeigt, dass bei Darstellungsvernetzung zu etwa *80 %* (79 von 101 Segmenten) die
Mitwirkung auf Niveau 2 ist, aber bei Darstellungswechsel sich die *Mitwirkung*
gleich auf Niveau 1 und 2 verteilen (jeweils 137 von 174 Segmente).
  Darstellungswechsel auf Niveau 1 hat demnach keinen engen Zusammenhang
mit der *Mitwirkung,* aber sobald nicht nur Wechsel angeregt werden, sondern
explizit Vernetzungen auf Niveau 2 thematisiert werden, haben die Lernenden
mehr Möglichkeiten, sich als aktive Handelnde der Mathematik wahrzunehmen.

8.6   Wechselwirkungen zur *Ideennutzung*

Ideennutzung und Diskursive Aktivierung
Die *Ideennutzung* und die *Diskursive Aktivierung* korrelieren mit 0.33 (Tabelle 8.21). Die Dimension *Diskursive Aktivierung* erfasst den Anspruch der eingeforderten Sprachhandlungen, wohingegen die *Ideennutzung* erfasst, inwiefern die Aussagen der Lernenden inhaltlich genutzt werden. Es ist plausibel, dass Erklärungen, die von den Lernenden selbst kommen, gute Anknüpfungspunkte bilden, um mit ihnen den Wissensaufbau weiter zu gestalten. Analog dazu, falls keine Erklärungen eingefordert werden, könnte sich theoretisch die Anzahl der Möglichkeiten reduzieren, die Aussagen der Lernenden einzubinden.

Tabelle 8.20 Kontingenztabelle für Ideennutzung und Diskursive Aktivierung durch Anzahl der auf den jeweiligen Niveaus eingestuften Segmente

		Diskursive Aktivierung		
	Niveaus	0	1	2
Ideennutzung	0	36	15	31
	1	27	48	112
	2	11	31	145

Die Kontingenztabelle 8.20 zeigt, dass *Diskursive Aktivierung* in über der Hälfte der Segmente hoch eingestuft wird (288 von 456), aber von diesen nur etwa die Hälfte (145 von 288 Segmenten) auf die artikulierten Ideen auf Niveau 2 der *Ideennutzung* aufbaut. Die *Diskursive Aktivierung* ermöglicht tendenziell erst, Aussagen der Lernenden produktiv zu nutzen, was daran zu erkennen ist, dass in wenigen Segmenten *Ideennutzung* höher als *Diskursive Aktivierung* eingestuft wird (69 von 456 Segmenten), aber die Segmente, in denen *Diskursive Aktivierung* höher als *Ideennutzung* eingestuft wird (158 von 456 Segmenten) zeigen, dass es noch etliche Lernendenaussagen gibt, die aufgegriffen werden könnten.

Diese Kontingenzen zwischen der *Diskursiven Aktivierung* und der *Ideennutzung* verdeutlichen, dass die neue L-TRU-Dimension der *Diskursiven Aktivierung* (*Abschnitt 5.2*) einen Mehrwert für das Erfassungsinstrument bietet, besonders im Bezug zum adaptiven Umgang mit den Lernendenideen. Die Dimension ermöglicht das Identifizieren von Segmenten, in denen erfolgreicher *Diskursive Aktivierung* genutzt werden könnte im Rahmen der *Ideennutzung*, aber bislang dies nicht erfolgt.

Ideennutzung und Darstellungsvernetzung
Die *Ideennutzung* und die *Darstellungsvernetzung* korrelieren mit 0.19 sehr schwach.

Tabelle 8.21 Kontingenztabelle für Ideennutzung und Darstellungsvernetzung durch Anzahl der auf den jeweiligen Niveaus eingestuften Segmente

		Darstellungsvernetzung		
	Niveaus	0	1	2
Ideennutzung	0	12	56	11
	1	13	135	37
	2	7	120	57

Die geringe Rangkorrelation sowie die Anordnung in der Kontingenztabelle zeigen keine enge Verknüpfung zwischen den Dimensionen auf. Gleichwohl gelingt in den Segmenten, in denen eine explizite *Darstellungsvernetzung* auf Niveau 2 erfolgt, auch die hohe *Ideennutzung* deutlich häufiger als in Segmenten auf darstellungsbezogenem Niveau 0 und 1. Dies lässt sich so deuten, dass in der Unterrichtsreihe zum Prozentstreifen, die einen Schwerpunkt auf die Vernetzung des sprachlichen und konzeptuellen Lernpfades legt, gerade die Ideen von Lernenden zu verschiedenen Darstellungen für eine explizite Verknüpfung genutzt werden können. Dies erfolgt jedoch nur in ausgewählten Momenten der Unterrichtsstunde.

8.7   Wechselwirkung zwischen *Diskursiver Aktivierung* und *Darstellungsvernetzung*

Diskursive Aktivierung und *Darstellungsvernetzung* korrelieren mit 0.29 (Tabelle 8.22).

Sequenzen mit einer hohen Darstellungsvernetzung weisen in der Regel auch eine hohe *Diskursive Aktivierung* auf (89 von 106 Segmente). Eine hohe *Diskursive Aktivierung* geht mit vielen Darstellungswechseln auf Niveau 1 einher (186 von 288), zuweilen auch mit expliziter Darstellungsvernetzung auf Niveau 2 (89 von 288). Falls explizite *Darstellungsvernetzung* angeregt wird, erfolgt dies in der Regel auch mit hoher *Diskursiver Aktivierung,* aber *Diskursive Aktivierung* kann auch ohne Darstellungsvernetzung hoch sein.

Tabelle 8.22 Kontingenztabelle für Diskursive Aktivierung und Darstellungsvernetzung durch Anzahl der auf den jeweiligen Niveaus eingestuften Segmente

	Niveaus	Darstellungsvernetzung		
		0	1	2
Diskursive Aktivierung	0	16	55	3
	1	5	75	14
	2	13	186	89

Dies zeigt sich auch in den Fallbeispielen der Szenen von Frau Gerster und Herr Tremnitz verdeutlichen, bei denen bloß Darstellungen zugeordnet wurden, ohne sich zu vernetzen, aber trotzdem durch die Einforderung und Anmoderationen von Erklärungen und Diskussionen die *Diskursive Aktivierung* hoch ist (siehe Tabelle 7.5 für den direkten Bezug).

Die Unterscheidung zwischen *Darstellungsvernetzung* und *Diskursiver Aktivierung* (Abschnitt 5.2) zeigt, dass die beiden Dimensionen mit sprachbildendem Anspruch hinreichend unabhängig voneinander sind, um jeweils als Dimensionen für das L-TRU aufgenommen werden und nicht in einer sprachbezogenen Dimension zusammengefasst werden sollten.

8.8 Überblick zu den Wechselwirkungen der Dimensionen

Ein detaillierter Blick auf die Wechselwirkungen der einzelnen Dimensionen zeigt, dass die Dimensionen zwar teilweise miteinander korrelieren, was z. T. auch auf ihre theoretisch plausiblen begründbaren Zusammenhänge zurückzuführen ist, aber jede Dimension für sich relevante und nicht redundante Einsichten liefert.

Grob lassen sich die Dimensionen gruppieren in

- jene, die sich relativ unabhängig verhalten,
- jene, die oft miteinander einhergehen und in den ähnlichen Situationen gleich bewertet werden,
- jene, die als Voraussetzungen für andere interpretiert werden können und
- andere, die das Ausmaß anderer Dimensionen zu beschränken scheinen.

Die Korrelation ist ein erstes pragmatisch zu erfassendes Maß für einen Zusammenhang und mögliche Wechselwirkungen zwischen den Unterrichtsdimensionen, aber kein hinreichendes, denn sie erlaubt weder einen Rückschluss auf kausale Zusammenhänge noch auf die Richtung eines Effekts.

Um diese Richtungen der Abhängigkeit näher zu betrachten, wurde in den Kontingenztabellen untersucht, welche Dimension eine andere begünstigt. Mit begünstigen sei gemeint, ob ein hoher Wert in einer Dimension stets mit hohen Werten in der zweiten Dimension einhergeht (aber nicht notwendigerweise umgekehrt). Konkret wurde dazu geprüft, ob Segmente auf Niveau 2 in der einen Dimension auch für die zweite Dimension auf Niveau 2 überrepräsentiert sind, also begünstigt wird oder sich für die zweite Dimension auf die Niveaustufen mehr verteilt. Theoretisch sind damit vier Möglichkeiten denkbar: eine Dimension begünstigt die andere, sie wird begünstigt, sie begünstigen sich gegenseitig nicht oder sie begünstigen sich gegenseitig. Somit lassen sich für alle Dimensionspaare Aussagen treffen, in welche Richtung sie sich begünstigen oder, dass sie identisch oder unabhängig sind.

Für eine vereinfachte Darstellung der Wechselwirkungen der Dimensionen, mit einem Fokus darauf, welche hohen Ausprägungen bei welchen anderen Dimensionen zu hohen Ausprägungen führen, lassen sich folgende Beobachtungen zusammenfassend festhalten:

- *Mathematische Reichhaltigkeit* und *Kognitive Aktivierung* verhalten sich sehr ähnlich und korrelieren mit 0.63, allerdings weisen sie unterschiedliche Wechselwirkungen zu anderen Dimensionen auf (Abschnitt 8.3 & 8.4), so dass sie nicht zu einer Dimension zusammengefasst werden können.
- Erhöhte *Mathematische Reichhaltigkeit* geht mit erhöhter *Diskursiven Aktivierung* (0.53), erhöhter *Mitwirkung* (0.39) und erhöhter *Ideennutzung* (0.34) einher (Tabelle 8.9, 8.10 & 8.11).
- Erhöhte *Darstellungsvernetzung* geht mit erhöhter *Diskursiven Aktivierung,* erhöhter *Mitwirkung,* erhöhter *Mathematischer Reichhaltigkeit* und erhöhter *Kognitiver Aktivierung* einher.
- Erhöhter *Diskursive Aktivierung, Mitwirkung, Darstellungsvernetzung* und Ideennutzung begünstigen *Kognitive Aktivierung.*
- *Ideennutzung* und die *Mitwirkung*en sind unabhängig voneinander, aber begünstigen jeweils die *Diskursive Aktivierung.*
- Erhöhte *Mathematische Reichhaltigkeit, Kognitive Aktivierung* und *Diskursive Aktivierung* gehen mit Darstellungswechsel einher, aber nicht zwangsläufig –vernetzung (siehe Tabelle 8.7 & 8.12).

- Für den *Zugang für Alle* zeigen die Rangkorrelationen kleiner oder gleich 0.3 einen weniger engen Zusammenhang mit den verbleibenden Dimensionen, auch andere Wechselwirkungen zeigen sich kaum.

Die hohe Rangkorrelation zwischen *Mathematischer Reichhaltigkeit* und *Kognitiver Aktivierung* bestätigt (Tabelle 8.1), dass Reichhaltigkeit im Fach erst durch entsprechende kognitive Anregung erreicht werden kann und dass hohe kognitive Aktivierung erst durch entsprechenden fachlichen Anspruch gewährleistet werden kann (Brunner 2018; Jentsch et al. 2020b; Lipowsky et al. 2018; Schoenfeld 2018). Relevante Unterschiede, die durch die Rangkorrelation nicht erfasst werden, liegen im unteren und mittleren Bereich der Dimensionen (Tabelle 8.2). Die Betrachtung beider Dimensionen ist daher nötig, um Unterrichtssegmente differenziert beschreiben zu können, in denen keine hohe *Kognitive Aktivierung* und *Mathematische Reichhaltigkeit* gegeben ist.

Für die Dimensionen *Zugang für Alle* und *Darstellungsvernetzung* weisen die Rangkorrelationen unter 0.3 auf fehlende direkte Zusammenhänge hin. Dies bestätigt *Zugang für Alle* als theoretisch und empirisch relativ unabhängige Dimension und die ergänzte Dimension *Darstellungsvernetzung* als Erfassungslücke im ursprünglichen Instrument.

Die hohe Rangkorrelation der *Diskursiven Aktivierung* zu drei bestehenden Dimensionen dokumentiert statistische Zusammenhänge, die auch theoretisch plausibel sind (vgl. Abschnitt 2.3), die Kontingenztabellen differenzieren dieses Bild weiter aus: Die in Tabelle 8.6 dokumentierte Wechselwirkung zeigt, dass eine hohe *Diskursive Aktivierung* zwar die *Mathematische Reichhaltigkeit* begünstigt (wie auch in *Abschnitt 7.2* illustriert), aber *Mathematische Reichhaltigkeit* nicht immer *Diskursive Aktivierung* gewährleistet. Analog zeigt sich für die Wechselwirkung zu *Kognitiver Aktivierung* in Tabelle 8.11) dass hohe *Diskursive Aktivierung* eine hohe *Kognitiver Aktivierung* begünstigt, aber nicht umgekehrt. *Diskursive Aktivierung* wird positiv von hoher *Mitwirkung* begünstigt (Tabelle 8.18) und begünstigt ihrerseits *Mathematische Reichhaltigkeit* (Tabelle 8.4) und *Kognitive Aktivierung* (Tabelle 8.9), aber stellt eine eigene Größe dar, die erfasst werden muss, um den Unterricht umfassender beschreiben zu können und genau solche Zusammenhänge aufzuzeigen.

Die hohe Korrelation zwischen *Ideennutzung* und *Mitwirkung* wird in der stark symmetrisch verteilten Kontingenztabelle 8.17 weiter ausdifferenziert. Die Dimensionen zeigen theoretisch begründbare Zusammenhänge, indem hohe *Mitwirkung* und Mitgestaltung durch *Ideennutzung* erzeugt werden kann und *Ideennutzung* durch *Mitwirkung* gefördert werden kann, aber bedingen sich nicht gegenseitig und lassen sich nicht aufeinander zurückführen. Daher bietet eine getrennte Betrachtung der Dimensionen zusätzliche Einsichten, diese zeigten sich exemplarisch in Abb. 7.10 im Unterrichtsverlauf von Frau Allerborn, in dem diese Dimensionen sich durchgängig unterscheiden.

Tabelle 8.23 Wechselwirkungen der Dimensionen der Bedingtheit der Qualitätsdimensionen gemäß Kontingenztabellen

	MR	KA	ZFA	MW	IN	DA	DV
MR Mathematische Reichhaltigkeit		↙	■	↗	↗	↗	↙
KA Kognitive Aktivierung	↗		■	↙	↙	↙	↙
ZFA Zugang für alle	■	■		■	■	■	■
MW Mitwirkung	↙	↗	■		■	↗	↙
IN Ideennutzung	↙	↗	■	■		↗	■
DA Diskursive Aktivierung	↙	↗	■	↙	↙		↙
DV Darstellungsvernetzung	↗	↗	■	↗	■	↗	

↗ = begünstigt; ↙ = wird begünstigt durch; ■ = keine Wechselwirkung.

Der Überblick in Tabelle 8.23 zeigt, welche Unterrichtsqualitätsdimensionen welche anderen jeweils positiv begünstigen, begünstigt werden bzw. unabhängig voneinander sind. Für eine intuitive Interpretation ist die Tabelle am besten zeilenweise zu lesen: In jeder Zeile kann für die jeweilige Dimension am Symbol ↗ abgelesen werden, wenn eine hohe Niveaustufe auch bei der anderen Dimension eine hohe Niveaustufe begünstigt. Das Zeichen ↙ gibt an, welche Dimension hohe Niveaustufen aufweisen muss, um einen hohe Niveaustufe in dieser Dimension zu erreichen. Dieser Überblick ermöglicht, die Bedingungen und Wirkungen der einzelnen Unterrichtsqualitätsdimensionen aus den Kontingenztabellen gleichzeitig zu erfassen. Beispielsweise lässt sich in Zeile 2 erkennen, erhöhte *Kognitive Aktivierung* oft zu erhöhter *Mathematischer Reichhaltigkeit* führt, dass sie unabhängig vom *Zugang für Alle* ist und jeweils durch hohe *Mitwirkung, Ideennutzung, Diskursiven Anspruch* und *Darstellungsvernetzung* begünstigt wird.

Die Unterrichtsqualitätsdimensionen bedingen sich in einem komplexen Netz. Wenn mehrere Dimensionen ähnliche Zusammenhänge zu allen anderen Dimensionen aufweisen, muss kritisch geprüft werden, ob diese gegebenenfalls redundant sind. In diesem Fall verhalten sich *Ideennutzung* und *Mitwirkung* zu allen übrigen Dimensionen jeweils gleich, allerdings sind sie untereinander wieder unabhängig. Daher sind sie als eigenständige Dimensionen zu begreifen, die zwar ähnliche Einflussfaktoren aufweisen, aber jeweils unterschiedliche Informationen liefern. Für die übrigen Unterrichtsqualitätsdimensionen lässt sich keine weitere Ähnlichkeit feststellen.

Somit sind alle ursprünglichen und ergänzten Dimensionen unabdingbar für eine facettenreiche Beschreibung der Unterrichtsqualität. Auch die korrelierenden Dimensionen weisen spezifische Wirkungsrichtungen auf, was eine jeweilige Beobachtung nötig macht, um die Komplexität der Unterrichtsqualität zu beschreiben.

Für die neu eigeführte Unterrichtsqualitätsdimension der *Darstellungsvernetzung* zeigt der Überblick, dass sie vier weitere Dimensionen begünstigt, und während *Diskursive Aktivierung* durch fünf andere Dimensionen begünstigt wird.

Nachdem in diesem Kapitel gezeigt wurde, inwiefern die unterschiedlichen Unterrichtsqualitätsdimensionen sich gegenseitig beeinflussen und unterschiedliche Phänomene der Unterrichtsqualität erfassen, kann auf dieser Basis in Kapitel 9 modelliert werden, wie diese jeweils Einfluss auf die Lernzuwächse der Lernenden haben. Die aufgezeigten engen Zusammenhänge müssen dabei methodisch berücksichtigt werden.

Mehrebenen-Analyse der Zusammenhänge von Unterrichtsqualitätsdimensionen und Lernzuwachs

Ziel dieses Kapitels ist die Beantwortung der Forschungsfrage 3 nach den Effekten der sieben Unterrichtsqualitätsdimensionen auf die Lernzuwächsen vom Prozente-Vortest zum Prozente-Nachtest in einer sprachbildenden Unterrichtseinheit haben. Dies wird untersucht, indem der lineare Einfluss der in Abschnitt 6.4.1 konstruierten Qualitätsgrade auf die Nachtestergebnisse bestimmt wird, und zwar unter Kontrolle das Vortestergebnis und weiterer individueller Voraussetzungen sowie der Gruppenzugehörigkeit, d. h. es wird ermittelt, wie sich eine hohe Ausprägung in den jeweiligen Qualitätsgraden auf die Lernzuwächse auswirken. Um die Lernzuwächse (Abschnitt 6.3.1) der Lernenden durch die Unterrichtspraktiken unter Kontrolle der individuellen Voraussetzungen zu erfassen, werden in diesem Kapitel hierarchische Mehrebenenmodelle (Abschnitt 6.4.2) aufgestellt. Mit diesen Modellen wird untersucht, wie die Einflussgröße der Gruppenzugehörigkeit, der Vorrausetzungen der Lernenden und der Qualitätsgrade auf den erwarteten Lernzuwachs gemessen durch erfolgreiche Mehrbearbeitungen von Aufgaben im Prozentenachtest als -vortest wirken. Dazu wird im Kern das im Methodenteil aufgestellte Gleichungsmodell genutzt:

$$Nachtest_{ij} = \beta_0 + \beta_{1j}Vorrausetzung_{1ij} + \ldots +$$
$$\beta_{kj}Vorrausetzung_{kij} + \beta_{(k+1)j}Qualitätsgrad_{1ij} + \ldots + \qquad (9.5)$$
$$\beta_{(k+l)j}Qualitätsgrad_{lij} + e_{ij}$$

Hierzu werden die Qualitätsgrade der Dimensionen des L-TRU verwendet (Abschnitt 6.4.1). Der Qualitätsgrad ist jeweils der relative Anteil der max. 5-minütigen Segmente, in denen die Lernenden die Dimension tendenziell hoch bzw. tendenziell niedrig in den dichotomisierten Niveaustufen im Unterricht erfahren haben (vgl. Tabelle 6.6).

Gesamtmodell und Erläuterung der Bedeutung der b-Werte
Tabelle 9.1 zeigt zunächst das hierarchische Gesamtmodell aller Dimensionen des L-TRU mit den individuellen Lernausgangslagen auf Level 1 und allen Unterrichtsqualitätsgraden gleichzeitig auf Level 2. Unabhängig von der Modellwahl konnte kein signifikanter Einfluss des Alters, des Migrationshintergrunds, der kognitiven Grundfertigkeiten, des sozioökonomischen Status oder des Geschlechts festgestellt werden, daher werden diese individuellen Lernausgangslagen im Folgenden nicht einbezogen.

Tabelle 9.1
Hierarchisches Gesamtmodell aller Dimensionen des L-TRU als Schätzung der Effekte für den Lernzuwachs (aus Neugebauer & Prediger eingereicht)

Prädiktor	b (SE)
Level 1: Individuelle Lernausgangslagen	
Intercept	12.29*** (0.50)
Sprachkompetenz	0.62** (0.24)
Mathematische Basiskompetenz	3.53*** (0.29)
Vorwissen Prozente	0.77** (0.24)
R^2 (Level 1)	0.538
Level 2: Unterrichtsqualitätsgrade	
Mathematische Reichhaltigkeit	−0.62 (3.69)
Kognitive Aktivierung	−1.29 (3.13)
Zugang für Alle	1.09 (3.50)
Mitwirkung	7.33 (9.89)
Ideennutzung	6.62 (4.75)
Darstellungsvernetzung	−3.81 (6.08)
Diskursive Aktivierung	−0.40 (5.15)
R^2 (Level 2)	0.538

Signifikanz-Schwellen: *** = unter 0.1 %; ** = unter 1 %; * = unter 5 %; ° = unter 10 %

Auf der individuellen Ebene, Level 1 der Lernendenvariablen, zeigt sich im Gesamtmodell, dass die individuellen Lernausgangslagen der Lernenden durchweg signifikanten Einfluss auf den Lernzuwachs haben:

- Der b-Wert des Intercept von 12.29 lässt sich interpretieren als der durchschnittliche Lernzuwachs, der im Laufe der Unterrichtseinheit erzielt wurde: Im Durchschnitt haben die Lernenden also (unabhängig von ihren individuellen Lernausgangslagen und der Art der Durchführung der Unterrichtseinheit) 12.29 Aufgaben nach der Unterrichtseinheit mehr lösen können im Prozentetest als vor der Unterrichtseinheit.

- Die b-Werte für die individuellen Lernausgangslagen Sprachkompetenz, Mathematische Basiskompetenz und Vorwissen Prozente geben eine Schätzung für den Lernzuwachs in Abhängigkeit von dieser Lernvoraussetzung: Für einen Punkt im Test zu der jeweiligen Lernvoraussetzung mehr liefert der b-Wert den im Modell geschätzten Vorteil für den Lernzuwachs. Der b-Wert 0.62 für die Sprachkompetenz bedeutet also z. B., dass für jeden Punkt mehr im C-Test im Durchschnitt der Lernzuwachs zu Prozenten um 0.62 höher ist als bei Lernenden mit geringeren Punktwerten im C-Test. Konkret ließe sich beispielsweise abschätzen (ohne Berücksichtigung der Level 2 Variablen), dass ein Lernender mit durchschnittlicher, um 5 Punkte höheren mathematischen Basiskompetenz und 2 Punkten mehr im Vorwissen zu Prozenten im Mittel einen Lernzuwachs von $12.29 + 0 \cdot 0.62 + 5 \cdot 3.53 + 2 \cdot 0.77 = 31.48$ hat, 12.29 im Durchschnitt und zusätzliche Schätzer für jede individuelle Lernvoraussetzung. Die Sternchen zeigen, dass für jede Lernvoraussetzung der Einfluss signifikant ist.

Auf Level 2 in dem Gesamtmodell aus Tabelle 9.1 sind die Unterrichtsqualitätsgrade auf Klassenebene angesiedelt. Die b-Werte liefern hierbei die Schätzung für den erhöhten Lernzuwachs, den ein Lernender erfahren würde, wenn der Unterricht durchgängig auf höchster dichotomisierter Stufe eingeordnet worden wäre. Lernende in einem Unterricht, in dem durchgehend auf die *Ideennutzung* geachtet werden würden, würden also im Mittel einen um 6.62 Punkte höheren Lernzuwachs haben als Lernende, deren Ideen nie genutzt werden. Der Lernzuwachs von Lernenden, in deren Unterricht die Hälfte der Sequenzen mit hoher *Ideennutzung* geratet wurden, wird auf um 3.31 Punkte höher geschätzt als für Lernende, deren Unterricht durchgehend auf dem unteren Niveau erfolgt.

Die ausbleibenden Sternchen in Level 2 der Tabelle 9.1 zeigen, dass im Gesamtmodell, in dem alle Unterrichtsqualitätsgrade gleichzeitig betrachtet werden, kein Qualitätsgrad einen signifikanten Einfluss auf die Lernzuwächse zeigt. Dies ist nach den (in Tabelle 8.23) aufgezeigten engen Wechselwirkungen der Qualitätsdimensionen erwartbar, weil sich die Effekte gegenseitig aufheben. Wenn man ein Modell aufstellt, das die individuellen Lernausgangslagen kontrolliert und alle Qualitätsgrade gleichzeitig berücksichtigt, lassen sich daher keine signifikanten Einflüsse auf den Lernzuwachs mehr nachweisen. Auch eine Interpretation der (z. T. sogar negativen) b-Werte ist im Gesamtmodell aufgrund der Wechselwirkungen zwischen den Qualitätsdimensionen problematisch.

Modelle für jeden einzelnen Qualitätsgrad
Da im Gesamtmodell die Qualitätsgrade nicht alle gleichzeitig signifikant sein können, werden (ebenso wie z. B. bei Decristan et al. 2015) in Tabelle 9.2 einzelne Modelle für jeden der sieben Qualitätsgrade aufgestellt. Betrachtet man jede Dimension isoliert unter Kontrolle der individuellen Lernausgangslagen, so lässt sich bestimmen, wie stark der Grad dieser Qualitätsdimension sich auf den Lernzuwachs jeweils auswirkt.

In allen sieben Modellen, also für jede Qualitätsdimension, die als erklärende Variable herangezogen wird, sind auf Level 1 alle drei individuellen Lernausgangslagen (Mathematische Basiskompetenz, Vorwissen Prozente und Sprachkompetenz) signifikante Prädiktoren für die Lernzuwächse. Die Modelle erklären jeweils auf Lernenden- und Unterrichtsebene über 50 % der Varianz, was für die Güte der Modelle spricht.

Auf Level 2 der Unterrichtsqualität unterscheiden sich die sieben Modelle: Während in Modell 1 (*Mathematische Reichhaltigkeit*), Modell 2 (*Kognitive Aktivierung*) und Modell 6 (*Darstellungsvernetzung*) die Unterschiede in den Umsetzungsqualitäten keinen zusätzlichen signifikanten Einfluss auf den Lernzuwachs zeigen, lässt sich der Grad der *Mitwirkung* (in Modell 4) und der *Ideennutzung* (in Modell 5) als signifikante Einflussgröße identifizieren sowie *Diskursive Aktivierung* (in Modell 7) und *Zugang für Alle* (in Modell 3) als leicht signifikante Einflussgröße.

Im Modell 4 zeigt der Grad der *Mitwirkung* einen signifikanten Einfluss auf die Lernzuwächse (mit b = 6.60 und p < 0.05), im Modell 5 der Grad der *Ideennutzung* sogar hoch signifikanten Einfluss (b = 6.73 und p < 0.01) auf die Lernzuwächse unter Kontrolle der individuellen Lernausgangslagen. Die zwei Qualitätsgrade erfassen, inwieweit die Lehrkräfte die Beiträge und Ideen der Lernenden integrieren und inhaltlich aufgreifen (*Ideennutzung*) und bzw. sie nutzen, um positive Selbstkonzepte der Lernenden zu fördern (*Mitwirkung*). Pointiert beschreiben diese beiden Grade das Ausmaß an Adaptionsfähigkeit der Lernenden, wie weit schafft die Lehrkraft die Inhalte mit den Lernenden zu erarbeiten und nicht nur diese zu präsentieren.

Modell 1 zur *Mathematischen Reichhaltigkeit*, Modell 2 zur *Kognitiven Aktivierung* und Modell 6 zur *Darstellungsvernetzung* zeigen dagegen, dass der entsprechender Unterrichtsqualitätsgrad keinen signifikanten Einfluss auf die Lernzuwächse der Lernenden im Mittel aufweisen, die nicht sowieso für alle

Tabelle 9.2 Hierarchische Modelle zur Bestimmung des Effekts des Qualitätsgrads des L-TRU auf den Lernzuwachs (aus Neugebauer & Prediger eingereicht)

Prädiktor	Modell 1: Math. Reichhaltigkeit	Modell 2: Kognitive Aktivierung	Modell 3: Zugang für Alle	Modell 4: Mitwirkung	Modell 5: Ideennutzung	Modell 6: Darstellungsvernetzung	Modell 7: Diskursive Aktivierung
Level 1: Individuelle Lernausgangslagen b (SE)							
Intercept	12.21*** (0.51)	12.20*** (0.51)	12.24*** (0.47)	12.24*** (0.46)	12.28*** (0.44)	12.26*** (0.49)	12.17*** (0.47)
Sprach-Kompetenz	0.65** (0.24)	0.65** (0.24)	0.63** (0.24)	0.64** (0.24)	0.63** (0.24)	0.63** (0.24)	0.66** (0.24)
Math. Basiskompetenz	3.48*** (0.28)	3.51*** (0.29)	3.48*** (0.28)	3.53*** (0.28)	3.48*** (0.28)	3.48*** (0.28)	3.54*** (0.29)
Vorwissen Prozente	0.77*** (0.24)	0.78*** (0.24)	0.78*** (0.24)	0.78*** (0.24)	0.78*** (0.24)	0.78*** (0.24)	0.77** (0.24)
R^2	0.529	0.521	0.547	0.537	0.561	0.544	0.529
Level 2: Unterrichtsqualitätsgrade zu jeder Dimension b (SE)							
Qualitätsgrad	1.83 (1.92)	2.14 (1.81)	3.76° (1.94)	6.60* (2.85)	6.73** (2.50)	5.05 (3.11)	5.37° (2.77)
R^2	0.649	0.633	0.642	0.628	0.640	0.646	0.627

Signifikanz-Schwellen: *** = unter 0.1 %; ** = unter 1 %; * = unter 5 %; ° = unter 10 %

Klassen erreicht wurden. Die *Darstellungsvernetzung* (b = 5.05) hat zwar einen
recht hohen b-Wert, dieser wird jedoch ebenso wenig signifikant wie die anderen
beiden.

Dagegen zeigt der Grad des *Zugangs für Alle* im Modell 4 (b = 3.76 mit p
< 0.1) und der Grad der *Diskursiven Aktivierung* im Modell 6 (b = 5.37 mit
p < 0.1) einen tendenziell signifikanten Einfluss auf die Lernzuwächse auf dem
10 %-Niveau.

Um die Unterschiede zwischen den Einflüssen der Dimensionen zu erklären,
argumentieren Neugebauer und Prediger (submitted) implementationstheoretisch
und verweisen auf die unterschiedlich starke Integration im Unterrichtsmaterial:
Die Grade der *Mathematischen Reichhaltigkeit, Kognitiven Aktivierung und
Darstellungsvernetzung* sind jene, die durch das Unterrichtsmaterial gezielt unterstützt wurden. Durch den zugrundeliegenden Macro-Scaffolding-Ansatz (Pöhler
2018; Prediger und Pöhler 2015) werden entlang des konzeptuellen Lernpfads im
Unterrichtsmaterial viele konzeptuell reichhaltige Aufgaben gestellt und explizit
die Variation von Darstellungen und Sprachebenen angeregt (Duval 2006; Wessel
2015). In diesen Dimensionen sind daher weniger relevante Unterschiede in den
Umsetzungsqualitäten aufgetreten. Die Behauptung, dass gerade *Mathematische
Reichhaltigkeit, Kognitive Aktivierung* und *Darstellungsvernetzung* diejenigen
Dimensionen sind, deren Realisierung durch das Unterrichtsmaterial sichergestellt werden kann, wird durch die Verteilungen der Dimensionen in Tabelle 7.6
belegt und in Neugebauer und Prediger (eingereicht) ausführlicher auch implementationstheoretisch diskutiert. Ihre Unterschiede haben in dem Sample, die alle
mit dem gleichen Unterrichtsmaterial unterrichten, deswegen keine zusätzliche
Erklärungskraft.

Die Dimensionen *Diskursive Aktivierung* und *Zugang für Alle* werden ebenfalls
durch einige Anregungen im Material gestützt, z. B. mit Schreib-, Diskussions-
oder Gesprächsaufträgen. Gleichwohl scheint es bei ihnen noch etwas stärker auf
die Umsetzung im Unterrichtsgespräch anzukommen, denn jenseits der schriftlichen Aufträge werden sie durch die mündliche Moderation strak gesteuert. Die
Verteilung der Dimensionen in Tabelle 7.6 zeigt für diese Dimensionen daher
eine breitere Streuung.

Jene Unterrichtsqualitätsgrade, die explizit durch das Material gestützt werden
(*Mathematische Reichhaltigkeit, Kognitive Aktivierung* & *Darstellungsvernetzung*), haben in der Breite keinen signifikanten Einfluss auf die Lernzuwächse
der Lernenden.

Die Qualitätsgrade lassen sich gemäß ihrem statisch signifikanten Einfluss und
ihrem inhaltlichen Bezug zur bereitgestellten Unterrichtseinheit (Abschnitt 6.3)

in drei Kategorien teilen: den (a) fachliche orientierten Dimensionen *Mathematische Reichhaltigkeit, Kognitive Aktivierung* und *Darstellungsvernetzung*, den (b) Dimensionen, die Nutzen der Lernendenaussagen erfassten *Mitwirkung* und *Ideennutzung* und (c) die Dimensionen die Umfang und Qualität der eingeforderten Beteiligung erfassen *Zugang für* Alle und *Diskursive Aktivierung*. Hierbei lässt sich (a) als Dimensionen deuten, die vom Material gestützt werden und (b) als jene, die durch das Handeln der Lehrkraft maßgeblich beeinflusst werden.

Die Unterrichtsqualitätsgrade der Dimensionen, die durch das Handeln der Lehrkräfte dominiert sind und nicht explizit durch das Material gestützt werden kann (*Zugang für Alle, Mitwirkung, Ideennutzung* und *Diskursive Aktivierung*) haben dagegen einen signifikanten Einfluss auf die Lernzuwächse der Lernenden.

Mit Hilfe des Mehrebenenmodells kann somit für den vorliegenden Datenkorpus die folgende Fragestellung beantwortet werden:

F3:   Welche Effekte haben die Qualitätsdimensionen eines sprachbildenden Mathematikunterrichts auf die Lernzuwächse unter Kontrolle der individuellen Lernausgangslagen und bei einheitlichem sprachbildendem Unterrichtsmaterial?

Erwartungskonform haben die individuellen Lernausgangslagen Sprachkompetenz (erfasst durch den C-Test), die mathematische Basiskompetenz (erfasst durch den BasisMath-G6 +) und das themenspezifische Vorwissen zu Prozenten einen signifikanten Einfluss auf den Lernzuwachs der Lernenden. Allerdings konnten über die individuellen Voraussetzungen hinaus auch signifikante Prädiktoren auf der Klassenebene identifiziert werden. Der Qualitätsgrad der *Mitwirkung, Ideennutzung, Diskursive Aktivierung und des Zugangs für alle* hat sich jeweils haben sich jeweils als signifikante Prädiktoren herausgestellt. Hierbei haben für diese Stichprobe die *Mitwirkung* und die *Ideennutzung* die stärkste Einflussgröße (b = 6.60 bzw. b = 6.73) und weisen die höchste Relevanz auf. Für eine Größenvorstellung ist die Einflussgröße dieser beiden Dimensionen jeweils fast doppelt so hoch, wie die der mathematischen Basiskompetenz (3.53), der stärksten Einflussgröße auf Individualebene.

Zusammenfassung und Diskussion zur Unterrichtsqualitätserfassung im sprachbildenden Mathematikunterricht 10

Ziel dieser Arbeit war die Entwicklung und Anwendung eines Instruments zur Erfassung der Unterrichtsqualität von sprachbildendem Unterricht. Dazu wurde das Erfassungsinstrument L-TRU durch Adaption des TRU-Frameworks (Schoenfeld 2013, 2018) entwickelt (Kapitel 5), nachdem der Stand der Instrumente zur Erfassung von Unterrichtsqualität im Hinblick auf Sprachbildung im Mathematikunterricht aufgearbeitet wurde (Kapitel 3). Die herausgearbeiteten Unterrichtsqualitätsdimensionen lassen sich (trotz naheliegender inhaltlicher Abhängigkeiten) als inhaltlich relevante und empirisch nicht komplett zusammenfallende Größen identifizieren (Kapitel 8). Besonders die neu ergänzten Dimensionen des L-TRU (Abschnitt 5.2) ermöglichen die Erfassung weiterer Phänomene, die bisher nicht berücksichtigt wurden. Einige dieser Unterrichtsqualitätsdimensionen erweisen sich sogar bei gleichem Unterrichtsmaterial als signifikante Einflussfaktoren auf den Lernzuwachs der Lernenden.

In diesem Kapitel werden zum einen die Ergebnisse dieser Arbeit zusammenfassend vorgestellt (Abschnitt 10.1) und im Anschluss die Grenzen der Studie und die Konsequenzen für Forschung und Praxis (Abschnitt 10.2) diskutiert.

10.1 Zusammenfassende Reflexion der zentralen Ergebnisse

Diese Arbeit fundiert ein neues Erfassungsinstrument für die Messung der Qualität von sprachbildendem Mathematikunterricht. Für dieses Entwicklungsergebnis wurde methodische Arbeit geleitet, dieses Instrument im Hinblick auf Validität und Reliabilität zu untersuchen, und zwar sowohl durch Aufzeigen einiger

Fallbeispiele als auch durch quantitative Ergebnisse. Das zentrale Forschungsergebnis dieser Arbeit sind die Befunde zur Verteilung und Zusammenhänge der Dimensionen des validierten Erfassungsinstruments sowie zu ihrem Prädiktionspotential für die Lernzuwächse im sprachbildenden Mathematikunterricht. Die entwicklungsbezogenen, methodischen und forschungsbezogenen Erträge werden im Folgenden diskutiert:

Entwicklungsertrag: Adaption eines Instruments zur Erfassung von Qualität im sprachbildenden Mathematikunterricht
Ein zentrales Entwicklungsergebnis dieser Arbeit ist die Entwicklung eines neuen Erfassungsinstruments für die Messung der Qualität von sprachbildendem Mathematikunterricht. Dazu wurde mit dem L-TRU ein Instrument entwickelt, das neben den allgemeinen methodischen Anforderungen an ein Erfassungsinstrument zur Unterrichtsqualität auch den spezifischen Ansprüchen des sprachbildenden Unterrichts entspricht. Aufbauend auf dem bereits in der Theorie verankerten und fachspezifischen Erfassungsinstrument TRU-Math (Kapitel 4) entstand L-TRU als Adaption der fünf Dimensionen (Abschnitt 5.1) und Ergänzung um zwei Dimensionen zum sprachbildenden Unterricht (Abschnitt 5.2). Dazu wurde zunächst aufgezeigt, dass sowohl die *Diskursive Aktivierung* als auch die *Darstellungsvernetzung* sich aus den Lücken in Erfassungsinstrumenten ergeben (Abschnitt 3.3) und für die Qualität des sprachbildenden Mathematikunterrichts in Interventionsstudien als lernwirksam nachgewiesen wurden (Kapitel 2).

Ein Erfassungsinstrument sollte nach Schoenfeld et al. (2018) folgende Kriterien erfüllen:

1. In der Theorie verankert sein und nötige und hinreichende Bedingungen für gelungenen fachspezifischen Unterricht beschreiben,
2. Kompakt aufgestellt sein, so dass es dabei unterstützt, sowohl die entscheidenden Aspekte zu konzentrieren, als auch möglichst leicht zu verstehen und zu erinnern ist,
3. Abhängig vom intendierten Nutzen, diesen tatsächlich ermöglichen,
4. Valide sein im Hinblick auf die Datenerfassung,
5. und empirisch evaluiert sein, inwieweit es mit erwünschten Leistungen von Lernenden korreliert.

Das Erfassungsinstrument L-TRU erfüllt alle diese Kriterien:

1. *Theorieverankerung:* Der theoretische Beitrag dieser Arbeit liegt zum einen in der Zusammenstellung eines Überblicks und einer Kategorisierung von bestehenden Instrumenten zur Erfassung von Unterrichtsqualität, insbesondere der des Mathematikunterrichts. Auf dieser Basis wurde eine theoretische Fundierung des eigenen Instruments geschaffen. Mit dem Überblick zum bisherigen Stand (in Abb. 3.1) konnten Lücken in bestehenden Erfassungsinstrumente identifiziert und die Notwendigkeit zur Entwicklung eines angepassten Instruments begründet werden. Dabei erwies sich gerade die Fokussierung auf Fachlichkeit in der Unterrichtsqualität (gefordert von Brunner 2018) als notwendig für ein umfassendes Bild von Unterricht. Diese Fachlichkeit bezieht sich im sprachbildenden Mathematikunterricht sowohl auf den mathematischen Inhalt als auch auf sprachliche Lerngegenstände, dies erforderte maßgebliche Anpassungen des Instruments, um auch die sprachbildenden Qualitäten im Unterricht explizit erfasst werden können.
2. *Kompaktheit:* Sieben Dimensionen in einem Erfassungsinstrument ist noch als kompakt anzusehen, besonders da keine weiteren Subskalen angesetzt sind, während andere Erfassungsinstrument z. T. über 20 Subskalen haben. Das L-TRU-Instrument hat zwar zwei Dimensionen mehr als das TRU-Framework, aber die ergänzten Dimensionen sind auf Grund ihrer Einordnung in den sprachbildenden Mathematikunterricht eingänglich (Kapitel 2), gut von den bestehenden abzugrenzen (Kapitel 7) und ermöglichen, die genutzte sprachbildende Unterrichtsreihe hinsichtlich ihres sprachbildenden Fokus zu betrachten. Konkret konnte in Kapitel 8 die Notwendigkeit jeder einzelnen Dimension aufgezeigt werden, um ein umfassendes Bild vom beobachteten Unterricht zu liefern.
3. *Passung zum Forschungsinteresse:* Durch diese Ergänzungen (Kapitel 5) passt das Instrument zum Forschungsinteresse, die Qualität eines *sprach*bildenden *Mathematik*unterrichts zu erfassen (Kapitel 6) und zu analysieren, inwieweit die sprachlichen und ursprünglichen Dimensionen miteinander in Beziehung stehen (Kapitel 8).
4. Auf Validität und Reliabilität sowie
5. *Prädiktion von Lernzuwächsen* wird in der Forschungsfrage 1 und 3 (siehe unten) gesondert eingegangen.

Methodischer Ertrag: Validität und Reliabilität des Erfassungsinstruments
Das entwickelte Erfassungsinstrument für die Qualität von sprachbildendem Unterricht musste zunächst hinsichtlich seiner Güte überprüft werden, dazu diente die erste Forschungsfrage:

F1:   Inwiefern ist das entwickelte Instrument L-TRU zur Erfassung von Unterrichtsqualität im sprachbildenden Mathematikunterricht kriteriumsvalide und weist Interraterreliabilität auf?

Kriteriumsvalidität wurde hergestellt durch Verankerung im theoretischen und empirischen Forschungsstand (Kapitel 2–4) und durch Rückgriff auf ein hinsichtlich *Kriteriumsvalidität* mehrfach optimiertes Instrument (Schoenfeld 2018, vgl. Kapitel 3 und 4). Darüber hinaus zeigen vor allem die Fallbeispiele in Kapitel 7, inwiefern die Dimensionen des L-TRU die Phänomene erfassen, die sie erfassen sollen, also die Operationalisierungen kriteriumsvalide sind.

Sowohl die ursprünglichen Dimensionen des TRU als auch die ergänzten sprachbildenden Dimensionen ermöglichen die Beschreibung von Wechselwirkungen und Beziehungen in unterrichtlichen Kontexten, die durch andere Dimensionen nicht erfasst werden könnten (siehe auch Forschungsfrage 2). Somit ist ein wichtiger methodischer Ertrag, die bereits hergestellte Validität auch für die leicht anderen Forschungszwecke dieser Arbeit (dem Fokus auf sprachbildenden Unterricht) substantiiert zu haben. Die Arbeit bestätigt das von Schoenfeld (2015) vorgeschlagene methodische Vorgehen zur Erfassung von Unterrichtsqualität, dass das TRU-Framework durch Einsetzen konkreter fachlicher Ansprüche für anderen Unterricht adaptiert werden kann, was hier für den sprachbildenden Mathematikunterricht zum Prozentverständnis erfolgreich durchgeführt wurde.

Während das ursprüngliche Instrument TRU bzgl. Validität intensiv bearbeitet worden ist, lagen für TRU bislang keine *Reliabilitätsnachweise* vor. Diese wichtige Anforderung taucht auf der eingangs aufgeführten Liste von Anforderungen von Schoenfeld et al. (2018) nicht auf, obwohl ihr Nachweis zu den methodischen Standards der Unterrichtsqualitätsforschung gehört. Daher wurden in Abschnitt die Interraterreliabilitäten untersucht: Für vier Dimensionen wurde eine gute Interraterreliabilität nachgewiesen (Cohens κ zwischen 0,69 und 0,79), für die drei Dimensionen *Mathematische Reichhaltigkeit, Kognitive Aktivierung und Zugang für alle* eine hervorragende Übereinstimmung gezeigt (Cohens κ zwischen 0,81 und 0,88). Die Ausschärfung des Rating-Manuals um die Fließschemata scheinen zu diesen Reliabilitäten maßgeblich beigetragen zu haben.

Damit liefert diese Arbeit einen wichtigen methodischen Ertrag, denn sie zeigt auf, dass die inhaltliche Validität des Instruments TRU bei Adaption zu L-TRU erhalten wurden (vgl. Kapitel 7 und 8) und weist die Reliabilität L-TRU erstmals nach (in Abschnitt 7.5). Die Reliabilität der entwickelten Fließschemata wäre auf Rückführbarkeit auf das ursprüngliche Instrument TRU zu prüfen.

Forschungserträge: Wechselwirkungen der Dimensionen und ihr Zusammenhang zu Lernzuwächsen
Da das L-TRU also ein valides und reliables Instrument darstellt, das Qualitätsgrade eines sprachbildenden Unterrichts erfassen kann, aber nicht das Ziel verfolgt, voneinander unabhängige Dimensionen zu ermitteln (Schoenfeld 2013), musste die Forschungsfrage 2 spezifisch untersucht werden. Die dabei gefundenen Zusammenhänge hängen vermutlich deutlich von den Spezifika des Videodatenkorpus ab, in dem insbesondere alle Klassen dasselbe sprachbildende Unterrichtsmaterial nutzten.

F2:   Wie lassen sich durch Rangkorrelationen und Kontingenztabellen die Zusammenhänge der Qualitätsdimensionen des L-TRU beschreiben?

Mithilfe von Rangkorrelationen (in Tabelle 8.1) und Kontingenztabellen (Abschnitte 8.2–8.8) wurden folgende Befunde zu den unterschiedlichen Unterrichtsqualitätsdimensionen gewonnen, die hier kurz an die bestehenden Befunde aus anderen Studien angeknüpft werden können:

• *Mathematische Reichhaltigkeit* und *Kognitive Aktivierung* hängen stark miteinander zusammen (Tabelle 8.1), wobei erst durch *Kognitive Aktivierung* die *Mathematische Reichhaltigkeit* entstehen kann, dies argumentieren Leuders & Holzäpfel (2011) theoretisch und zeigt Brunner (2018) auch empirisch. In den vorliegenden Daten lässt sich die starke Wechselwirkung daran ablesen, dass nur in den Fällen hoher *Kognitiver Aktivierung* die *Mathematische Reichhaltigkeit* hoch ist (Tabelle 8.2).
• Konkrete methodische Umsetzung und Ausgestaltung der Klassengespräche haben zwar Einfluss auf die Lernzuwächse (vgl. Ergebnisdiskussion zur Forschungsfrage 3 zur *Mitwirkung, Ideennutzung, Zugang für alle* und *Diskursive Aktivierung)*, aber sind unabhängig von anderen Qualitätsmerkmalen (Tabelle 8.1), d. h., der Unterricht kann bei variierenden methodischen und interaktionsbezogenen Ausgestaltungen inhaltlich hochwertig sein (Herbel-Eisenmann et al. 2011; Herbel-Eisenmann et al. 2013; Ing et al. 2015), wie Abschnitt 8.4 zeigt.
• Es ist zu unterscheiden, ob die Ideen und Beiträge der Lernenden genutzt werden (*Ideennutzung*) und inwieweit den Lernenden Kompetenz zugeschrieben wird für eine mathematische Identität im Sinne der *Mitwirkung*. Trotz der wahrgenommenen Nähe dieser Dimensionen (Schoenfeld 2013) sind die identifizierten Qualitätsgrade empirisch unabhängig (Tabelle 8.1; Tabelle 8.17).

- *Mathematische Reichhaltigkeit* ermöglicht erst eine hohe *Mitwirkung* mit Kompetenzzuschreibungen an die Lernenden (Tabelle 8.4) sowie die *Nutzung der Ideen* der Lernenden (Tabelle 8.5) und erst durch diese ist *kognitive Aktivierung* möglich (Baldinger et al. 2016), wie Tabelle 8.9 & 8.10 zeigen. Die so identifizierten Zusammenhänge lassen sich in anderen Instrumenten nicht finden, in denen viele dieser Teilaspekte unter kognitive Aktivierung zusammengefasst werden (Charalambos & Praetorius 2018).
- *Diskursive Aktivierung*, d. h. die diskursiven Praktiken und Aktivitäten hängen mit allen Unterrichtsqualitätsdimensionen zusammen. Diese in vielen qualitativen Fallstudien identifizierte Wechselwirkung (Morek et al. 2017, Erath et al., 2021) wird durch Tabelle 8.1 kann quantitativ bestätigt. Die Wechselwirkung lässt sich zudem weiter ausdifferenzierende, denn die hohen Qualitätsgrade der anderen Dimensionen können erst eintreten, wenn auch *kognitive Aktivierung* (Tabelle 8.11) vorliegt, diese begünstigt anschließend andere Qualitätsdimensionen (Tabelle 8.23 im Überblick für Tabellen 8.6, 8.18, 8.20 & 8.22). Auch damit lassen sich qualitativ oft rekonstruierte Zusammenhänge (Henningsen & Stein 1997; Jackson et al. 2013) nun quantitativ bestätigen.
- *Darstellungsvernetzung* ist eine Unterrichtsqualitätsdimension, die nicht mit bisherigen Dimensionen übereinstimmt (Tabelle 8.1), aber positiven Einfluss auf übrige Unterrichtsqualitätsdimensionen (Tabelle 8.23) aufweist, dies passt zu der hohen Akzeptanz des didaktischen Prinzips (Brunner 1967; Duval 2006; Wessel 2015), zu dem bislang allerdings kaum quantitative Befunde vorlagen.

Sowohl die Betrachtung der Wechselwirkungen (Kapitel 8) also auch die weiter unten diskutierte hierarchische Modellierung der Lernzuwächse (Kapitel 9) identifizieren mit ihren unterschiedlichen Betrachtungsschwerpunkten zum einen den Effekt aufeinander und zum anderen den Effekt auf die Lernenden, dabei zeigen sich jeweils die gleichen treibende bzw. stützenden Dimensionen. Die zusammenfassende Darstellung zur Wechselwirkung (Tabelle 10.1 in Wiederholung von Tabelle 8.23) zeigt, dass die Dimensionen *Mitwirkung, Ideennutzung* und *Diskursive Aktivierung* jene sind, die die Wirkungsrichtung der übrigen Dimensionen beeinflussen. Genau diese Dimensionen haben in der hierarchischen Modellierung (vgl., unten Forschungsfrage 3) signifikanten Einfluss auf den Effekt der Lernzuwächse.

Die Anbindung an bisherige Forschung zeigt damit, dass das L-TRU ein kriteriumsvalides Instrument ist, welche ermöglicht, bisherige qualitative Befunde zu typische Zusammenhängen zu quantifizieren. Die einzelne L-TRU-Dimensionen liefern jeweils Informationen, die durch die anderen nicht erfasst werden.

Insgesamt ermöglicht die Betrachtung über die Rangkorrelation und über die Kontingenztabelle das komplexe Wechselspiel der Dimensionen zu beschreiben. Die treffbaren Aussagen beschränken sich dadurch nicht auf die Existenz von Wechselwirkungen per se, sondern geben auch Einblicke, welche erhöhten Ausprägungen einen Einfluss auf andere Unterrichtsqualitätsdimensionen aufweisen.

Forschungsprodukt: Wirkung von Unterrichtsqualitätsdimensionen auf den Lernzuwachs im sprachbildenden Unterricht
Das zentrale Forschungsprodukt des hier dokumentierten Forschungsprojekts bezieht sich auf die Frage, inwieweit die konkrete Unterrichtsdurchführung, operationalisiert durch die Unterrichtsqualitätsdimensionen des L-TRU die Nachtestergebnisse der Lernenden voraussagen können, um über das Design der Unterrichtsmaterialien hinaus Gelingensbedingungen für einen lernförderlichen Unterricht zu identifizieren. Das entwickelte Erfassungsinstrument L-TRU liefert ein Rating zu den *möglicherweise relevanten* Qualitätsdimensionen in den von den Lehrkräften realisierten Unterrichtsstunden. Erst die statistische In-Bezug-Setzung zu den Lernzuwächsen erzeugt das Erklärungswissen, welche Qualitätsdimensionen über die Materialebenen hinaus eine zentrale Gelingensbedingung bilden. Durch die Mehrebenenmodelle konnte das Forschungsinteresse verfolgt werden, wie eine konkrete Implementation eines sprachbildenden Mathematikunterrichts ausgestaltet und gestützt sein muss, um möglichst lernwirksam zu sein, wie Forschungsfrage 3 artikuliert:

F3:   Welche Effekte haben die Qualitätsdimensionen eines sprachbildenden Mathematikunterrichts auf die Lernzuwächse unter Kontrolle individueller Lern-ausgangslagen und bei einheitlichem sprachbildendem Unterrichtsmaterial?

Um diese Frage zu beantworten, wurde mittels Mehrebenenmodellen bestimmt, wie groß der Anteil der Varianz ist, der durch Modelle erklärt wird, die die Ausgangslagen der Lernenden und jeweils einen Qualitätsgrad berücksichtigen, um den Lernzuwachs der Lernenden zu beschreiben (vgl. Tabelle 10.2):
Jedes der Modelle 1 bis 7 in Tabelle 10.2 erklärt jeweils hinreichend große Anteile der Varianz (R^2 zwischen 0.521 und 0.646), dabei sind die Lernausgangslagen bzgl. mathematischen Basiskompetenzen, Vorwissen Prozente und Sprachkompetenz jeweils signifikante Prädiktoren und bleiben auch unabhängig

Tabelle 10.1 Wechselwirkungen der Dimensionen der Bedingtheit der Qualitätsdimensionen gemäß Kontingenztabellen (oben als Tabelle 8.23)

	MR	KA	ZFA	MW	IN	DA	DV
MR Mathematische Reichhaltigkeit		↖	■	↗	↗	↗	↗
KA Kognitive Aktivierung	↗		■	↗	↗	↗	↗
ZFA Zugang für alle	■	■		■	■	■	■
MW Mit-wirkung	↗	↗			■	↗	↗
IN Ideen-nutzung	↗	↗	■	■			■
DA Diskursive Aktivierung	↗	↗	■	↗	↗		↗
DV Darstellungsvernetzung	↗	↗	■	↗	■	↗	

↗ = begünstigt; ↖ = wird begünstigt durch; ■ = keine Wechselwirkung

von der betrachteten Unterrichtsqualitätsdimension signifikant. Darüber hinaus liefern die Modelle für den vorliegenden Datenkorpus Einsichten in den signifikanten positiven Einfluss von einzelnen Unterrichtsqualitätsdimensionen. Die Forschungsfrage 3 lässt sich erst einmal damit beantworten, dass alle postulierten Unterrichtsqualitätsdimensionen einen positiven Einfluss auf die Nachtestergebnisse haben, die genutzt werden, um den Lernzuwachs der Lernenden unter Kontrolle der Lernausgangslagen vorherzusagen. Für den konkreten Datenkorpus mit gleichbleibenden Unterrichtsmaterialien lässt sich festhalten, dass vier Dimensionen signifikanten Einfluss auf die Lernzuwächse im sprachbildenden Mathematikunterricht haben: der *Zugang für alle* Lernenden (Modell 3), der Grad ihrer inhaltlichen *Ideennutzung* (Modell 4), die *Mitwirkung*, d. h. wie sehr ihnen das Gefühl von Teilhabe und Mitbestimmung vermittelt wird (Modell 5) und die *Diskursive Aktivierung*, d. h. inwiefern anspruchsvolle diskursive Praktiken vollzogen werden (Modell 7).

Ideennutzung und Mitwirkung
Mit der bei diesem Datenkorpus größtmöglichen Stichprobe lässt sich zeigen, dass die Möglichkeit der Lernenden sich als aktive Handelnde ins Gespräch einzubringen (*Mitwirkung*; konzeptualisiert und operationalisiert in Abschnitt 5.1.4) und es einen produktiven Umgang mit den Ideen der Lernenden gibt (*Ideennutzung*, konzeptualisiert und operationalisiert in Abschnitt 5.1.5) hoch signifikanten Einfluss auf die Lernzuwächse der Lernenden haben (Modell 4 & 5), wobei diese beiden Dimensionen an sich nicht miteinander zusammenhängen (Abschnitt 8.5; Tabelle 8.17; Abschnitt 8.6). Diese Arbeit bestätigt damit

- den von Blazer (2020) geforderten respektvollen und sensiblen Umgang mit den Ideen der Lernenden,
- die von Adler & Ronda (2015) geforderte Präsenz von Lernendenideen in Diskussionen,
- die Forderung nach konzeptuellen Verständnis durch Vernetzung von Lernendenideen nach Hiebert & Grouws (2007) und
- die Forderungen nach anspruchsvollen Praktiken unter Einbezug der Lernenden (nach Jackson et al. 2013).

Darüber hinaus liefert diese Arbeit den empirischen Nachweis zur Notwendigkeit der isolierten Betrachtung von *Ideennutzung* und *Mitbestimmung*, wie sie von Schoenfeld (2013) gefordert wurde. Diese beiden Dimensionen erscheinen von ihren Funktionen in einem ersten Zugriff sehr nahe beieinander (Schoenfeld

Tabelle 10.2 Hierarchische Modelle zur Bestimmung des Effekts des Qualitätsgrads des L-TRU auf den Lernzuwachs (aus Neugebauer & Prediger eingereicht; oben als Tabelle 9.2)

Prädiktor	Modell 1: Math. Reichhaltigkeit	Modell 2: Kognitive Aktivierung	Modell 3: Zugang für Alle	Modell 4: Mitwirkung	Modell 5: Ideennutzung	Modell 6: Darstellungsvernetzung	Modell 7: Diskursive Aktivierung
Level 1: Individuelle Lernausgangslagen b (SE)							
Intercept	12.21*** (0.51)	12.20*** (0.51)	12.24*** (0.47)	12.24*** (0.46)	12.28*** (0.44)	12.26*** (0.49)	12.17*** (0.47)
Sprach-Kompetenz	0.65** (0.24)	0.65** (0.24)	0.63** (0.24)	0.64** (0.24)	0.63** (0.24)	0.63** (0.24)	0.66** (0.24)
Math. Basiskompetenz	3.48*** (0.28)	3.51*** (0.29)	3.48*** (0.28)	3.53*** (0.28)	3.48*** (0.28)	3.48*** (0.28)	3.54*** (0.29)
Vorwissen Prozente	0.77** (0.24)	0.78*** (0.24)	0.78*** (0.24)	0.78*** (0.24)	0.78*** (0.24)	0.78*** (0.24)	0.77** (0.24)
R²	0.529	0.521	0.547	0.537	0.561	0.544	0.529
Level 2: Unterrichtsqualitätsgrade zu jeder Dimension b (SE)							
Qualitätsgrad	1.83 (1.92)	2.14 (1.81)	3.76° (1.94)	6.60* (2.85)	6.73** (2.50)	5.05 (3.11)	5.37° (2.77)
R²	0.642	0.633	0.642	0.628	0.640	0.646	0.627

Signifikanz-Schwellen: *** = unter 0.1 %; ** = unter 1 %; * = unter 5 %; ° = unter 10 %

2013). Es wäre zu erwarten, dass wenn die Lehrkräfte die Beiträge der Lernenden adaptiv aufgreifen und in den Unterrichtsverlauf produktiv einbinden und damit einer hohen *Ideennutzung* (Abschnitt 5.1.5) realisieren, dies aktiv und wiederholt den Lernenden zuschreiben und sie dadurch Kompetenz erfahren lassen und sich als mathematisch handlungsfähig erfahren (Abschnitt 5.1.4). Umgekehrt erscheint es als zugänglichste Möglichkeit, den Lernenden aktive *Mitwirkung* und Mitbestimmung zu vermitteln (Kapitel 7; Lehrkraft Otting), wenn deren Ideen adaptiert und genutzt werden (Adler & Ronda 2015; Baldinger et al. 2016; Hiebert & Grouws 2007; Jackson et al. 2013). Allerdings zeigen die Illustrationen der Dimensionen (Kapitel 7; Lehrkräfte Gerster & Tremnitz), dass diese Verbindung nicht immer in dieser direkten Form erfolgen muss. Wie der Überblick der Wechselwirkungen der Qualitätsdimensionen also schon nahelegt (Tabelle 10.1), handelt es sich bei den Unterrichtsqualitätsdimensionen *Mitwirkung* und *Ideennutzung* um jeweils leicht andere, jedoch gemäß Tabelle 10.2 beide hoch relevante Gelingensbedingungen für lernwirksamen Unterricht, die unterschiedliche Aspekte der Arbeit mit Lernendenbeiträgen beschreiben (Hiebert & Grouws 2007; Jackson et al. 2013). Dies bestätigt Schoenfelds (2013) Annahme über die Notwendigkeit beider Dimensionen. Konkret muss einerseits mit den Ideen der Lernenden produktiv und adaptiv gearbeitet werden, und den Lernenden muss klar und transparent gemacht werden, dass es ihre eigenen Gedanken sind und sie selbst schaffende mathematische Denker sind (Schoenfeld 2014). Durch die Modelle lässt sich die Aussage von Jackson et al. (2013) bestätigen, dass Lernende höheren Lernzuwachs in Tests demonstrieren können, wenn sie erhöhte Auseinandersetzungsmöglichkeiten mit den Lerninhalten haben und sie aus und für sie entwickelt werden. Im sprachbildenden Mathematikunterricht kommt es dabei insbesondere auf das Micro-Scaffolding an, das an die langfristigen Lernpfade angebunden wird, wie bislang allerdings fast nur qualitative Studien zeigen (Prediger & Pöhler 2015; Erath et al. 2021).

So bestätigt die Arbeit mit ihrem spezifischen Fokus auf sprachbildenden Mathematikunterricht eine Gelingensbedingung, die in anderen Kontexten auch bereits quantitativ herausgearbeitet lassen (Blazar & Archer 2020; Hill & Charambolous 2012).

Diskursive Aktivierung und Zugang für alle
Auch die Dimensionen *Diskursive Aktivierung* und *Zugang für alle* zeigen sich selbst bei gleichbleibendem Unterrichtsmaterial als auf dem 10 %-Niveau signifikante Qualitätsdimensionen (vgl. Modell 3 und 7 in Tabelle 10.2). Dies korrespondiert mit zahlreichen qualitativen empirischen Forschungsergebnissen,

nach denen eine Ermöglichung der aktiven Beteiligung in reichhaltigen diskursiven Praktiken für die Lernerfolge entscheidend sind (Erath et al. 2018;
Herbel-Eisenmann et al. 2019; Swain 1995). Die Einbindung aller Lernenden,
unabhängig vom Sprachstand durch Aufgreifen der eigensprachlichen Ressourcen
für Diskussionen und der individuellen Vorstellungen wird bereits von Moschkovich (2002) angeregt und Modelle 3 & 7 bestätigen diesen positiven Nutzen
quantitativ.

Diese Kombination der Betrachtung der Wechselwirkungen und der Einfluss-
stärken in Form des Modells der Mehrebenen zeigt, dass diese Tendenz kein
Artefakt des Analyseformats ist. Der Einsatz des Unterrichtsmaterials sichert
erhöhten Lernzuwachs (Pöhler et al. 2017), wenn es nun genutzt wird, wird der
Effekt durch die Qualität der diskursiven Praktiken und Gesprächsführung der
Lehrkraft maßgeblich beeinflusst (Ing et al. 2015; Jackson et al. 2013).

Mathematische Reichhaltigkeit, Kognitive Aktivierung und Darstellungsvernetzung
Durch das Material an sich ist eine erhöhte *Mathematische Reichhaltigkeit,
Kognitive Aktivierung* und mindestens *Darstellungswechsel* sicherzustellen, weitere wichtige Unterrichtsqualitätsdimensionen, die das Lernen anregen können,
wie zahlreiche Instrumente bereits gezeigt haben (Hill & Charambolous 2012,
Charambolous & Praetorius 2018). Unterrichtmaterial kann Qualität des Unterrichts sicherstellen, solang es die *Kognitive Aktivierung* und den inhaltlichen Kern
betrifft, wobei die gesprächsführenden Qualitätsdimensionen der Lehrkräfte dann
zusätzlich weiteren signifikanten Einfluss auf die Lernzuwächse haben (Ball &
Cohen 1996; Blazar & Archer 2020; Leuders & Holzäpfel 2011).

Die Betrachtung der Wechselwirkung, besonders der *Kognitiven Aktivierung*
und der *Ideennutzung*, bestätigen die Hypothese von Hierbert & Grouws (2007),
dass die explizite Fokussierung der konzeptuellen Vorstellungen und der Verbindung unterschiedlicher mathematischer Ideen und Ideen der Lernenden für die
Qualität von Mathematikunterricht entscheidend ist. Das Erfassungsinstrument
L-TRU würde nun anbieten, Unterrichtseinheiten mit inhaltlich gleichen Schwerpunkten, aber unterschiedlichem Material zu betrachten. Hill & Charalambous
(2012) konnten bereits zeigen, dass Lehrkräfte mit niedrigem mathematischem
Wissen qualitativ hochwertige und anspruchsvolle Anregungen im Unterricht
anbieten konnten, wenn sie sich eng an einem vorgegebenen Material orientiert
haben. Dies ließe sich mit L-TRU explizit für die Qualität und den Einfluss
von sprachbildendem Unterricht unterstützendem Material an Abgrenzung zu
anderem erfassen. Allerdings sind dazu systematischere Vergleiche mit einer
Kontrollgruppe ohne die Materialunterstützung notwendig.

Fazit
Empirisch liefert diese Arbeit wichtige und grundlegende Einsichten, welche Unterrichtsqualitätsdimensionen sich durch sprachbildenden Unterricht tatsächlich im Feld sicherstellen lassen und welche Qualitätsdimensionen Einflussgrößen der Lehrkräfte sind, die zusätzlich zum Unterrichtsmaterial adressiert werden müssen. Hierbei reiht sich diese Arbeit ein in die Studien, die die Unterrichtsqualitätsdimensionen der Lernendenunterstützung, kognitiven Aktivierung und strukturellen Klarheit nach Klieme & Reusser (2009) als effektiv nachweisen. Neben dieser in der breiten bestätigten Unterrichtsqualitätsdimensionen bestätigt diese Arbeit die Relevanz der fachlichen Reichhaltigkeit und die Prinzipien eines qualitätsvollen sprachbildenden Mathematikunterrichts.

10.2 Grenzen und Konsequenzen der quantitativen Qualitätsforschung im sprachbildenden Mathematikunterricht

Grenzen der Arbeit im unterrichtlichen Forschungskontext
Jedes Dissertationsprojekt kann nur im spezifisch abgesteckten methodischen und theoretischen Rahmen Ergebnisse beisteuern und steht im Kontext seines Forschungs- und Erhebungsfeldes. Diese Arbeit versteht sich als Anschluss an die Dortmunder Arbeiten zur fachdidaktischen Entwicklungsforschung und Interventionsforschung, die die Wirksamkeit von sprachbildendem Unterrichtsmaterial nachweisen konnten. Der Zugriff dieser Arbeit beschränkt sich auf Lernzuwächse, die durch erfolgreich bearbeitete Aufgaben operationalisiert wurden. Durch den methodisch quantitativen Zugriff ist die Analysemöglichkeit anders als in einer qualitativen Arbeit. Damit kann diese Arbeit den Lernzuwachs und sein Entstehen niemals so genau darlegen, wie es tiefenanalytische Arbeiten vermögen. Dafür bietet diese Arbeit die Möglichkeit, Aussagen über das praxisnahe Arbeitsfeld der Schule, die Disseminierbarkeit in die Schule und Umsetzung im realen Stundenraster zu ermöglichen. Dazu wurden Qualitätsdimensionen identifizieren, die besonders lernwirksam sind.

Methodische Grenzen und Hürden liegen bei dieser Arbeit sowohl in der Erfassung der Daten, der Instrumente, der Auswertung sowie der Nutzung und Aufbereitung:

• Für künftige Erhebung können zur weiteren Reduktion von Störungen in den Daten systematisch die Motivation der teilnehmenden Lernenden erfasst werden, die bisher vernachlässigt wurde.

- Um die Vorkenntnisse noch differenzierter zu erfassen, sollten in künftigen Erhebungen der Vortest bezüglich Prozenteitems ausgebaut zu werden.
- Die Auswertung der Unterrichtsvideos beschränkt sich auf die segmentweise Einteilung der Unterrichtsstunden und summiert die Bewertungen der einzelnen Segmente auf, was nicht berücksichtigt, dass es nicht für jede Dimension inhaltlich notwendig oder auch hilfreich ist, wenn sie durchgehend hoch sind. Die hohe Interraterreliabilität spricht zwar dafür, dass die Niveaustufen sich eignen, um vergleichbare Aussagen zu treffen, aber es könnte auch kleinschrittiger gegliedert sein und so mehr Trennschärfe ermöglichen.
- Jedes Segment ist zwangsläufig dadurch beeinflusst, welche Lernenden, die Lehrkraft gezielt aktiviert, was viel Willkür und Zufall in den einzelnen Segmenten liefert, die sich über die Stunde hinweg ausgleichen sollen. Die Unterrichtsqualitätsdimensionen unterscheiden nicht explizit darin, was die Lehrkraft initiiert und was tatsächlich von den Lernenden genutzt wird, wodurch weniger Informationen über das Entstehen der Lernzuwächse getroffen werden, ob es auf die Impulse oder Anwendung zurückzuführen ist. Zukünftigen Arbeiten bleibt vorbehalten, die Angebots- und Nutzungsqualitäten genauer zu trennen (Erath & Prediger 2021).
- Alle Aussagen sind nur im Kontext des Datenkorpus und der Erfassungsgenauigkeit der entsprechenden Instrumente zurückzuführen. Wenn das hier entwickelte Instrument auch für sprachbildenden Mathematikunterricht mit anderen themenspezifischen Schwerpunkten und nicht-explizit-sprachbildenden Mathematikunterricht genutzt wird, kann auch untersucht werden, ob die identifizierten Zusammenhänge übertragbar sind.
- Das Erfassungsinstrument L-TRU wurde bisher nur für sprachbildendem Unterricht in einer spezifischen Unterrichtseinheit zum Prozentverständnis erprobt. Es ist zu prüfen, ob das Instrument auch für andere Themengebiete und für nicht sprachbildenden Unterricht scharf genug trennt und inwieweit Aussagen über diese getroffen werden können.

Implikationen der Arbeit zu unterrichtlicher Forschung
Insgesamt liefert diese Arbeit Erkenntnisse sowohl für die Forschung zur Sprachbildung als auch für die Unterrichtsqualitätsforschung:

- Die Forschung zur Sprachbildung bereichert diese Arbeit, indem sie bisherigen Erkenntnisse über Lernzuwächse durch sprachbildende Förderungen auch auf größere Samples und den Regelunterricht statt Fördergruppe ausweitet.

Die Entwicklung von fach- und themenspezifischen sprachbildenden Lernumgebungen (wie unter anderem Brüche von Wessel 2015; Prozente von Pöhler 2018; Funktionen von Zindel 2019) sind langwierige Prozesse mit mehreren Iterationen. Diese Arbeit zeigt, dass diese Entwicklungsarbeit sich auch in der Disseminierbarkeit in der Praxis zeigt. Sprachbildendes Unterrichtsmaterial lässt sich in einem großen Rahmen mit Erfolg einsetzen. Gleichzeitig folgt daraus für weitere Forschung, dass der Übergang von der Laborforschung zur Feldstudie auch in anderen Fällen systematischer berücksichtigt werden sollte.

- Für die Unterrichtsqualitätsforschung bestätigt diese Arbeit den Trend, dass Unterrichtsqualität nicht nur durch generische Unterrichtsqualitätsdimensionen erfasst werden muss, sondern auch durch fachspezifische Aspekte. Hierbei geht diese Arbeit noch einen Schritt weiter: Die Qualität muss nicht nur entsprechend des Faches gemessen werden, sondern sollte systematisch die Designprinzipien des zugrundeliegenden Unterrichtsmaterials berücksichtigen, um ein umfassendes Bild zu ermöglichen. Dazu wurde Unterrichtsqualität ausgehend von sprachbildenden Prinzipien zugespitzt, sodass sprachbildende Qualitätsaspekte expliziter berücksichtigt werden, die bisher tendenziell in Unterdimensionen auftauchen. Auch für weitere Forschung könnte sich lohnen, die Designprinzipien des zugrundeliegenden Unterrichtsmaterials systematischer einzubeziehen.

Konsequenzen der Arbeit für die Unterrichts- und Fortbildungsebene
Aus den Ergebnissen dieser Arbeit erwachsen wichtige Konsequenzen für die Fortbildung von Lehrkräften: Zwar erweist sich das sprachbildende Unterrichtsmaterial als lernwirksam, doch zeigt der hohe ICC von 0.30, wie wichtig die unterrichtliche Umsetzung durch die einzelnen Lehrkräfte ist. Neben dem Design von Materialien ist daher die Fortbildung von Lehrkräften entscheidend, gerade auch um die Dimensionen *Diskursive Aktivierung, Ideennutzung und Mitwirkung* noch weiter zu stärken. Dazu sollten entsprechende Gesprächsführungsstrategien noch tiefgehender thematisiert und eingeübt werden. Es ist zudem zu prüfen, inwiefern entsprechende Impulse im Material selbst integriert werden können.

Dass innerhalb einer Videostudie prägnante Unterrichtsszenen identifiziert werden, hat sich bereits für die Fortbildungsebene als nützlich erwiesen: Fortbildungen können mit authentischen Videoszenen angereichert werden, und passende Szenen für verschiedene Aspekte lassen sich durch die Kategorisierung in Dimensionen schnell aus dem Datenkorpus extrahieren, die beispielsweise sehr hohe *Diskursive Aktivierung* oder *Darstellungsvernetzung* enthalten, um sie den Fortbildungen zur Orientierung anzubieten.

Insgesamt zeigt diese Arbeit das Potential und die Optimierungsmöglichkeiten der Interaktion mit den Lernenden im sprachbildenden Mathematikunterricht bzw. legt nahe auf welche Aspekte Lehrkräfte fokussieren können, um den Lernzuwachs ihrer Lernenden zu optimieren.

Literaturverzeichnis

Adler, J. (2002). Teaching mathematics in multilingual classrooms. Dordrecht: Kluwer.

Adler, J. & Ronda, E. (2015). A Framework for Describing Mathematics Discourse in Instruction and Interpreting Differences in Teaching. *African Journal of Research in Mathematics, Science and Technology Education, 19(3)*, 237–254.

Baldinger, E., Louie, N. & the Algebra Teaching Study and Mathematics Assessment Project (2016). *TRU Math conversation guide: A tool for teacher learning and growth (mathematics version)*. Berkeley. https://truframework.org/tru-conversation-guide/. Zugegriffen: 21. August 2019.

Ball, D.L. & Cohen, D.K. (1996). Reform by the Book: What Is—or Might Be—the Role of Curriculum Materials in Teacher Learning and Instructional Reform? *Educational Researcher, 25(9)*, 6–14.

Baumert, J. & Kunter, M. (2013). The effect of content knowledge and pedagogical content knowledge on instructional quality and student achievement. In M. Kunter, J. Baumert, W. Blum, U. Klusmann, S. Krauss & M. Neubrand (Hrsg.), *Cognitive Activation in the Mathematics Classroom and Professional Competence of Teachers: Results from the COACTIV Project* (S. 175–206). Boston: Springer US.

Blazar, D. & Archer, C. (2020). Teaching to Support Students With Diverse Academic Needs. *Educational Researcher, 49(5)*, 297–311.

Bliese, P. (2016). Multilevel: Multilevel Functions. https://CRAN.R-project.org/package= multilevel. Zugegriffen am 20. August 2020.

Brophy, J. (1999). *Teaching*. Educational Practices Series Vol. 1. Brüssel: International Association for the Evaluation of Educational Achievement (IEA).

Brown, M.W. (2009). The teacher-tool relationship: Theorizing the design and use of curriculum materials. In J. T. Remillard, B. A. Herbel-Eisenmann & G. M. Lloyd (Hrsg.), *Mathematics teachers at work*: Connection curriculum materials and classroom instruction (S. 16–37). New York: Routledge.

Bruner, J.S. (1967). Toward a theory of instruction. Cambridge: Harvard Univ. Press.

Brunner, E. (2020). Unterrichtsqualität aus mathematikdidaktischer Sicht: Grundlegung, exemplarische Konkretisierung und empirische Überprüfung. Habilitationsschrift. München: TUM School of Education.

Brunner, E. (2018). Qualität von Mathematikunterricht: Eine Frage der Perspektive. *Journal für Mathematik-Didaktik, 39(2)*, 257–284.

Charalambous, C.Y. & Litke, E. (2018). Studying instructional quality by using a content-specific lens: The case of the Mathematical Quality of Instruction framework. *ZDM – Mathematics Education, 50(3)*, 445–460.

Cohen, D.K., Raudenbush, S.W. & Ball, D.L. (2003). Resources, Instruction, and Research. *Educational Evaluation and Policy Analysis, 25*(2), 119–142

Daller, H. (1999). Migration und Mehrsprachigkeit: Der Sprachstand türkischer Rückkehrer aus Deutschland. Frankfurt am Main: Lang.

Danielson, C. (2014). The framework for teaching: Evaluation instrument. Princeton: Danielson.

Dienes, Z. (1960). Building Up Mathematics (4th edition). London: Hutchinson Educational.

Döring, N. & Bortz, J. (2016). Forschungsmethoden und Evaluation in den Sozial- und Humanwissenschaften. Berlin: Springer.

Drechsel, B. & Schindler, A.-K. (2019). Unterrichtsqualität. In D. Urhahne, M. Dresel & F. Fischer (Hrsg.), *Psychologie für den Lehrberuf* (S. 353–372). Berlin: Springer.

Dröse, J. (2019). Textaufgaben lesen und verstehen lernen. Dissertation. Wiesbaden: Springer.

Dröse, J. & Prediger, S. (2021). Identifying obstacles is not enough for everybody: Differential efficacy of an intervention fostering fifth graders' comprehension for word problems. *Studies in Educational Evaluation, 68*(100953), 1–15.

Duval, R. (2006). A Cognitive Analysis of Problems of Comprehension in a Learning of Mathematics. *Educational Studies in Mathematics, 61(1–2)*, 103–131.

Echevarria, J., Vogt, M. E. & Short, D. J. (2000). Making content comprehensible for English language learners: The SIOP model. Needham Heights: Allyn & Bacon.

Erath, K. (2016). Mathematisch diskursive Praktiken des Erklärens. Dissertation. Wiesbaden: Springer.

Erath, K., Ingram, J., Moschkovich, J. & Prediger, S. (2021). Designing and enacting instruction that enhances language for mathematics learning. A review of the state of development and research. *ZDM – Mathematics Education, 53*(2), 245–262. https://doi.org/10. 1007/s11858-020-01213-2

Erath, K. & Prediger, S. (2021). Quality dimensions for activation and participation in language-responsive mathematics classrooms: Introducing the need for disentangling quality dimensions. In N. Planas, C. Morgan & M. Schütte (Hrsg.), *Classroom research on mathematics and language: Seeing learners and teachers differently* (S. 176–183). London: Routledge.

Erath, K., Prediger, S., Quasthoff U. & Heller, V. (2018). Discourse competence as important part of academic language proficiency in mathematics classrooms. The case of explaining to learn and learning to explain. Educational Studies in Mathematics, *99(2)*, 161–179.

Erickson, J. (2019). Mixed Effects Modeling in Stata. Consulting for Statistics, Computing & Analytics Research (CSCAR). https://errickson.net/stata-mixed/index.html. Zugegriffen: 12. Februar 2021.

Fletscher, T.D. (2010). Psychometric-Package: Applied Psychometric Theory. https://CRAN.R-project.org/package=psychometric. Zugegriffen am 20. August 2020.

Geiser, C. (2010). Mehrebenenregressionsmodelle. In C. Geiser (Hrsg.), *Datenanalyse mit Mplus* (S. 199–233). Wiesbaden: VS Verlag für Sozialwissenschaften.

Gibbons, P. (2002). Scaffolding language, scaffolding learning: Teaching second language learners in the mainstream classroom. Portsmouth: Heinemann.

Glade, M. & Prediger, S. (2017). Students' individual schematization pathways - empirical reconstructions for the case of part-of-part determination for fractions. *Educational Studies in Mathematics, 94(2)*, 185–203.

Gleason, J., Livers, S. & Zelkowski, J. (2017). Mathematics Classroom Observation Protocol for Practices (MCOP^2): A validation study. *Investigations in Mathematics Learning, 9(3)*, 111–129.

Götze, D. (2019). „7 · 7 sind ungefähr 6 mehr als 7 · 6, oder?" Sprachsensible Erarbeitung der Multiplikation. *Grundschulunterricht, 3*, 8–13.

Gravemeijer, K. (1998). Developmental research as a research method. In J. Kilpatrick & A. Sierpinska (Hrsg.), *Mathematics Education as a Eesearch Domain: A Search for Identity* (S. 277–295). Dordrecht: Kluwer.

Grotjahn, R. (2002). Konstruktion und Einsatz von C-Tests: Ein Leitfaden für die Praxis. In R. Grotjahn (Hrsg.), *Der C-Test: Theoretische Grundlagen und praktische Anwendungen* (S. 211–225). Bochum: AKS.

Hammond, J. & Gibbons, P. (2005). Putting scaffolding to work: The contribution of scaffolding in articulating ESL education. *Prospect, 20(1)*, 6–30.

Hamre, B.K., Goffon, S.G. & Kraft-Sayre, M. (2009). Classroom Assessment Scoring System (CLASS) Implementation Guide. https://www.boldgoals.org/wp-content/uploads/CLASSImplementationGuide.pdf. Zugegriffen am 29. Juni 2019.

Hasselhorn, M. & Gold, A. (2013). Pädagogische Psychologie: Erfolgreiches Lernen und Lehren. Stuttgart: Kohlhammer.

Hayward, C. N., Laursen, S. L. & Weston, T., J. (2007). *TAMI-OP: Toolkit for Assessing Mathematics Instruction - Observation Protocol.* Boulder: Ethnography & Evaluation Research, Institute University of Colorado Boulder.

Heinze, A. (2004). Zum Umgang mit Fehlern im Unterrichtsgespräch der Sekundarstufe 1: Theoretische Grundlegung, Methode und Ergebnisse einer Videostudie. *Journal für Mathematikdidaktik, 25(3-4)*, 221–244.

Helmke, A. (2002). Kommentar: Unterrichtsqualität und Unterrichtsklima – Perspektiven und Sackgassen. *Unterrichtswissenschaft, 30(3)*, 261–277.

Helmke, A. (2017). Unterrichtsqualität und Lehrerprofessionalität: Diagnose, Evaluation und Verbesserung des Unterrichts. Seelze-Velber: Klett Kallmeyer.

Herbel-Eisenmann, B., Steele, M. & Cirillo, M. (2013). (Developing) Teacher Discourse Moves: A Framework for Professional Development. *Mathematics Teacher Educator, 1(2)*, 181–196.

Hein, K. (2021). Logische Strukturen beim Beweisen und ihre Verbalisierung. Eine sprachintigrative Entwicklungsforschungsstudie zum fachlichen Lernen. Dissertation, TU Dortmund.

Henningsen, M. & Stein, M. K. (1997). Mathematical tasks and student cognition: Classroom-based factors that support and inhabit high level mathematical thinking and reasoning. *Journal for Research in Mathematics Education, 28*, 524–549.

Hiebert, J. & Grouws, D. A. (2007). The effect of classroom mathematics teaching on students' learning. In F. K. Lester (Hrsg.), *Second handbook of research on mathematics teaching and learning: A project of the National Council of Teachers of Mathematics* (S. 371–404). Charlotte: IAP.

Hill, H.C. & Charalambous, C.Y. (2012). Teacher knowledge, curriculum materials, and quality of instruction: Lessons learned and open issues. *Journal of Curriculum Studies, 44(4),* 559–576.

Hox, J. J., Moerbeek, M. & van de Schoot, R. (2018). *Multilevel analysis: Techniques and applications.* New York: Routledge.

Ing, M., Webb, N.M., Franke, M.L., Turrou, A.C., Wong, J., Shin, N., et al. (2015). Student participation in elementary mathematics classrooms: The missing link between teacher practices and student achievement? *Educational Studies in Mathematics, 90(3),* 341–356.

Ingram, J., Chesnais, A. Erath, K., Ronning, F. & Schüler-Meyer, A. (2020). Language in the mathematics classroom. An introduction to the papers and presentations within ETC 7. In J. Ingram, K. Erath, F. Ronning & A. Schüler-Meyer (Hrsg.), *Proceedings of the Seventh ERME Topic Conference on Language in the Mathematics Classroom.* Montpellier, Frankreich: University of Montpellier and ERME.

Institute for Research on Policy Education and Practice (2011). *PLATO (Protocol for language arts teaching observations).* Stanford: Institute for Research on Policy Education and Practice.

Jackson, K., Garrison, A., Wilson, J., Gibbons, L. & Shahan, E. (2013). Exploring Relationships Between Setting Up Complex Tasks and Opportunities to Learn in Concluding Whole-Class Discussions in Middle-Grades Mathematics Instruction. *Journal for Research in Mathematics Education, 44(4),* 646–682.

Jentsch, A., Casale, G., Schlesinger, L., Kaiser, G., König, J. & Blömeke, S. (2020a). Variabilität und Generalisierbarkeit von Ratings zur Qualität von Mathematikunterricht zwischen und innerhalb von Unterrichtsstunden. *Unterrichtswissenschaft, 48(2),* 179–197.

Jentsch, A., Schlesinger, L., Heinrichs, H., Kaiser, G., König, J. & Blömeke, S. (2020b). Erfassung der fachspezifischen Qualität von Mathematikunterricht: Faktorenstruktur und Zusammenhänge zur professionellen Kompetenz von Mathematiklehrpersonen. *Journal für Mathematik-Didaktik, 42(1),* 97–121.

Junker, B. W., Matsumura, L. C., Crosson, A., Wolf, M. K., Levison, A., Weisberg, Y, and Resnick, L. B. (2004). Overview of the Instructional Quality Assessment. Symposium paper presented at the 2004 Annual Meeting of the American Educational Research Associaation. San Diego.

Kilpatrick, J., Swafford, J. & Findel, B. (2001). Add-ing it up. Helping children learn mathematics. Washington D.C.: National Academy Press.

Klieme, E. (2004). Was ist guter Unterricht? Ergebnisse der TIMSS-Videostudie im Fach Mathematik. https://www.db-thueringen.de/receive/dbt_mods_00001568. Zugegriffen am 2. Februar 2021.

Klieme, E., Lipowsky, F., Rakoczy, K. & Ratzka, N. (2006). Qualitätsdimensionen und Wirksamkeit von Mathematikunterricht. Theoretische Grundlagen und ausgewählte Ergebnisse des Projekts „Pythagoras". In M. Prenzel & L. Allolio-Näcke (Hrsg.), *Untersuchungen zur Bildungsqualität von Schule. Abschlussbericht des DFG-Schwerpunktprogramms* (S. 127–146). Münster: Waxmann.

Klieme, E., Pauli, C. & Reusser, K. (2009). The Pythagoras Study: Investigating Effects of Teaching and learning in Swiss and German Mathematics Classrooms. In T. Janik & T. Seidel (Hrsg.), *The power of video studies in investigating teaching and learning in the classroom* (S. 137–160). Münster: Waxmann.

Klieme, E., Schümer, G. & Knoll, S. (2001). Mathematikunterricht in der Sekundarstufe I: „Aufgabenkultur" und Unterrichtsgestaltung. In Bundesministerium für Bildung und Forschung (Hrsg.), *TIMMS - Impulse für Schule und Unterricht. Forschungsbefunde, Reforminitiativen, Praxisberichte und Video-Dokumente* (S. 43–57). Bonn: BMBF.

Kügelgen, R. von (1994). *Diskurs Mathematik: Kommunikationsanalysen zum reflektierenden Lernen.* Frankfurt am Main: Lang.

Kuger, S., Klieme, E., Lüdtke, O., Schiepe-Tiska, A. & Reiss, K. (2017). Mathematikunterricht und Schülerleistung in der Sekundarstufe: Zur Validität von Schülerbefragungen in Schulleistungsstudien. *Zeitschrift für Erziehungswissenschaft, 20(S2),* 61–98.

Kunter, M. & Ewald, S. (2016). Bedingungen und Effekte von Unterricht: Aktuelle Forschungsperspektiven aus der pädagogischen Psychologie. In N. McElvany, W. Bos, H.G. Holtappels, M.M. Gebauer & F. Schwabe (Hrsg.), *Bedingungen und Effekte guten Unterrichts* (S. 9–31). Münster: Waxmann.

Kunter, M. & Voss, T. (2011). Das Modell der Unterrichtsqualität in COACTIV: Eine multikriteriale Analyse. In. M. Kunter, J. Baumert, S. Krauss & M. Neubrandt (Hrsg.), *Professionelle Kompetenz von Lehrkräften. Ergebnisse des Forschungsprogramms COACTIV* 85–113.Münster: Waxmann.

Kuntze, S., Heinze, A. & Reiss, K. (2008). Vorstellungen von Mathematiklehrkräften zum Umgang mit Fehlern im Unterrichtsgespräch. *Journal für Mathematik-Didaktik, 29(3–4),* 199–222.

LaHuis, D.M., Hartman, M.J., Hakoyama, S. & Clark, P.C. (2014). Explained variancemeasures for multilevel models. *Organizational Research Methods, 17(4),* 433–451.

Learning Mathematics for Teaching (2006). A Coding rubric for Measuring the Mathematical Quality of Instruction (Technical Report LMT1.06). Ann Arbor: University of Michigan, School of Education.

Learning Mathematics for Teaching Project (2011). Measuring the mathematical quality of instruction. *Journal of Mathematics Teacher Education, 14(1),* 25–47.

Leifeld, P.(2013). texreg: Conversion of Statistical Model Output in R to LaTeX or HTML Tables. *Journal of Statistical Software, 55(8),* 1–24. https://CRAN.R-project.org/package=texreg. Zugegriffen am 20. August 2020.

Leisen, J. (2005). Wechsel der Darstellungsformen: Ein Unterrichtsprinzip für alle Fächer. *Der Fremdsprachliche Unterricht Englisch, 78,* 9–11.

Lesh, R. (1979). Mathematical learning disabilities. In R. Lesh, D. Mierkiewicz & M. Kantowski (Hrsg.), *Applied mathematical problem solving* (S. 111–180). Columbus: Ericismeac.

Leuders, T. & Holzäpfel, L. (2011). Kognitive Aktivierung im Mathematikunterricht. *Unterrichtswissenschaft, 3(39),* 213–230.

Lipowsky, F., Drollinger-Vetter, B., Klieme, E., Pauli, C. & Reusser, K. (2018). Generische und fachdidaktische Dimensionen von Unterrichtsqualität - Zwei Seiten einer Medaille? In M. Martens, K. Rabenstein, K. Bräu, M. Fetzer, H. Gresch, I. Hardy & C. Schelle (Hrsg.), *Konstruktionen von Fachlichkeit: Ansätze, Erträge und Diskussionen in der empirischen Unterrichtsforschung* (S. 181–203). Bad Heilbrunn: Klinkhardt

Lucas, T., Villegas, A.M. & Freedson-Gonzalez, M. (2008). Linguistically Responsive Teacher Education: Preparing Classroom Teachers to Teach English Language Learners. *Journal of Teacher Education, 59(4),* 361–373.

Lüdecke D (2020). sjPlot: Data Visualization for Statistics in Social Science. R package version 2.8.4, https://CRAN.R-project.org/package=sjPlot. Zugegriffen am 20. August 2020.

Maas, C.J.M. & Hox, J.J. (2005). Sufficient Sample Sizes for Multilevel Modeling. *Methodology, 1(3)*, 86–92.

Mercer, N. (1992). 'Scaffolding': Learning in the classroom. In K. Norman (Hrsg.), *Thinking Voices: The work of the national oracy project* (S. 186–195). London: Hodder and Stoughton.

Hox, J. & McNeish, D. (2020). Small Samples in Multilevel Modelling. In R. van de Schoot & M. Miočević (Hrsg.), *Small Sample Size Solutions. A Guide for Applied Researchers and Practitoners* (S. 215–225). New York: Routledge.

Morek, M., Heller, V. & Quasthoff, U. (2017). Erklären und Argumentieren: Modellierungen und empirische Befunde zu Strukturen und Varianzen. In I. Meißner & E. L. Wyss (Hrsg.), *Begründen - Erklären - Argumentieren: Konzepte und Modellierungen in der Angewandten Linguistik* (S. 11–45). Tübingen: Stauffenburg.

Moschkovich, J. (2002). A Situated and Sociocultural Perspective on Bilingual Mathematics Learners. *Mathematical Thinking and Learning, 4(2–3)*, 189–212.

Moschkovich, J. (2013). Principles and Guidelines for Equitable Mathematics Teaching Practices and Materials for English Language Learners. *Journal of Urban Mathematics Education, 6(1)*, 45–57.

Moser Opitz, E. (2009). Erwerb grundlegender Konzepte der Grundschulmathematik als Voraussetzung für das Mathematiklernen in der Sekundarstufe I. In A. Fritz & S. Schmidt (Hrsg.), *Fördernder Mathematikunterricht in der Sekundarstufe I* (S. 29–46). Weinheim: Beltz.

Moser Opitz, E., Freesemann, O., Grob, U. & Prediger, S. (2016). *BASIS-MATH-G 4+-5: Gruppentest zur Basisdiagnostik Mathematik für das vierte Quartal der 4. Klasse und für die 5. Klasse.* Bern: Hogrefe.

Moser Opitz, E., Labhardt, D., Grob, U. & Prediger, S. (2021). *BASIS*-MATH-G 6+. Gruppentest zur Basisdiagnostik Mathematik für das vierte Quartal der 6. Klasse und das erste Quartal der 7. Klasse (Test und Manual). Bern: Hogrefe.

Neugebauer, P., & Prediger, S. (submitted). Quality of teaching practices for all students: Multilevel analysis of language-responsive teaching for robust understanding. Submitted to International Journal of Science and Mathematics Education.

OECD (2019). *TALIS 2018 Results (Volume I): Teachers and School Leaders as Lifelong Learners, TALIS.* Paris: OECD.

Paetsch, J., Radmann, S., Felbrich, A., Lehmann, R. & Stanat, P. (2016). Sprachkompetenz als Prädiktor mathematischer Kompetenzentwicklung von Kindern deutscher und nichtdeutscher Familiensprache. *Zeitschrift für Entwicklungspsychologie und Pädagogische Psychologie, 48(1)*, 27–41.

Parsons, S. A., Vaugh, M., Scales, R. Q., Gallagher, M. A., Parsons, A. W., Davis, S. G., Pierczynski, M., Allen, M. (2018). Teachers' Instructional Adaptions: A Research Synthesis. *RER – Review of Educational Research, 88(2)*, 205–242.

Paulus, C. (2009). Die „Bücheraufgabe" zur Bestimmung des Kulturellen Kapitals bei Grundschülern. https://www.researchgate.net/publication/37368101. Zugegriffen am 23. Mai 2018.

Pianta, R.C., Hamre, B. & Stuhlman, M. (2003). Relationships Between Teachers and Children. In I. B. Weiner (Hrsg.), *Handbook of Psychology* (Vol. 7, S. 199–234). Hoboken: John Wiley & Sons.

Pianta, R.C., La Paro, K. & Hamre, B.K. (2008). Classroom assessment scoring system (Class). *Manual, K-3*. Baltimore: Paul H. Brookes.

Piburn, M. & Sawada, D. (2000). Reformed Teaching Observation Protocol (RTOP): Reference Manual. https://www.researchgate.net/publication/237295315. Zugegriffen am 3. Dezember 2020.

Pöhler, B. (2018). Konzeptuelle und lexikalische Lernpfade und Lernwege zu Prozenten. Dissertation. Wiesbaden: Springer.

Pöhler, B., George, A. C., Prediger, S., & Weinert, H. (2017a). Are word problems really more difficult for students with low language proficiency? Investigating percent items in different formats and types. *IEJME – International Electronic Journal of Mathematics Education, 12(3)*, 667–687.

Pöhler, B. & Prediger, S. (2015). Intertwining Lexical and Conceptual Learning Trajectories - A Design Research Study on Dual Macro-Scaffolding towards Percentages. *EURASIA Journal of Mathematics, Science & Technology Education, 11(6)*, 1697–1722.

Pöhler, B. & Prediger, S. (2017). Förderbausteine zur Prozentrechnung. In S. Prediger, C. Selter, S. Hußmann & M. Nührenbörger (Hrsg.), Mathe sicher können: Diagnose- und Förderkonzepte zur Sicherung mathematischer Basiskompetenz. Förderbausteine. Sachrechnen: Größen - Überschlagen - Textaufgaben - Diagramme - Proportionen - Prozentrechnung (S. 81–92). Berlin: Cornelsen.

Pöhler, B., Prediger, S. & Neugebauer, P. (2017b). Content- and language-integrated learning: A field experiment for the topic of percentages. In: B. Kaur, W. K. Ho, T. L. Toh & B. H. Choy (Hrsg.), *Proceedings of the 41st Conference of the International Group of the Psychology of Mathematics Education* (Vol. 4, S. 73–80). Singapore: PME.

Pöhler, B., Prediger, S. & Strucksberg, J. (2018). *Prozente verstehen - Inklusive Unterrichtseinheit in Basis- und Regelfassung*. Open Educational Ressource. http://sima.dzlm.de/um/7-001. Zugegriffen: 2. Februar 2021.

Pöhler, B., Prediger, S. & Weinert, H. (2015). Cracking percent problems in different formats: The role of texts and visual models for students with low and high language proficiency. In K. Krainer & N. Vondrová (Hrsg.), *Proceedings of the Ninth Congress of the European Society for Research in Mathematics Education (CERME9, 4–8 February 2015)* (S. 331–338). Prague: University in Prague, Faculty of Education and ERME.

Post, M. & Prediger, S. (2020). Decoding and discussing part-whole relationships in probability area models: The role of meaning-related language. In J. Ingram, K. Erath, F. Rønning & A. Schüler-Meyer (Hrsg.), *Proceedings of the Seventh ERME Topic Conference on Language in the Mathematics Classroom* (S. 105–113). Montpellier: ERME / HAL-Archive.

Praetorius, A.-K., Herrmann, C., Gerlach, E., Zülsdorf-Kersting, M., Heinitz, B. & Nehring, A. (2020). Unterrichtsqualität in den Fachdidaktiken im deutschsprachigen Raum – zwischen Generik und Fachspezifik. *Unterrichtswissenschaft, 48(3)*, 409–446.

Praetorius, A.-K., Klieme, E., Herbert, B. & Pinger, P. (2018). Generic dimensions of teaching quality: The German framework of Three Basic Dimensions. *ZDM – Mathematics Education, 50(3)*, 407–426.

Praetorius, A.-K., Lenske, G. & Helmke, A. (2012). Observer ratings of instructional quality: Do they fulfil what they promise? *Learning and Instruction, 22(6)*, 387–400.

Prediger S. (2014). Nicht nur individuelle, sondern auch fokussierte Förderung – Fachdidaktische Ansprüche und Forschungs- und Entwicklungsnotwendigkeiten an ein Konzept. In J. Roth & J. Ames (Hrsg.), *Beiträge zum Mathematikunterricht* (S. 931–934). Münster: WTM.

Prediger, S. (2019a). Investigating and promoting teachers' expertise for language-responsive mathematics teaching. *Mathematics Education Research Journal, 31(4)*, 367–392.

Prediger, S. (2019b). Welche Forschung kann Sprachbildung im Fachunterricht empirisch fundieren? Ein Überblick zu mathematikspezifischen Studien und ihre forschungsstrategische Einordnung. In B. Ahrenholz, S. Jeuk, B. Lütke, J. Paetsch & H. Roll (Hrsg.), *Fachunterricht, Sprachbildung und Sprachkompetenzen* (S. 19–38). Berlin: De Gruyter.

Prediger, S. (Hrsg.) (2020). Sprachbildender Mathematikunterricht in der Sekundarstufe: Ein forschungsbasiertes Praxisbuch. Berlin: Cornelsen.

Prediger, S., Barzel, B., Leuders, T. & Hußmann, S. (2011). Systematisieren und Sichern: Nachhaltiges Lernen durch aktives Ordnen. *Mathematik lehren, 164*, 2–9.

Prediger, S. & Erath, K. (2014). Content, or interaction, or both? Synthesizing two German traditions in a video study on learning to explain in mathematics classroom microcultures. *EURASIA Journal of Mathematics, Science & Technology Education, 10(4)*, 313–327.

Prediger, S., Erath, K. & Moser Opitz, E. (2019a). The language dimensions of mathematical difficulties. In A. Fritz, V. Haase & P. Räsänen (Hrsg.), *International Handbook of Mathematical Learning Difficulties* (S. 437–455). Cham: Springer.

Prediger, S. & Krägeloh, N. (2015). Low achieving eighth graders learn to crack word problems: a design research project for aligning a strategic scaffolding tool to students' mental processes. *ZDM – Mathematics Education, 47(6)*, 947–962.

Prediger, S. & Neugebauer, P. (2021a, online first). Can students with different language backgrounds equally profit from a language-responsive instructional approach for percentages? Differential effectiveness in a field trial. *Mathematical Thinking and Learning.* https://doi.org/10.1080/10986065.2021.1919817

Prediger, S. & Neugebauer, P. (2021b). Capturing teaching practices in language-responsive mathematics classrooms. Extending the TRU framework "teaching for robust understanding" to L-TRU. *ZDM – Mathematics Education, 53(2)*, 289–304. https://doi.org/10.1007/s11858-020-01187-1

Prediger, S. & Pöhler, B. (2015). The interplay of micro- and macro-scaffolding: An empirical reconstruction for the case of an intervention on percentages. *ZDM – Mathematics Education, 47(7)*, 1179–1194.

Prediger, S., Roesken-Winter, B. & Leuders, T. (2019b). Which research can support PD facilitators? Strategies for content-related PD research in the Three-Tetrahedron Model. *Journal of Mathematics Teacher Education, 22(4)*, 407–425.

Prediger, S., Şahin-Gür, D. & Zindel, C. (2018). Are Teachers' language views connected to their diagnostic judgments on students' explanations? In E. Bergqvist, M. Österholm, C. Granberg & L. Sumpter (Hrsg.), *Proceedings of the 42nd Conference of the International Group for the Psychology of Mathematics Education* (S. 11–18). Schweden: PME.

Prediger, S. & Wessel, L. (2011). Darstellen - Deuten - Darstellungen vernetzen: Ein fach- und sprachintegrierter Förderansatz für mehrsprachige Lernende im Mathematikunterricht. In S. Prediger & E. Özdil (Hrsg.), *Mathematiklernen unter Bedingungen der Mehrsprachigkeit: Stand und Perspektiven der Forschung und Entwicklung in Deutschland* (S. 163–184). Münster: Waxmann.

Prediger, S. & Wessel, L. (2013). Fostering German-language learners' constructions of meanings for fractions—design and effects of a language- and mathematics-integrated intervention. *Mathematics Education Research Journal, 25(3),* 435–456.

Prediger, S., Wilhelm, N., Büchter, A., Gürsoy, E. & Benholz, C. (2015). Sprachkompetenz und Mathematikleistung – Empirische Untersuchung sprachlich bedingter Hürden in den Zentralen Prüfungen 10. *Journal für Mathematik-Didaktik, 36(1),* 77–104.

Prediger, S. & Zindel, C. (2017). School academic language demand for understanding functional relationships – A design research project on the role of language in reading and learning. *Eurasia Journal of Mathematics Science and Technology Education, 13(7b),* 4157–4188.

R Core Team (2019). R: A language and environment for statistical computing. Wien: R Foundation for Statistical Computing. http://www.R-project.org/. Zugegriffen am 20. August 2020.

Reimer, L.C., Schenke, K., Nguyen, T., O'Dowd, D.K., Domina, T. & Warschauer, M. (2016). Evaluating Promising Practices in Undergraduate STEM Lecture Courses. *RSF: The Russell Sage Foundation Journal of the Social Sciences, 2(1),* 212–233.

Remillard, J.T. (2005). Examining Key Concepts in Research on Teachers' Use of Mathematics Curricula. *Review of Educational Research, 75(2),* 211–246.

Reusser, K. (2009). Empirisch fundierte Didaktik — didaktisch fundierte Unterrichtsforschung. In M. A. Meyer, M. Prenzel & S. Hellekamps (Hrsg.), *Perspektiven der Didaktik* (S. 219–237). Wiesbaden: VS Verlag für Sozialwissenschaften.

Roesken-Winter, B., Stahnke, R., Prediger, S., & Gasteiger, H. (2021, online first). Towards a research base for implementation strategies addressing mathematics teachers and facilitators. *ZDM – Mathematics Education, 53(5).* https://doi.org/10.1007/s11858-021-01220-x

Rogers, K.C., Petrulis, R., Yee, S.P. & Deshler, J. (2020). Mathematics Graduate Student Instructor Observation Protocol (GSIOP): Development and Validation Study. *International Journal of Research in Undergraduate Mathematics Education, 6(2),* 186–212.

Saalfeld, Y. (2018). Einflüsse auf die mathematischen Basiskompetenzen: Statistische Analyse eines Basis-Math-Tests und eines C-Tests von Siebtklässlerinnen und Siebtklässlern aus Nordrhein-Westfalen, Hamburg und Thüringen von 59 Schulklassen an 31 Schulen. Masterarbeit. Technische Universität Dortmund, Dortmund.

Schlesinger, L., Jentsch, A., Kaiser, G., König, J. & Blömeke, S. (2018). Subject-specific characteristics of instructional quality in mathematics education. *ZDM – Mathematics Education, 50(3),* 475–490.

Schoenfeld, A. H., Dosalmas, A., Fink, H., Sayavedra, A., Tran, K., Weltman, A., et al. (2019). Teaching for Robust Understanding with Lesson Study. In R. Huang, J.P.d. Ponte & A. Takahshi (Hrsg.), *Theory and Practice of Lesson Study in Mathematics: An International Perspective* (S. 135–159). Cham: Springer.

Schoenfeld, A.H. (2002). Making Mathematics Work for All Children: Issues of Standards, Testing, and Equity. *Educational Researcher, 31(1),* 13–25.

Schoenfeld, A.H. (2013). Classroom observations in theory and practice. *ZDM – Mathematics Education, 45*(4), 607–621.

Schoenfeld, A.H. (2014). What Makes for Powerful Classrooms, and How Can We Support Teachers in Creating Them? A Story of Research and Practice Productively Intertwined. *Educational Researcher, 43(8)*, 404–412.

Schoenfeld, A.H. (2015). Thoughts on scale. *ZDM – Mathematics Education, 47*(1), 161–169.

Schoenfeld, A.H. (2017a). On learning and assessment. *Assessment in Education: Principles, Policy & Practice, 24(3)*, 369–378.

Schoenfeld, A.H. (2017b). Uses of video in understanding and improving mathematical thinking and teaching. *Journal of Mathematics Teacher Education, 20(5)*, 415–432.

Schoenfeld, A.H. (2018). Video analyses for research and professional development: the teaching for robust understanding (TRU) framework. *ZDM – Mathematics Education, 50(3)*, 491–506.

Schoenfeld, A.H. (2020). Addressing Horizontal and Vertical Gaps in Educational Systems. *European Review, 28*(S1), 104–120.

Schoenfeld, A.H., Floden, R., El Chidiac, F., Gillingham, D., Fink, H., Hu, S., et al. (2018). On Classroom Observations. *Journal for STEM Education Research, 1(1–2)*, 34–59.

Smith, M.K., Jones, F.H.M., Gilbert, S.L. & Wieman, C.E. (2013). The Classroom Observation Protocol for Undergraduate STEM (COPUS): A new instrument to characterize university STEM classroom practices. *CBE Life Sciences Education, 12(4)*, 618–627.

Snijders, T.A.B. & Bosker, R.J. (2012). Multilevel analysis: An introduction to basic and advanced multilevel modeling. Los Angeles.

Streiner, D.L. (2003). Starting at the beginning: an introduction to coefficient alpha and internal consistency. *Journal of Personality Assessment, 80(1)*, 99–103.

Swain, M. (1995). Three functions of output in second language learning. In G. Cook (Hrsg.), *Principle & practice in applied linguistics: Studies in honour of H.G. Widdowson* (S. 125–144). Oxford: Oxford University Press.

Taylor, M.W. (2010). Replacing the ''teacher-proof'' curriculum with the ''curriculum-proof'' teacher: Toward more effective interactions with mathematics textbooks. *Journal of Curriculum Studies, 45(3)*, 295–321.

Theyßen, H. (2014). Methodik von Vergleichsstudien zur Wirkung von Unterrichtsmedien. In D. Krüger, I. Parchmann & H. Schecker (Hrsg.), *Methoden in der naturwissenschaftsdidaktischen Forschung* (S.67–79), Heidelberg: Springer.

Tingley D, Yamamoto T, Hirose K, Keele L, Imai K (2014). mediation: R Package for Causal Mediation Analysis. *Journal of Statistical Software, 59(5)*, 1–38.

van den Heuvel-Panhuizen, M. (2003). The didactical use of models in realistic mathematics education: An example from a longitudinal trajectory on percentage. *Educational Studies in Mathematics, 54*(1), 9–35.

Vygotsky, L.S. (Hrsg.) (1978). *Mind in society: The development of higher psychological processes.* Cambridge: Harvard University Press.

Walkington, C. & Marder, M. (2018). Using the UTeach Observation Protocol (UTOP) to understand the quality of mathematics instruction. *ZDM – Mathematics Education, 50(3)*, 507–519.

Walter, E.M., Henderson, C.R., Beach, A.L. & Williams, C.T. (2016). Introducing the Post-secondary Instructional Practices Survey (PIPS): A Concise, Interdisciplinary, and Easy-to-Score Survey. *CBE life sciences education, 15(4)*: ar53.

Wessel, L. (2015). Fach- und sprachintegrierte Förderung durch Darstellungsvernetzung und Scaffolding: Ein Entwicklungsforschungsprojekt zum Anteilbegriff. Wiesbaden: Springer Spektrum.

Wessel, L. & Prediger, S. (2017). Differentielle Förderbedarfe je nach Sprachhintergrund? Analysen zu Unterschieden und Gemeinsamkeiten zwischen sprachlich starken und schwachen, einsprachigen und mehrsprachigen Lernenden. In D. Leiss, M. Hagena, A. Neumann & K. Schwippert (Hrsg.), *Mathematik und Sprache - Empirischer Forschungsstand und unterrichtliche Herausforderungen* (S. 165–187). Münster: Waxmann.

Wickham, H. (2016). ggplot2: Elegant Graphics for Data Analysis. New York: Springer. https://ggplot2.tidyverse.org. Zugegriffen am 20. August 2020.

Wilhelm, O., Schroeders, U. & Schipolowski, S. (2014). Berliner Test zur Erfassung fluider und kristalliner Intelligenz für die 8. bis 10. Jahrgangsstufe (BEFKI 8–10). Göttingen: Hogrefe.

Wood, D., Bruner, J. & Ross, G. (1976). The role of tutoring and problem solving. *Journal of Child Psychology and Psychiatry, 17(2)*, 89–100.

Zahner, W., Velazquez, G., Moschkovich, J., Vahey, P. & Lara-Meloy, T. (2012). Mathematics teaching practices with technology that support conceptual understanding for Latino/a students. *The Journal of Mathematical Behavior, 31(4)*, 431–446.

Zimmermann, K. (2019). Keine Zeit für den C-Test? Eine empirische Untersuchung zum Einfluss einer Geschwindigkeitskomponente auf das Konstrukt des C-Tests. Berlin: Universitätsverlag der TU Berlin.

Zindel, C. (2019). Den Kern des Funktionsbegriffs verstehen. Dissertation. Wiesbaden: Springer.

Printed in the United States
by Baker & Taylor Publisher Services